죽파낙수

竹波落穗

李愚喆 著
(江原大學校 名譽敎授)

아카데미서적

머리말

이삭(落穗)을 줍는 일이란 배고픈 사람들의 일상사였다. 옛날 영세 소작농들은 가을에 수확을 하여 도지를 주고 나면 언제나 양식이 부족하여 북데기를 털어 그 부족분의 일부를 충당했고 그래도 모자라는 것은 춘궁기에 산나물로 연명을 해야 했다. 이 시절에는 가을철에 들에서 낟알의 이삭을 줍는 사람들을 흔히 만날 수가 있었다. 요즈음에는 농업이 기계화되고 농촌이 풍요로워져 이런 일들은 옛이야기가 되어버렸다.

누구나 해야 할 일들을 대략 끝낸 뒤에는 자기가 걸어온 발자취를 되돌아보게 마련이다. 그러면 여기저기에 흘린 이삭들이 너저분하게 산재하여 있음을 발견하게 될 것이다. 그때는 그 이삭들을 주워 가지런히 하고 싶은 것이 인지상정이다. 필자(竹波)도 최근 그런 심정으로 "죽파낙수(竹波落穗)"를 생각하게 되었다.

사람에 따라 이삭을 줍는 들판은 저마다 다를 것이다. 그러나 이삭들은 각자가 걸어온 길가에 널려 있을 것이다. 그렇다면 필자는 평생 교직에 몸담고 살아왔으니 캠퍼스 주변에 이삭이 떨어졌을 것은 자명하다. 그래서 성균관대학교와 강원대학교의 신문들에 게재 했던 글들을 모아보았고 퇴임전후에 각종 특강에 사용한 교안들이나 기타 잡글 들을 정리하여 III부로 편집을 하였다. I부에서는 논문성인 것들과 특강원고들을 모아 논술(論述)이라는 제목으로 다루었고, II부에서는 그동안에 필자가 하였던 각종 기념사와 필자의 지적재산을 공개목적으로 다룬 책이나 디스켓의 서문들을 모아 각종 기념사(記念辭)라는 제목으로 취합했으며 III부에서는 그간에 다루었던 수필성인 글들을 모아 단신(短信)이라는 제목으로 정리하여 보았다. 그리고 부록 1은 필자가 정년퇴임 후에 이룬 업적이고, 부록 2의 교정(校正)은 필자가 1996에 집필한『원색한국기준식물도감』과 『한국식물명고』를 수정보완하는 의미에서 만든 교정분이다.

여기에서 다룬 글들은 모두 단편적인 것이고 쓴 시기와 사안이 다름으로 다소 보완은 하였으나 일관성이 없고 부분적으로 내용이 중복되는 부분이 있는 것을 독자들은 너그러이 보아주시기를 당부합니다.

그리고 필자가 2001년 8월에 강원대학교를 정년퇴임한 뒤에 자리 잡은 곳이 죽파쉼터이다. 이곳에서 이룬 성과는 「식물지리」(공저, 2002 강원대학교출판부), 「한국식물명의 유래」(2005 일조각), 「한국식물의 고향」(2008 일조각), 「한반도 관속식물 원기재문 I」(2008 국립수목원), 「유관속식물의 유형분류」(공저, 2012 수생태복원사업단), 「강원도 백두대간 식물도감」(공저, 2014 대구학원사) 및 「죽파낙수(竹波落穗)」로 매듭지어지는 것이다.

끝으로 이 책의 편집에 많은 도움을 주었고 출판을 담당하여 주신 아카데미서적의 주성필사장님에게 사의를 표한다.

2015년　저자 이 우 철 씀

차 례

머리말

I 부 논술(論述)

국적 있는 교과서를 만들자 ······ 7
오대산 식물의 견문기 ······ 16
21세기를 대비하는 과학기술교육 ······ 22
한국식물분류학의 발달 ······ 29
한국중부의 식물상과 식생 ······ 45
강원의 식물 ······ 69

II부 각종 기념사(記念辭)

퇴임사 ······ 97
회고사 ······ 99
격려사 ······ 102
주례사 ······ 104
권두사 ······ 105
학창시절의 회고 ······ 107
식물분류학의 어제와 오늘 ······ 104
원기재문 모음집 발간에 즈음하여 ······ 117
기준표본 사진자료의 정보 ······ 119
한국산 관속식물의 사진기준표본 공개에 즈음하여 ······ 121
죽파의 재료함 ······ 124

III부 단신(短信)

하루의 일과 ······ 131
유명세 ······ 134
명강의 명교수 ······ 137
우리나라 교육의 현주소 ······ 138
식목일의 어제와 오늘 ······ 141
장수의 비결 ······ 144
대학박물관의 역할 ······ 146

석란의 참뜻 ……148
금강산의 초여름꽃 ……149
봄에 피는 꽃들 ……154
우리나라의 겨울꽃 ……161
축 운월학형의 팔순 ……164
나의 바램 ……165
죽파가든(우리의 뿌리) ……168
北韓産 植物을 日本으로 採集하러 가다 ……170
타임머신을 타고 新羅의 千年古都를 가다 ……183

참고문헌 ……186
부록 1 정년퇴임 뒤의 업적(2001~2014)과 이력서 ……188
부록 2 『韓國植物名考』와 『原色韓國基準植物圖鑑』의 교정표(校正表) ……191

Ⅰ부 논술(論述)

국적 있는 교과서를 만들자

- 과학 교과서 개정의 바람직한 방향 -

1. 머리말

대한민국 수립 이후 우리나라 초 · 중 · 고등학교의 과학교과서는 4차에 걸쳐 바뀌었으며 현재 5차 개정작업이 진행 중에 있다. 그 때마다 교과이수단위의 변동과 더불어 집필진이 교체되고 있다. 개정하여야 할 필요성은 급변하는 시대적 요청에 따라 불가피할 것이나 과연 기대한 것만큼의 효과를 거두어 왔는지는 한번 짚고 넘어갈 필요가 있다.

교과서 개정의 목적은 여러 가지 차원에서 찾을 수 있으나 무엇보다 우선해야 할 것은 우리 지역 여건에 보다 잘 맞는 책을 만들어 그 속에 우리의 국적이 숨 쉴 수 있는 내용을 담는데 주력해야 할 것이다. 외국의 교과서가 아무리 잘 되었다 하더라도 그대로 옮기는 것은 재고할 여지가 있다. 물론 우리것화 하는 노력은 게을리 하지 말아야 한다.

그렇다면 국적 있는 교과서란 무엇이며 어디서 그 뿌리를 찾아야 하느냐 하는 문제에 직면하게 된다. 이는 재론할 것 없이 우리민족의 고유한 전통과 역사 속에서 찾아야 할 것이다. 우리의 전통문화란 우리에게 주어진 환경의 산물이며 환경이란 풍부한 자연자원을 의미하나, 이러한 입장에서 본다면 우리민족의 국적을 낳은 산파적인 역할을 한 것은 이 땅에 자생하는 식물자원이었음은 부인할 수 없는 사실이다.

필자는 이러한 관점에서 2차(1963~1972)와 4차(1982~1987)의 각급 교과서 및 교사용 지도서 중에서 다루고 있는 식물을 조사 분석하여 문제의 핵심을 찾아보는 동시에 앞으로 우리나라 과학교과서 개정의 바람직한 방향이 무엇인가를 알아보는데 목적을 두었다.

2. 재료 및 방법

재료는 2차와 4차에 개정한 초 · 중 · 고등학교의 과학교과서 중에서 다루고 있는 식물을 사용하였다. 2차분은 필자가 1970년에 꽃달력을 만들기 위하여 발취하여 두었던 카드를 활용하였으며 4차분은 문교부가 1983년에 발행한 초등학교용 슬기로운 생활, 자연교과서와 이들의 교사용 지도서와 1984년도에 펴낸 중학교용 과학교과서와 이들의 교사용 지도서 등의 국정교과서와 지학사, 동아출판사, 삼화서적주식회사, 동아서적주식회사 및 교학사의 5개 출판사가 1984년에 제작한 고등학교용 검인정교과서 5종의 생물 I~II와 이들의 교사용 지도서 등을 조사대상(재료)으로 하였다.

식물의 국명, 학명 및 분류체계는 관속식물은 필자가 하은원색식물도감을 만들기 위하여 A. Engler(1953~1964)의 체계를 일부 수정하여 만든 자료에 기초하였으며(이 체계는 필자의 『韓國植物名考』와 『原色韓國基準植物圖鑑』에 사용됨) 담수조류는 정영호(1968), 고등균류는 이지열 · 홍순우(1985), 해조류는 강제원(1969), 선태류는 최두문(1980)의 문교부가 발행한 한국동식물도감에 준하였고 지의류와 외국산 특용식물은 마키노(牧野, 1961), 와다나베(渡邊, 1968), 사도(佐藤, 1957) 등 외국문헌에 따랐다.

종명의 국명이 확립되어 있지 않은 담수조류는 속명까지만을 표시했고 세균류는 학명 고정에 어려움이 있어 제외하였으며 2차와 4차의 비교에서는 종자식물만을 인용하였다. 1차와 3차 개정 자료는 입수의 어려움이 있어 취급하지 못했으며 2차분도 종자식물만을 썼다.

3. 결과 및 고찰

1) 활용식물현황

4차 개정 각급교재 속에 출현하는 담수조 이상의 식물은 144과 242속 303종류이며〈표 1〉 이 중 종자식물은 90과 108속 231종류로 76.2%를 차지한다. 이는 2차개정 교재 속에 나오는 종자식물 408종류의 56.6%에 불과하다. 이에 비하여 4차에서 추가된 것은 32종류뿐이다.

〈표 1〉 4차 개정 교과서중 출현하는 식물의 수

분류군	과수	속수	종수
담수조류	11	16	17
고등균류	10	11	12
지 의 류	5	5	5
해 조 류	11	12	13
선 태 류	6	6	6
양 치 류	11	13	19
종자식물	90	180	231
계	144	242	303

2차와 4차의 교재에서 나오는 종자식물의 활용과 자생식물, 특용식물, 화훼류, 농작물, 귀화식물, 과수, 정원수 등 분야별로 정리하여 보면 제2표 및 제3표와 같다. 이에서 자생식물이란 한국에 야생하는 종이고 특용식물은 약용, 섬유용, 조림용, 기타 특수목적으로 외국에

서 도입한 종이며 화훼식물이란 관상용으로 외국에서 들여온 종이고 귀화식물이란 외래종으로 우리나라에서 적응하여 자연 상태에서 생활환을 완성할 수 있는 종이며 과수란 우리나라 자생이 아닌 외래과수이고 정원수란 정원에 식재하는 외국수종이며 농작물이란 일반적인 곡류와 소채류를 의미한다.

〈표 2〉 2차와 4차의 교재 속에 출현하는 종자식물수의 비교

개정	국1	국2	국3	국4	국5	국6	중1	중2	중3	고1	고2	계
2차	43	53	68	83	85	74	224	57	80	191	135	408
4차	33	23	22	36	54	64	95	31	50	130	50	408

〈표 3〉 2차와 4차의 교재 속에 출현하는 종자식물의 분유별 종수의 비교

	자생종	특 용	화훼용	귀화종	과 수	정원수	농작물	자생종비(%)
2차	246	47	48	12	12	5	38	60.3
4차	120	22	31	8	8	8	34	52.0

〈표 2〉에 따르면 2차에 비해 4차에서 식물의 활용이 56.6%로 낮아졌으며 특히 중학교 1학년 과학교재에서 차지하는 비가 2차에서는 출현종(408)의 54.9%인 224종류가 쓰여 졌으나 4차에서는 41.1%인 95종류에 불과하여 2차와 4차의 대비가 42.4%라는데 문제가 있다. 4차의 고등하교 생물교재가 인문계와 자연계로 양분되어 있어 중학교에서의 부족을 고르게 커버할 수 없었던 것도 난제의 하나이다. 이의 근본적인 문제는 교과서를 쓰시는 분들의 우리나라 식물에 대한 이해도에 있을 것이다. 물론 교육현장에 있는 일선교사들이 식물을 잘 모른다는 것이 반영되었을 수도 있다.

〈표 3〉에 의하면 출현종에 대한 자생종의 비가 4차에서 8.3% 낮아졌다. 이는 활용에서 자생식물을 줄이고 외래종을 늘렸음을 의미한다. 이는 활용빈도가 50%가 넘는 2차의 43종과 4차의 26종의 내용을 보면 잘 알 수 있다. 즉 이들 중 자생종은 2차에서는 9종으로 20.9%인데 4차에서는 4종으로 15.4%에 불과하다. 그리고 11개 교과서 중 10개 교과서에서 공통으로 쓰여진 식물이 2차에서는 보리 · 무우 · 나팔꽃 · 소나무 · 민들레 등 6종이 있으며 이중 2종이 자생식물이나 4차에서는 옥수수 1종으로 자생종은 전혀 없다는 사실이 이를 잘 입증한다.

2) 식물명의 오용실태

식물명이 잘못 쓰여지는 경우는 학명과 국명에서 볼 수 있다. 학명의 오용은 교과서에서 학명을 병기한 회수가 극히 적음으로 그 사례는 경미하여 2건이 있을 뿐이다. 즉 개구리밥에 쓰여진 *Anabaena azollae*는 조류의 염주말류의 일종이며 갯질경이에 쓰여진 *Plantago maritima*는 *Plantago major* var. *japonica* for. *yejomaritima*의 동종이명이다.

국명이란 표준명을 말한다. 식물의 표준명이란 한국식물학회나 한국식물분류학회에서 발표한 식물명집과 문교부에서 발행하는 한국동식물도감 식물편에 수록된 명칭을 말한다. 국명의 오용은 이 같은 표준말에 맞지 않는 경우와 교재 속에 삽입된 그림과 설명의 이름이 불일치하는 경우로 대별할 수 있다. 물론 많은 사례가 전자에 속하며 후자의 경우는 국민학교 자연에서 부래옥잠을 물옥잠으로 잘못 쓴 것과 고등학교 생물 I속에 개면마를 고사리로 오기한 것을 대표적으로 들 수 있다. 표준명의 오용은 이명의 혼용 및 군집명을 식물명으로 잘못 쓰는 것을 합하여 세 가지의 유형으로 볼 수 있다. 이명이 생기는 이유는 학자의 견해차이, 식물의 통합정리, 외래종의 표기 등 여러 가지 원인이 있다.

군집명을 식물명으로 쓰는 것은 버섯, 이끼, 대나무, 사초, 난초, 버들, 참나무, 장미, 푸라타나스 같은 것을 들 수 있다. 버섯이란 고등균류의 일부를 가리키는 말이며 이끼란 일반적으로 선태류를 가리키는 말이나 이끼라는 어미가 붙는 식물명은 광범위하게 쓰여지고 있다. 그리고 나머지는 모두가 과명 또는 속명을 가리키는 말로 하나의 식물명은 아니다. 다시 말하면 참나무는 참나무과(Fagaceae), 참나무속(*Quercus*) 할 때 쓰인다. 물론 참나무를 상수리나무로 보는 사람도 있으나 표준명이 아니다. 원래 참나무라는 뜻은 겨울철에 생나무도 잘 타는 좋은 나무라는 의미로 도토리가 달리는 전체의 나무에게 붙여졌던 옛말이다.

과실명의 혼용은 비자나무(비자), 밤나무(밤), 앵도나무(앵도, 앵두), 사과나무(사과), 복숭아나무(복숭아, 복사), 배나무(배), 석류나무(석류), 포도나무(포도), 귤나무(귤), 완두(완두콩), 야자나무(야자) 등등 많다. 물론 오이, 참외, 호박, 수박, 콩, 땅콩과 같이 과실명과 식물명이 같은 것도 있으나 다른 경우에는 분명히 구분하여 쓰는 것이 바람직하다(괄호속의 이름은 과실명으로 식물명은 아니다).

과거에는 식물의 종을 세분하여 사용하던 것을 뒤에 통합 정리한 관계로 이명이 생기는 수가 많다. 이런 예가 키버들(고리버들), 물오리나무(산오리나무), 등수국(넌출수국), 피나무(찰피나무) 같은 것이다(괄호 속의 이름이 통합된 후의 이명이다). 물론 이는 통합을 반대하는 쪽에서는 그대로 쓸 수 있으나 많은 사람이 납득할 만한 이론을 제시할 수 있어야 한다.

외래종에 대한 국명의 표기에서 혼선이 오는 예는 미선콩(루피너스), 자주개자리(알팔파), 완두(스위트피), 토끼풀(크로바), 양아욱(제라니움), 당귤나무(네이불, 네이블오랜지), 삼색제비꽃(팬지), 다알리아(다리아), 히야신스(희야신스, 히아신스), 튜울립(튜우립), 사프란(크로커스), 그라디오러스(글라디올러스), 미류(포푸라), 깨꽃(살비아), 홍초(칸나), 아가시나무(아가시아, 아까시나무), 벌레잡이통발(네펜데스) 등을 들 수 있다(괄호 속이 오용). 이의 많은 경우는 우리 표준말이 정해지기 이전에 학명이나 원명을 우리말로 그대로 표시한 것들이 대부분이다. 이 또한 표준명에 맞게 통일할 필요가 있다.

그 밖에 잘못 쓰여지고 있는 것은 강남콩(강낭콩), 개연꽃(개연), 까마중(가마중), 구멍갈파래(구멍파래), 냉이(냉이꽃), 느타리(느타리버섯), 닭의장풀(달개비), 딸기(양딸기), 땅콩(호콩), 뚱딴지(돼지감자), 등나무(등), 마마콩(잠두), 마디풀(옥매듭), 매실나무(매화나무), 매화이끼(매화나무이끼), 메밀(모밀), 목화(면화), 무궁화(무궁화나무), 미모사(잠풀), 방동사니(방동산이), 백부자(노랑돌쩌기), 봉선화(봉숭아), 붕어마름(붕어말), 벚나무(벚꽃), 산백합(산나리), 서어나무(서나무), 섬쥐똥나무(갯쥐똥나무), 싸리나무(싸리), 송이(송이버섯), 송라(송낙), 송엽란(솔잎난), 쇠귀나물(소귀나물), 수세미오이(수세미), 쑥부쟁이(쑥부장이), 상치(상추), 연꽃(연), 왕골(왕굴), 우뭇가사리(우무가사리), 우산이끼(우산대이끼), 월귤(땃들쭉), 음나무(엄나무), 인삼(산삼), 잎갈나무(낲갈나무), 자주닭의장풀(양달개비), 줄(줄풀), 참깨(깨), 참나리(나리), 창포(장포), 참갈파래(파래), 철쭉나무(철쭉), 콩(대두콩, 대두), 팔손이나무(팔손이), 후추(호초) 등등이 있다. 이들은 모두 동종이명들이다.

그리고 전혀 무엇을 가리키는 것인지 알 수 없는 것이 청태, 깃파래, 달빛버섯, 바위버섯, 방망이버섯, 삿갈말, 카드모양돌말, 뱀이끼, 파리지옥, 가람나무, 산괭이풀, 산별꽃 등이 있다. 이는 12건 중 11건이 고등학교 생물 I~II에 나오는 것이다.

3) 우리나라 과학교과서의 국적

이상의 결과를 바탕으로 과학교과서 속에서 우리 국적이 얼마나 숨 쉬고 있는가를 살펴보고자 한다. 4차 개정 교과서 중에 나오는 식물 12종은 국적불명이고 이어서 취급한 관속식물 2백40종류(양치 19, 종자 2백31) 중 우리나라에 자생하는 것은 57.9%인 1백39종류이며 이는 우리나라 관속식물 4천1백63종류(이창복 1976)의 3.3%에 불과하다. 이에 포함된 우리나라 특산식물은 너도밤나무, 왕벚나무, 미선나무, 개나리, 오동나무 등 5종이 있을 뿐이다. 이들 2백40종류가 11개 교과서에서 6개 교과서 이상에 공통으로 쓰여진 출현빈도 50%이상을 보여주는 26종을 보면 옥수수가 10회로 가장 높고 9회에 벼, 콩 8회에 무우, 은행나무, 소나무 7회에 보리, 감자, 고구마, 호박, 배추, 검정말 6회에 밀, 양파, 오이, 수박, 완두, 강남콩, 국화, 봉선화, 배나무, 사과나무, 토끼풀, 나팔꽃, 개구리밥, 벗나무의 순으로 되어 있다. 다시 말하면 이들의 84.6%가 외래식물이며 64.2%가 농작물이고 우리나라의 자생식물은 15.4%인 4종이 있을 뿐이다.

그리고 식물의 오용 사례는 학명이 2건, 그림과 식물명의 불일치가 2건, 군집명을 식물명으로 오용하는 것이 11건, 통합에 의해 이명이 된 것을 혼용하는 것이 4건, 외래종 국명표기에 혼선을 일으키는 것이 17건, 표준명에 맞지 않는 것이 59건으로 담수조류 이상의 식물

3백3종류의 34.3%인 104종류의 이름이 부분적으로 잘못 쓰여지고 있다. 이와 같이 우리의 과학교재 속에서 외래식물이 판을 치고 오용이 많다. 2차 개정 과학교재 속에 출현하는 종자식물은 408종류이고 이의 60.35%가 우리나라 자생종이었으나 4차에서는 2백31종류의 52%로 줄었다. 물론 식물의 이름을 많이 쓰고 자생식물을 많이 활용하였다고 반드시 좋은 교과서라고 단정할 수는 없다. 그러나 국적이라는 차원에서 볼 때 8.4%가 퇴행하였는데 무엇때문에 이럴 수밖에 없었는지 하는 궁금증은 풀길이 없다.

4) 개정의 바람직한 방향

새로 개정되는 과학교과서에서는 우리나라 야생식물이 전체 활용식물의 60~80%이상 차지하고 이의 10~20%가 우리나라 고유의 특산식물이 쓰여짐으로써 우리나라 어린 새싹들에게 국적의 숨결을 느낄 수 있도록 하는 것이 바람직하다. 이 문제는 의무교육과정인 중학교 1학년 과학과 고등학교 공통필수인 과학I(5차개정분)에 반영하는 것이 더욱 효과가 있을 것이다. 이러기 위해서는 어떤 차원에서 어떻게 활용하는 것이 바람직할까하는 연구가 선행되어야 한다.

이렇게 되면 일선 교육현장을 담당하고 있는 각급 교사들이 동식물의 실물을 잘 몰라 새로운 문제가 생길 가능성도 배제할 수 없다. 그러나 이는 교육위원회나 교육청별로 교사 재교육의 기회를 넓혀 이를 보완하는 한편 교육대학과 사범대학의 교육과정 운영의 묘를 살려 새로 배출되는 교사들은 학생들의 질문이 두려워 학생들을 야외로 데리고 나가는 것을 꺼리는 현실에서 벗어날 수 있도록 하여야 할 것이다. 이는 실험교육을 강조하는 현시점에 비추어 볼 때 더더욱 필요한 것일 것이다. 만일 현행교육과정으로 운영의 묘를 살릴 수 없다면 과감한 교과과정을 개정할 필요도 있을 것이다.

개정할 때마다 새로운 집필진으로 새로운 교과서를 만드느니 보다는 일단 개정작업이 끝나는 즉시 주무부서에서 2년간 교육현장에서 일어나는 모든 문제점을 취합하고, 그 뒤 2년간에 걸쳐 각 분야별로 2명씩의 위원을 선임하여 수집된 자료를 바탕으로 다음 개정에 필요한 방향과 방안을 연구토록 위촉하고 이 보고서를 토대로 엄정하게 선임된 교과서 개정위원들이 기존교과서를 수정 보완하는 형태로 개정방식을 혁신하여 미국의 BSCS보다 월등한 우리의 국적이 생동하는 교과서로 키워가는 것이 좋지 않을까 생각한다.

물론 자유민주주의 국가에서 관주도형의 교과서 일색으로 되는 데는 문제가 있다. 그러므로 국정교과서는 위의 방식으로 하고 고등학교용 검인정교과서는 방향제시 만을 엄격히 하고 현재와 같이 출판사를 선임하는 2원적인 방법으로 키워가는 것도 바람직하다.

4. 맺는말

필자는 우리나라 2차와 4차 개정의 초 · 중 · 고등학교 과학교재에서 다루고 있는 식물들을 조사 분석함으로써 개정의 바람직한 방향이 무엇인가를 알아보는데 이 연구의 목적을 두었다.

4차 개정분 속에서 취급된 관속식물 240종류 중 우리나라에 자생하는 것은 57.9%인 139종류였으며 이는 우리나라 관속식물 전체의 3.3%에 불과하다. 그러나 2차 개정분 속에 출현하는 종자식물은 408종류이고 이는 60.3%가 우리나라 재생종이었으나 4차에서 231종류에 52%로 줄었으며, 4차에서 취급한 담수조류 이상의 식물 303종류의 34.3%인 104종류의 이름이 부분적으로 잘못 쓰여 지고 있음을 알았다. 이와 같이 우리 과학교재 속에서는 외래식물이 판을 치고 그나마 오용이 많다.

새로 개정되는 과학교과서 중에서는 인용되는 전체 식물의 60~80%이상을 우리나라 자생식물로 하고 그의 10~20%가 우리나라 고유의 특산식물로 하여 어린 새싹들이 국적의 숨결을 느낄 수 있는 국적 있는 교과서를 만드는 것이 바람직하다. 아울러 이러한 책을 만들기 위한 현실적 개정방안을 제안하였다.

* 이 글은 필자가 1988년 4월 4일 "강대신문"에 게재하였던 것을 일부 손질한 것이다. 이 내용 중 일부는 강원도교육청이 1991년 발행한 『江原의 自然』식물편에 인용되었다. 그간 여러 번 우리나라 과학교과서가 개정되었으나 나의 견해는 일체반영된 것 같지 않아 재수록 한다.

오대산(五臺山) 식물 견문기(見聞記)

머리말

나의 제2 모교(母校)인 동국대학교 생물학과의 50돌 생일을 진심으로 축하한다. 내가 동국대학과 인연을 맺게 된 것은 고 정현배(鄭炫培)교수님의 추천으로 생물학과에 출강을 하게 됨에 따라서이다. 그 뒤 1979년까지 만 8년동안 1학기에는 식물분류학과 실험, 2학기에는 식물생태학을 강의해 왔으며, 은사이신 고 원병휘(元炳徽)교수님의 권고로 1975년 박사과정에 적을 두어, 1979년 봄에 학위를 취득하게 되었다.

우리나라 생물학의 발달사는 1910년을 중심으로 그 이전을 전기, 그 이후를 후기로 보는 견해가 있다. 여기에서 전기란 우리나라의 생물 자료가 외국의 탐험가, 전속채집인, 선교사 및 식물애호가들에 의해서 수집되어 외국 학자들에게 보내져 연구된 시기이며, 후기란 국내외 학자들이 직접 우리나라의 생물을 연구한 시기인 것이다. 이렇게 본다면 우리나라의 현대적인 생물학은 1910년을 전후하여 싹트기 시작하여 1950년대에 꽃피기 시작했으며 2000년대에 만개하였다고 볼 수 있을 것이다.

이렇게 본다면 나는 한국동란이 끝날 무렵인 1953년 피난중인 부산항도(釜山港都)에서 성균관대학교 생물학과에 입학하였으니, 우리나라의 생물학이 막 꽃피기 시작할 무렵에 생물학에 입문하게 된 셈이다. 어느 나라나 발달 초기의 학자들은 대부분 분류학자들이 주축을 이루었다. 당시 우리나라에도 두각을 나타낸 분은 식물에 정태현박사님, 동물에 조복성박사님을 들 수 있으며 이들이 모두 분류학자이었던 것이다. 그런 관계로 이때의 학생들은 채집을 많이 다녔다. 따라서 나의 연구생활도 식물채집으로 출발하여 식물채집으로 끝냈다고 할 수 있다.

이러한 연유로 모과의 50주년 준비 위원장인 이해풍교수가 내게 "생물학과 채집기"라는 제목을 배정하여 준 것 같다. 나는 이 제목을 받고 상당히 고민을 하지 않을 수 없었다. 왜냐하면 당시 동국대학교 농과대학에는 학생들의 현장실습을 위하여 별도의 학교 버스가 마련되어 있어 나는 1학기에는 매주 수요일 오후에는 학생들과 서울 주변을 여기저기 채집을 다녔다. 그러나 8년동안 단 한번도 장거리 채집을 간 일이 없고 늘 짧은 시간에 근거리만을 다닌 관계로 학생들과 식물채집에 얽힌 특별한 추억이 없었기 때문이다.

그리고 나는 평생 동안 많은 곳의 채집을 다녀 많은 추억을 가지고 있으나 2001년 강원대학교를 퇴임할 때 퇴임기념물로 "야책을 메고 50년"을 출간 할 때 이미 제주도, 울릉도, 속리산, 설악산, 백두산 등등 주요지점의 채집기를 발표하였다. 이런 관계로 나는 동국대학에서 식물분류학을 강의하기 시작했던 해인 1972년 여름 처음으로 오대산을 탐방했던 33년 전의 기억을 되살려보기로 하였다.

오대산의 식물견문(植物見聞)

내가 오대산(五臺山)을 탐방(探訪)하게 된 동기는 국립과학관에 재직(1967-1969) 당시 강원도 교육청 노재춘(盧在春)장학사와의 친분으로 늘 여름방학이면 나와 백남극(白南極)교수를 강원도 중고등학교 생물교사 연수에 강사로 초청하여 주었는데, 1972년 여름에는 강원도 강릉에서 강습회를 하게 되어 참석하였다가 돌아오는 길에 이곳을 들르게 되었다. 이런 관계로 이때는 강습회에 왔던 길이고 동행하는 학생이 없었던 관계로 식물채집의 준비가 완벽하지를 않아 전체적인 채집을 하지 않고 관찰에 주안점을 두었던 관계로 주제를 견문기(見聞記)라고 붙인 것이다.

나는 대관령 옛길을 따라 오대산을 가보기로 하였다. 강릉에서 점심을 먹고 2시경 출발하여 강릉교육청 장학사들이 알려준 길을 따라 옛길을 물어물어 찾아갔다. 계곡의 마을까지는 길이 좋았으나 그 위는 오랫동안 사람이 다니지를 않아 길의 형체가 희미하고 잡초가 무성하여 통행이 불편하였으며 경사가 급하여 몹시 힘이 들었다. 그러나 잡초들과 이야기하며 오르는 발걸음은 가벼워 해가 서산에 너울거릴 무렵 나는 대관령 위쪽 길 언덕에 있던 주막에 도착할 수 있었다.

시간이 대화(大和)까지 가기는 어려워 부득이 주막에서 신세를 지기로 하였다. 해발 1000m인 외딴 주점에서 강릉을 내려다보는 동해안의 야경은 한 폭의 그림이었다. 나는 주막 툇마루에서 모깃불 연기로 모기를 쫓으며 동해안을 환하게 밝힌 오징어잡이 배들을 바라보며 오래간만에 복잡한 도심을 벗어나 한적한 시간을 만끽하는 것도 매우 환상적이었다.

다음날 아침 일찍이 출발하여 대화에 가니 마침 장날이어서 난전들을 기웃거리다 보니 문득 옛날 어린 시절에 아버님이 장에 다녀오실 때 사다주시던 나무막대에 꽂힌 왕사탕을 받아들고 즐거워하던 생각이 나서 유심히 살펴보았으나 그 때 먹던 왕사탕은 볼 수 없었다. 나는 여행 기념으로 옥수수를 한 자루 사서 배낭에 넣고 오대산으로 재게 발걸음을 옮겼다.

오대산 입구에 들어서니 양쪽 산에 쭉쭉 뻗은 붉은 소나무, 즉 금강소나무(*Pinus densiflora* f. *erecta*)가 나의 시선을 끌었다. 우리 주변에서 흔히 볼 수 있는 소나무의 수피는 거무죽죽

하나 이곳 소나무의 수피는 유난히 붉다. 이것은 심산이라는 청정한 환경에 의한 것으로 일종의 획득형질로 유전하지는 않는 것으로 알려졌다.

오대산은 우리나라 백두대간의 중심인 평창군과 강릉시, 홍천군 일부에 걸쳐 있으며, 태백산맥의 중심부에서 서쪽으로 길게 뻗은 차령산맥과 교차점에 자리하는 명산으로, 비로봉(1563m)을 주봉으로 상왕봉(1491m), 동대산(1433m), 두로봉(1422m), 노인봉(1338m), 백마봉(1094m), 황벽산(1407m), 매봉(1183m)등의 높은 산들로 이루어져 있으며, 한강의 발원지이기도 하다. 오대산이라는 이름의 유래는 잘 알 수 없으나 일설에 의하면 동대사, 서대사, 북대사, 중대사, 상원사의 5대사찰에서 비롯되었다고 한다.

나는 점심시간이 조금 지나서 월정사(月精寺)에 도착했다. 월정사는 불교의 본산으로 신라 선덕여왕 14년(645)에 자장율사(慈藏律師)에 의해 창건되었다고 하며, 대웅전 앞뜰에 있는 팔각 9층석탑은 고려 때에 세워진 것이라고 한다. 나는 탑을 돌며 탑에게 오대산과 월정사의 옛 역사를 물어보았으나 탑은 말없이 나를 물끄러미 바라다만 보는 것이 아닌가. 그리고 나는 언제나 산행(山行)시에 절에 들르면 대웅전에 들어가 그 날의 안전을 비는 예불을 드린다. 오늘도 마찬가지로 대웅전 앞에서 합장하고 무사히 오대산을 다녀가게 해달라는 기도를 드렸다.

나는 월정사에서 나와 연화교를 건너 상원사(上院寺)를 향하여 걸어가며 여기 저기 기웃거려 식물을 관찰하며 처음 보는 오대산의 아름다움에 푹 빠지게 되었다. 이곳에서 나는 책과 표본으로만 보던 속새(*Equisetum hyemale*)군락을 발견했다. 숲 속 습지에서 나는 속새들이 가장 먼저 나를 반갑게 맞이하여 주는 것이 아닌가. 속새는 다년생 상록성(常綠性)인 양치식물로 지하경(地下莖)으로 뻗으며 전봇대 같이 쭉쭉 나온 30-60cm의 푸른 줄기가 총생(叢生)하여 그 모습이 장관이다. 그리고 속새는 원줄기의 능선에 규산염(硅酸鹽)이 축적되어 딱딱하기 때문에 목수들이 사포 대용으로 사용한다. 그러므로 이것을 말린 것으로 손톱청소를 하면 아주 좋다. 뿐 아니라 속새는 전초를 약용(지혈제)으로 사용한다.

나는 일찍 상원사에 도착하여 주지스님을 찾아 하루 밤 유숙을 당부했다. 의외로 스님은 나를 보더니 이교수님이 아니십니까 하며 반갑게 맞이해 주었다. 그 연유를 물으니, 스님이 성균관대학교를 다닐 때에 나에게 일반생물학 강의를 들었다는 것이었다. 나는 뜻밖에 동문 후배인 제자스님을 만나게 되어 편히 유하게 되었다.

상원사(上院寺)는 월정사와 함께 신라 선덕여왕 때 자장율사가 건립하였으며, 성덕왕 4년(705)에 중창하였고 1946년, 불타 1947년에 새로 지었으며, 내가 갔을 당시는 수도승들이 참선을 하고 있었다. 법복을 입은 스님 한 분이 긴 죽장(竹杖)을 메고 참선하는 스님들 사이를 오가며 조는 사람들이 있으면 죽장으로 어깨를 쳐서 잠을 깨우는 것이었다. 나는 처음 보는 광경이라 흥미롭게 한동안 주시했다. 상원사의 앞에는 종각(鐘閣)이 있어 국보 36호인 동종(銅鐘)이 있었다. 이 종은 신라 성덕왕 24년에 만들어진 것으로 높이 1.67m, 지름 91cm의 동종으로 우리나라에서 가장 오래된 것이며 그 소리가 매우 아름답다고 한다.

나는 잠시 절 주변의 아름드리 전나무(*Abies holophylla*) 숲 속의 식물을 관찰하였다. 그 때 나의 시선을 끈 것은 산외(*Schizopepon bryoniaefolius*)군락이었다. 산외는 심산에 나는 넌출성인 1년생 식물로 백색의 작은 꽃과 주렁주렁 달린 열매들이 장관이었다. 그리고 숲 속에는 노루발풀(*Pyrola japonica*), 키다리난초(*Liparis japonica*) 같은 예쁜 꽃들이 많았으며 전석지 사면에는 관중(*Dryopteris crassirhizoma*)의 군락으로 꽉 채워져 있었다.

나는 난생 처음으로 절에서 자며 공양(식사)을 하여보았다. 밤의 고요한 적막은 신비스럽기까지 했으며 간간이 들려오는 목탁소리와 염불소리는 근엄하게 들렸다. 스님의 안내로 객승들과 같이 식당으로 가니 주는 음식은 밥과 국이고 반찬은 익지 않은 김치뿐이었다. 산중인데도 산채하나 볼 수 없는 식단을 보고 이상한 느낌이 들었다.

그 다음날은 비로봉 정상을 오를 예정인데 초행이어서 길을 모르는 관계로 주지스님에게 부탁하여 젊은 스님 한 분을 안내로 대동하고 산행을 하게 되었다. 그러나 점심준비가 되어 있지를 않고 일기가 비는 오지 않으나 쾌청하지 않은 관계로 길을 서둘지 않을 수 없었다. 이곳은 식물구계구분(植物區系區分)에 의하면 일화식물구계(日華植物區系)의 한국구(韓國區)의 중앙에 위치하는 관계로 전형적인 온대이어서 식생은 신갈나무(*Quercus mongolica*)를 주축으로 하는 낙엽활엽수림이다.

상원사 뒤의 산길을 얼마간 오르다 보면 도의 유형문화재 28호인 적멸보궁(寂滅寶宮)을 만나게 된다. 적멸궁(寂滅宮)이란 불상을 모시지 않고 법당만 있는 불전을 말한다. 스님의 설명에 의하면 신라의 자장율사가 직접 석가모니의 진신사리를 가져다 모신 곳이라고 하며, 통도사, 법흥사, 정암사, 봉정암과 같이 5대적멸보궁의 하나라고 한다. 이곳은 겉칸과 속칸이 벽으로 구성된 겹집으로 속칸은 우리나라에서 가장 오래된 다포식 목조건물로 유명하다고 한다. 나는 이곳에서 또다시 오늘 무사한 산행을 기원했다.

11시경에 비로봉 정상에 올랐다. 정상에서 특이하게 본 것은 찝방나무(*Thuja koraiensis*)의 군락이었다. 찝빵나무는 측백나무에 유사하나 잎 뒤가 희고 향기로운 냄새가나며 고산에 나는 식물로 줄기가 옆으로 긴다고 하여 눈측백이라고도 한다. 심산의 이 나무 숲 속에 곰이 집을 짓고 산다고 한다. 그래서 웅담의 냄새가 바로 이 냄새라고 한다. 그리고 상봉 근처에 주목(*Taxus cuspidata*)의 고목이 산재하여 있다. 이곳에 있는 아름드리 주목은 1000년 이상 자란 것들이다. 주목은 고산에 나는 상록침엽수(常綠針葉樹)로 정원수로 많이 쓰이며 잎에서 택솔이라고 하는 물질을 추출하여 신약을 개발한 유용한 식물자원이다.

정상에서는 잠시 머물러 대충 관찰을 끝내고 막 바로 북대사(北臺寺) 쪽 길을 잡아 내려갔다. 이유는 점심준비가 없으므로 북대사의 점심시간을 대가기 위해서였다. 가는 길에 분비나무(*Abies nephrolepis*) 숲 속에서 우리나라의 특산속(特産屬) 식물인 금강초롱꽃(*Hanabusaya asiatica*)의 군락을 본 것은 이번 여행의 큰 수확이라고 하지 않을 수 없다. 금강초롱꽃은 초롱꽃과에 속하는 다년초로 1902년 동경대학 전속채집인인 T. Uchiyama가 금강산 유점사 근처에서 최초로 채집한 것으로 꽃이 연한 자색이고 취약웅예이며 꽃이 모여서 난다는 점을 들어 T. Nakai(1909)가 *Symphyandra asiatica*라는 신식물로 발표했던 것인데, 그 뒤 연구결과 *Symphyandra*속에 비해 근출엽이 없고 잎이 줄기 상부에 모여서 나며 꽃받침 조각이 작고 서로 떨어져있으며 현저히 융기하고 그 위에 수술이 난다는 점을 들어 새로운 속을 만든 것이다(Nakai, 1911). 이 식물은 모시대에 가장 유사하나 취약웅예인 점과 선체(腺体)가 없고 잎이 줄기 상부에 모여 나며 전체에 자색을 띠는 점으로 잘 구별된다.

우리는 가까스로 북대사의 점심시간에 대어서 내려갔다. 이곳에서 나는 스님들의 식생활을 직접 체험할 수 있었다. 식당이 따로 있는 것이 아니라 방에서 보자기에 싸서 선반 위에 놓여있던 각자의 식기를 내려 가지고 좌정하면 밥통이 돌고, 각자는 먹을 만치 밥을 덜며 여러 가지 반찬이 돌아가면 필요한 양을 덜어서 비빔밥을 만들어 먹은 뒤에 돌아가는 물그릇에서 물을 따라 식기를 청소하여 음료수로 마시고 난 뒤에 보자기로 그릇을 깨끗이 닦아서 다시 보자기에 식기를 싸서 선반 위에 올려놓는 것으로 식사가 끝나는 것이다. 이를 보고 나는 참으로 이상적이고 편리한 뷔페식이라는 것을 알았다.

나는 짧은 시간이나마 오대산이라는 넓은 대지의 품안에서 대자대비한 세계를 경험하고 즐거운 마음으로 돌아왔다.

맺는말

동국대학교는 나의 제2 모교일 뿐 아니라 나의 방황기에 은신처의 구실도 하여준 고마운 곳이기도 하다. 늦깎이로 학위과정을 할 때의 갖가지의 추억들도 잊혀지지 않는다. 그리고 동국대학교에는 식물을 전공하는 교수님이 없었던 관계로 나의 학위논문을 도와주신 실질적인 지도교수이신 중앙대학교의 임양재(任良宰)명예교수님과 나의 동국대학 출강시에 많은 편의와 도움을 주신 이해풍 명예교수님에게도 이 기회를 빌어 모과의 무궁한 발전과 더불어 감사의 뜻을 표하고자 한다.

33년 전의 오대산 산행은 내가 동국대학교와 인연을 맺은 기념여행이 된 셈이다. 나는 이 여행에서 많은 식물을 관찰했을 뿐 아니라, 조금이나마 사찰(寺刹)의 생리와 생활상을 이해할 수 있었던 것은 참으로 좋은 경험이라고 생각하며 이에 도움을 준 당시 상원사의 주지스님과 길 안내를 하여주고 북대사(北臺寺)에서 좋은 점심을 먹게 하여주신 스님에게 감사하는 바이다.

이번 여행의 기념선물로 대화 장터에서 산 옥수수부대를 뜨거운 여름에 배낭 속에 넣고 며칠 동안 여행을 하고 집에 돌아가 열어 보니 더위에 떠서 쉰 냄새가 진동하여 먹을 수 없었을 뿐 아니라 아내에게 미련하다는 핀잔을 듣던 기억은 아직도 선하다.

*이 글은 동국대학교 생물학과 50년사(2004)에 투고했던 것이다.

21세기를 대비하는 과학기술교육

이 방대한 주제를 받고 나는 여러 날 생각하여 보았다. 이에서 얻은 결론은 한 사람의 능력으로 과학기술교육 전반에 관하여 피력하는 것은 역부족이라는 것을 알았다. 그러므로 필자는 생물 또는 식물학적 측면에서 21세기를 조명하고 우리교육자들이 해야 할 지표를 설정해 보고자 한다.

오늘의 과학기술이란 컴퓨터의 전쟁이다. 여러분은 1960년대 초에 소련이 미국에 앞서 달에 무인우주로켓을 착륙시켰던 일을 기억하십니까? 이 사실은 미국의 과학계뿐 아니라 정계를 뒤흔들어 놓고 말았다. 우주경쟁에서 미국이 소련에 뒤진 원인이 무엇이냐 하는 것이었다. 그네들은 이 문제를 놓고 많은 세미나를 거듭한 끝에 미국의 공업우선 정책이 순수과학교육을 억제하여 컴퓨터산업에서 소련을 따라잡지 못한데 원인이 있다는 결론을 얻게 되었다.

그 후 미국은 어떻게 했을까? 자유우방 여러 나라에서 수학, 물리, 화학, 생물 및 공학 등 '순수과학의 우수한 두뇌를 차출하여 미항공우주국(NASA)을 신설하고 막대한 자원을 투자하여 연구한 끝에 1970년대에 유인우주로켓을 소련에 앞서 달나라에 착륙시키는데 성공했던 것이다. 이와 같은 역사적인 사실은 순수과학의 튼튼한 기초위에 세운 공업기술이야 말로 알찬 열매를 맺을 수 있다는 교훈을 남긴 것이다.

오늘의 과학기술교육은 컴퓨터산업, 신소재개발, 레이저산업 및 유전공학 등으로 압축될 수 있다. 오늘의 인류는 이와 같은 과학문명의 눈부신 발전에 힘입어 홍수와 같이 쏟아지는 온갖 정보를 신속하고 능률적으로 처리하게 되었고 안방에서 온 지구촌의 움직임을 한 눈으로 파악할 수 있게 되었으며 생물의 유전정보를 사람의 뜻대로 처리할 수 있게 되어가고 있다. 그러나 2000년대는 다가오는 한치 앞도 가늠할 수 없는 불확실성의 시대인 것은 분명하다. 왜냐하면 이 같은 현실은 부존자원의 고갈과 자연환경의 오염을 심화시켜 자연의 자정능력의 한계의 벽에 부닥쳐 인간 스스로가 파놓은 함정에 침몰할 위험이 도사리고 있기 때문인 것이다.

이 참뜻을 헤아리기 위해서는 자연의 특성 즉 자연생태계 먹이사슬의 원리를 이해할 필요가 있다. 생물의 먹고 먹히는 관계는 자연의 섭리이며 부분적인 불균형은 자연의 자정능력의 범위 내에서 조절되어 그 균형을 유지하며 그 한계에서 벗어나면 자연이 파괴되어 위험한 재앙을 불러오게 되는 것이다. 이 같은 원리는 미국의 옐로스톤(Yellowston)국립공원의 사슴과 푸마의 관계에서 잘 설명된 바 있었다. 즉 공원당국에서 관광자원의 보호라는 미명하에 사슴을 잡아먹는 푸마를 일정기간 포살한 결과 사슴의 수는 늘어났으나 먹이자원인 풀밭의 한계에 부닥쳐 많은 사슴은 굶어서 떼죽음을 할 수밖에 없었다. 이 사실은 푸마가 사슴을 적당히 잡아먹어주어야 나머지 사슴이 잘 살 수 있다는 먹이사슬의 원리를 잘 말해주는 것이다.

자연의 자정능력이란 팬티의 고무줄과 같다. 팬티를 많이 사용하여 그 고무줄의 수축능력이 한계에 이르면 고무줄은 끊어지거나 다시 수축되지 않는다. 우리 자연은 인간들이 잘 살아보자는 미명하에 무자비하게 훼손하여 그 위험수위에 육박해있다는 것이다. 그 몇 가지의 사례를 들어 보고자 한다.

첫째는 인구의 폭발적인 증가이다. 지구의 인구는 1800년에 10억에 불과하던 것이 130년 후인 1930년에 배인 20억으로 늘어났고 30년 후인 1960년에 30억, 15년 후인 1975년에 50억이 되었으며 20세기 말에는 61억이 될 것이라는 추산이 나왔다. 이는 현재 지구의 인구가 1분에 150명이 늘어나고 하루에 22만명이 증가한다는 통계에 근거를 둔 것이다.

이 같은 현실은 의약의 발달이 자연의 자정능력을 무력화시켰기 때문이다. 이 결과 열대림이 매년 1,100만헥터씩 훼손되고 있으며 토양이 연간 260만톤씩 유실되는 안타까운 현실을 초래하고 있다. 이 같은 현상은 저개발국 또는 가난한 계층일수록 심각하다고 한다. 이 것은 우리나라 옛말에 가난한 집에 애기 많다는 것과 일맥상통한다. 물론 이것은 생명의 원리인 것이다. 식물도 벼랑과 같이 척박한 환경에 있는 것일수록 열매가 많이 달린다. 그 이유는 현재 생의 위협을 느끼기 때문에 자손이라도 많이 퍼트려야 그 중 일부라도 살아남을 수 있을 것이라는 본능적인 기대에서 생기는 것이다. 미국에서 흑인 인구의 증가가 사회문제를 야기하는 것도 또한 그렇다. 천대받는 현실이 인구증가로 이어지고 백인들이 풍요한 경제를 바탕으로 쾌적한 생활을 위하여 교외로 빠져 나가니 이 빈 공간으로 흑인들이 몰려들어 각종 사회적 비리를 유발시키는 것이다.

우리가 이것을 극복할 수 있는 길은 오로지 산아제한뿐이다. 아들 딸 구별 없이 적게 낳아 잘 키우는 것이다. 중국이 한족(漢族)은 한 가족에 1명, 소수민족에게는 한 가정에 2명이상의 애기를 두지 못하도록 인구정책을 쓰는 것은 참으로 합리적이라 할 수 있다. 오늘의 현실이 여러 명의 자식을 낳아 잘 키울 수도 없을 뿐만 아니라 설사 많이 키워놓았다 하여도 노후에 많은 효도를 기대하는 생각은 시대적 착오이며 대단히 고루한 사고방식이다. 이것은 중산층 양노원이 많이 늘어나는 세계적 추세가 잘 웅변해주고 있다. 우리는 죽을 때까지 연금통장을 목에 걸고 살아가야 할 것이다. 우리가 이 같은 노력을 게을리 할 때에는 자연은 최후의 수단인 무서운 재앙으로 형별을 서슴지 않을 것이다. 우리가 분명히 알아야 할 것은 지구의 입장에서는 그 주인이 무엇이 되어도 무방하다는 사실이다. 다시 말하면 지구는 반드시 인간이 지구의 주인이어야 할 필요성을 느끼지 않는다는 것이다.

왜냐하면 지구의 역사 45억년 동안 지구의 주인은 미생물, 곤충, 어류, 양서파충류, 인류에 이르기까지 여러 차례 바뀌어 왔기 때문이다. 현대인인 *Homo sapiens*가 지구의 주인으로 군림한 것은 불과 20만 년 전이며 지구의 역사를 1년으로 보았을 때 현대인은 12월 31일 23시 36분에 출현한 셈이 된다. 그런데 인류는 45억년 동안 무사하던 지구를 불과 14분 동안에 요지경을 만들고 있으나 지구로서는 참으로 참기 어려운 일일 것이다.

둘째로 부존자원의 고갈이다. 부존자원이란 지상에 있는 생물자원과 지하에 있는 광물자원을 통틀어 가리키는 것이다. 오늘의 인류는 1인당 연간 5~10kw의 에너지를 소비하며 해마다 3%씩의 소비증가를 보이고 있다고 한다. 이 같은 추세로 우리 인류가 천연자원을 마구 쓴다면 2000년대에는 많은 것이 고갈될 위기에 있다는 것은 자명한 사실이다. 에너지 추세에 대하여 일찍이 인도의 바바박사는 인류가 0~1850년까지 소비한 것은 9Q(1Q는 330억톤의 석탄의 열량)에 불과했으나 1850~1950년의 100년 사이에는 과거 1850년 동안 쓴 것보다도 많은 10Q를 소비했고 1950~2050년 사이에는 그의 3~4배인 30~40Q의 에너지를 소비할 것으로 예견한 바 있다. 그러나 최근 보고에 의하면 연간 1.2%씩 증가하여 3000년에는 284Q의 에너지가 필요하게 될 것이라는 놀라운 예측도 나오고 있었다.

이 같은 에너지원은 주로 원유나 석탄 같은 화석열료인 것이다. 이들이 연소할 때에 발생하는 이산화탄소(CO_2)로 인해 대기 중의 CO_2농도가 증가하면 온실효과를 가져와 지구의 온도를 상승시키게 된다. 온실효과란 대기 중의 CO_2농도가 증가하면 태양으로부터 오는 적외선을 흡수하고 흡수된 적외선은 장파장의 복사선형태로 다시 방출하여 대기 중의 CO_2에 재흡수 되어 지표면의 온도를 높이는 현상을 말한다. 이 같이 CO_2가 1%증가 할 때마다 0.5℃씩 온도가 상승한다고 하며 현재의 추세로 에너지소비량이 증가한다면 21세기 중엽에는 2℃, 2100년에는 5℃의 지구온도가 상승할 것으로 추정하고 있다. 이렇게 된다면 120년 내에 극지방에 있는 빙하와 만년설이 녹아 바다의 수위가 56~325cm정도 높아질 것이라고 한다. 만약 바다의 수위가 48cm만 높아져도 세계의 주요 항구는 해수로 범람할 것이라고 하니 놀라지 않을 수 없는 일이다.

이뿐 아니라 100만kw의 전력을 생산할 때에 생기는 오염물질의 양은 대단하다. 좀 더 구체적으로 말한다면 100만kw의 전기를 만들 때 유황산화물 11만톤, 질소화합물 2만7천톤, 일산화탄소 3천톤, 탄화수소 4백톤, 입자상분진 3천톤, 유기물질 66톤, 황산 82톤, 염화물 26톤, 인산염 42톤, 붕소 330톤, 부유성고체물질 500톤, 탄똥 36톤이 생긴다고 한다. 물론 원자력 발전시에는 이 같은 부산물은 줄어드나 방사성폐기물의 처리 또한 만만치 않다.

또한 발전소, 공장, 자동차가 내뿜는 배기가스가 대기상층의 오존층과 반응하여 생기는 유황산이 죽음의 재, 산성비 또는 산성안개의 형태로 지상으로 떨어져 토양을 산성화시킴으로써 식물이 살 수 없는 조건을 만든다는 사실은 간과할 수 없는 일이다. 최근 일본 후크오카 위생공해센터의 발표에 의하면 건성강하물인 죽음의 재는 산성비나 산성안개보다 그 피해가 크다고 한다. 이 같이 식물이 살 수 없으면 이를 먹이로 하는 동물이 살 수 없고 이들을 먹고 사는 인류도 살 수 없는 도미노현상이 일어나는 것이 생태계의 원리인 것이다.

뿐만 아니다. 이 같은 현상에 의해 성층권의 오존(O_3)층의 구멍이 생기면 오존층이 지구의 자외선을 차단하는 보호막의 구실을 제대로 할 수 없어 자외선의 조사량이 증가 될 수밖에 없다. 이 결과는 농작물의 피해는 물론 피부암의 유발 같은 악성질병이 생길 가능성이 높아지는 것이다. 궁극적으로 이 같은 모든 현상들은 기상의 이변을 예고하는 것이다. 이미 1979년 주네부에서 개최된 세계기후회의에서 현재와 같은 인간 활동이 지속된다면 전 세계규모의 기후를 변화시킬 가능성이 높다고 경고한 바 있었다. 이 같은 조짐은 때 아닌 홍수나 눈피해가 지구촌 여러 곳에서 심심찮게 보도되고 있는 사실은 이를 잘 뒷받침해주고 있다.

셋째는 생활쓰레기의 문제이다. 생활쓰레기에는 생활하수와 고형쓰레기로 대별 될 수 있다. 생활하수는 지하도를 통해 강물로 흘러들어가니 처리에는 별문제가 없으나 생태계에 끼치는 영향은 고형쓰레기보다 훨씬 심각하다. 이로 인하여 물과 토양이 산성화되어 먹을 수 없는 물을 만들고 기형의 물고기가 생기며 물고기가 살 수 없는 산성호수가 생겨난다는 사실을 우리는 어떻게 간과할 수 있겠는가? 수질이 오염되면 이는 막바로 자원의 고갈로 이어지기 때문인 것이다.

이 문제를 해결하는 길은 우리생활에서 세제의 사용을 줄이고 가급적 독성이 강한 세제의 사용을 피하는 길밖에 없다. 아울러서 우리 교육자들은 오염의 정도를 나타내는 지표생물에 대한 교육을 철저히 하여 이에 대응할 수 있는 능력 있는 2세국민을 길러내는데 한 몫을 해야 할 것이다.

고형쓰레기는 분리수거를 생활화하는 것이 시급하다. 그리고 재활용의 방안을 다각도로 연구하여 철저히 활용하고 나머지는 압축하여 그 양을 최소화시켜야 할 것이다. 이러기 위해서는 선진국의 처리기술을 하루속히 도입할 것이며 국민들의 적극적인 협조가 요망된다.

우리들은 미래학자나 일부 종교인들의 예언을 통해 지구의 종말론을 심심찮게 들을 수 있다. 필자가 생각하기에는 우주의 종말은 필연적으로 올 것이고 그 주범은 위에서 말한 바와 같은 자연생태계의 파괴일 것이다. 물론 이 같은 예언은 케네디 대통령시절에 내무부장관을 지낸바 있는 유달이라는 선각자가 『고요한 위기』라는 저서를 통하여 지구가 인간들이 만들어 내는 공해에 의하여 서서히 죽어간다는 사실을 피력한 바 있다.

그렇다면 우리 인류는 지구를 위하여, 우리 후손을 위하여 무엇을 해야 하겠는가? 최근 일본에서는 무공해 빌딩을 설계하여 20~30만명을 수용할 수 있는 생태도시(리사이클도시)를 구상하고 있다고 한다. 이는 지상에 식물공장, 지하에는 쓰레기 처리장을 갖춘 높이 500m의 대형 중앙 처리시설로 가정과 사무실에서 생겨난 쓰레기는 진공파이프를 통해 터미널에 모여진 뒤 캡슐에 자동적으로 실려 중앙 처리실에 도착하고 이의 99%이상을 비료와 제조용 원료로 재활용하며 이에 필요한 동력은 태양광의 크린에너지 만을 이용한다는 것이다. 물론 이 같은 꿈나라의 건설에 필요한 기술의 개발은 가능할지 모르나 이에 소요되는 비용은 천문학적인 것일 것이므로 우리 모든 인류를 수용하는 데는 한계가 있을 것이다.

지구를 살리자는 운동은 UN산하에 1948년 국제자연보존연맹이 생기고 1970년에 6월 5일을 자구의 날로 지정함으로써 시작되었다. 구체적인 사실은 1972년 6월 5일을 세계환경의 날로 고치고 스톡호름에서 열린 국제연합환경회의에서 "국제연합인간환경선언"을 채택함으로써 비롯되었다. 이 활동은 국제자연보존연맹에서 지속적인 자연보존활동을 전개해 왔다. 그 중 눈에 띄는 성과는 세계 곳곳에 남아있는 유수한 자연자원을 생물보존권지역으로 지정하는 일과 세계의 희귀 및 위기식물의 조사를 들 수 있다. 우리나라에서는 북한의 백두산, 칠보산과 남한의 설악산, 광릉의 숲이 생물권보존지역으로 지정을 받은 바 있다. 그리고 1984년에 80과 250종이 희귀 및 위기식물로 고시되었다. 그 내용은 위기식물이 전체의 50%로 가장 많고 취약식물(V), 희귀식물(R), 절멸식물(Ex)의 순서로 되어있다. 현재의 절멸식물은 17종류로 판명되었으며 이 250종은 전체식물의 0.1%에 불과하나 현재의 상태로 간다면 이러한 식물은 15~20%로 늘어날 것으로 예측된다고 한다. 이들을 원인별로 본다면 인위적 피해(과방목 등..)가 33건으로 가장 많고 번식기능의 상실(31), 원예가에 의한 무모한 채취(27), 농작물 경작에 의한 피해(22), 학술연구로 채취(2) 등등의 순서로 되어 있어 많은 것이 인간의 활동에 기인하고 있다는 사실을 잘 알 수 있다.

그 후 뉴욕협상을 거쳐 1992년 6월에 브라질 리오데자네이루에서 지구정상회담을 개최하기로 합의 된 것은 대단히 기대 되는 바 컸다. 이 회담의 목적은 1972년 스톡호름선언을 재확인하고 새로운 차원의 협력을 참조함으로써 새롭고 공평한 동반자관계를 수립하여 자연을 보호하고 세계경제와 지구환경의 미래를 확보하기 위한 강력 조치를 취하는데 있다고 한다. 그리고 이때에 국제간의 환경협약의 지침을 담은 27개조로 된 "환경과 개발에 관한 리오선언"을 채택한 것이라고 한다. 이 주된 내용은 "어젠더 21"로서 이에는 유해폐기물의 처리, 삼림과 생물자원의 관리, 식수 및 해양관리 등 15개의 구체적인 행동프로그램이 담겨 있다. 이 어젠더 21이 만들어진 동기는 개발도상국의 폭발적인 인구증가와 낭비적이고 환경파괴적 요소가 많은 선진공업국들의 생산~소비행태에 있다고 한다.

어젠더 21을 실행하는데 필요한 비용은 1년에 6,250억불이 소요된다고 하며 개도국에서 500억, 선진공업국에서 1,250억불을 거출할 것이라고 한다. 물론 이 예산은 막대한 돈이기는 하나 전체의 GNP총액으로 보면 1%미만이고 1조억불을 상회하는 막대한 국방비예산에 대비하면 문제도 안 되며 부존자원의 재분배를 통하여 조달이 가능할 것으로 보고 있다. 고용재

창출은 어쨌든 리오선언이야 말로 기대되는 바 크고 어젠더 21의 철저한 실행여부가 지구의 운명을 좌우할 것은 확실하다. 그러나 세계 각국은 이에 대응하기 위하여 부산한 움직임을 보이고 있다.

자! 그럼 자연보호의 실태를 우리 국내로 돌려 보자. 우리나라의 자연보호운동은 국제자연보존연맹의 권유로 1963년부터 시작 되었다. 이것이 본격화 된 것은 1977년 박대통령이 범국민운동을 제창하고 국무총리를 위원장으로 하는 자연보호위원회가 발족된 뒤부터이다. 이로서 한국자연보호사업은 자연보호중앙협의회가 국민운동을 담당하고 한국자연보존협회가 자연자원의 연구를 하는 기틀이 만들어졌으며 내무부가 이를 지원하여 왔다.

이 결과 1978년 자연보호헌장이 선포되었고 1981년에 자연보호백서가 만들어져 줍기운동(1977~1978), 안버리기운동(1979~1985), 쓰레기 되가져가기운동(1986~)으로 이어져왔으며 각도에 자연학습원 설치(1983~1987), 조국순례자연보도 조성(1983) 같은 사업이 추진되어 왔다. 그리고 자연환경보전법(1991)이 제정공포된 것은 다행한 일이나 법의 명문화만으로 자연이 보존되는 것은 아니다. 그러나 자연보호헌장이 선포된지 20년이 자난 오늘의 우리 자연은 어떠한가? 오늘날 자연이 중병을 앓고 있는 현실을 잦은 행정기구의 개편으로 자연보호담당관실이 자연보호과, 국민운동지원과의 자연보호계로 기구가 축소된 데로만 돌릴 수는 없을 것이다. 그보다는 인구의 증가, 마이카시대의 도래, 산업의 발달로 인하여 생기는 각종 오염원이나 이에 대처하는 우리국민의 민도를 한번 짚고 넘어갈 필요가 있다. 이는 연간 국립공원을 찾는 탐방객수가 3000만명에 달하고 이들이 버리고 간 쓰레기가 1만4천톤이라는 한 가지 사실만으로도 설명이 충분할 것이다. 그리고 이 쓰레기의 50%이상이 등산객들의 야영과 취사행위에서 발생하는 것이라고 한다.

필자는 1990년 초 말레이지아영 보루네오섬 북단에 있는 동남아 최고의 거봉 키나바루산(4,101m)이 있는 키나바루국립공원을 탐방한 일이 있었다. 필자 일행이 공원관리사무소에 도착하니 등산가이드가 나와서 검은 쓰레기 수거용 비닐봉지를 1개씩 나누어주고 전코스를 따라다니며 안내를 하고 감시하며 풀 한 포기에도 손을 대지 못하게 할 뿐만 아니라 그 넓은 공원에 담배꽁초, 병마개 하나 떨어져 있지 않은 것을 보고 "가져가는 것은 사진만, 남기는 것은 발자국만"이라는 세계국립공원협회의 표어를 철저히 지키는구나하는 것을 느낀 바 있다.

특히 산 밑에 있는 정글코스를 견학할 때의 일이었다. 동행 중 한 분이 자연으로 떨어진 대형 참나무류의 열매를 한 개 주워 가지고 가기를 원했으나 가이드는 펄쩍 뛰며 손을 저었고 설명을 듣던 한 사람이 무의식적으로 잡초 하나를 뜯어 들고 있는 것을 본 가이드는 안내하다 말고 정색한 표정으로 그것을 뺏어 땅에 놓는 현장을 보고 필자는 그네들의 철저한 관리태도에 놀라지 않을 수 없었다.

우리의 GNP수준은 그네들에 비교할 수 없이 높고 생활은 풍요하다고 하지만 우리국립공원의 실태는 어떠한가? 단 한명의 훈련된 가이드가 없는 것은 말 할 것 없고 부족한 예산탓으로 관리가 소홀하여 수 없이 널려 있는 쓰레기는 우리 자연의 앞날을 말해주고 있지 않는가?

결론적으로 자연을 개발하여 풍요하게 잘 살아보자는 끝도 한도 없는 인류의 욕망을 충족시키기 위해서는 유한한 자연이 무차별적으로 파괴될 수밖에 없고 그 결과는 자연의 파괴를 심화시켜 인류가 멸망하는 위기에 직면할 것이 명확하니 우리의 살길은 자연을 아끼고 가꾸어 잘 보존하고 조금 불편한 생활을 감수하는 것이다. 그러므로 우리는 개발과 보존의 최소공약수를 찾는데 온갖 지혜를 모아야 할 때가 바로 지금이며 우리는 지구의 자정능력 범위내에서 우리의 생활이 지속되어야 한다. 그 선두주자가 우리 교육자들이라는 것을 재삼 강조하면서 이에 가름할까 한다. 감사합니다.

*이 글은 1990년대의 과학의 날 특강원고로 만들어진 것이다.

韓國 植物分類學의 發達

머리말

분류학(Taxonomy)이란, 인간생활에 직접적인 관계가 있는 생물에 대한 실제적인 필요성에서 출발한 최초 자연과학(natural sciensce)의 1분과이다. 그러므로 분류학은 생물에 대한 識別(identification), 命名(nomenclature) 및 類別(classification)을 다루는 동시에 생물계통 진화상의 위치를 밝히는 학문이므로 생물학의 입구인 동시에 출구인 것이다.

고대의 분류학은 유용성을 알고 명칭을 붙이는 인위분류학(Artificial classification)이었으며, 중세의 분류학은 외부형태를 중심으로 하는 자연분류학(Natural classification)이었고, 근세의 분류학은 생물학의 다른 분야의 발달에 따라 새로운 방법으로 계통적 고찰을 하는 계통분류학(Biosystematics)을 하였으며, 현재의 분류학은 새로운 방법으로 연구하여, 그 결과를 다른 분야에 이용시키는 동시에 다른 분야에서 연구된 사실을 도입하여 새로운 분류를 시도하는 것이다.

우주는 130억 년 전에 대폭발로 형성되었으며 태양계의 일원인 지구는 46억 년 전에 형성되었다고 한다. 이 같은 지구의 역사 46억년을 1년으로 환산하여 지구역사의 캘린더를 만들어 보면 다음과 같다(木村 · 大澤, 1989). 여기에서 1개월은 약 4억년에 해당한다.

〈생물 역사의 주요 일정〉

始生代 : 1월 1일 ~ 6월 17일

1월 1일 : 지구의 탄생, 원시태양 형성(46억 년 전)

2월 17일 : 생명의 탄생(40억 년 전)

바다에서 물리화학적 법칙에 의해 생겼으며, 대기에는 산소가 없었다.

3월 6일 : 最古의 암석 형성(38억 년 전)

4월 13일 : 最古의 미생물화석(남아프리카) 형성(33억 년 전)

6월 16일 : 대륙의 형성(25억 년 전)

原生代 : 6월 18일에서 ~ 11월 11일

7월 25일 : 광합성 남주류의 탄생(20억 년 전)
세포기관인 미토콘드리아의 형성. 이 시기는 산소가 유해하여 위협적인 존재였으며, 이 위기를 미생물과의 공생으로 극복하였다.

7월 31일 : 산소가 풍부한 대기가 형성(19.4억 년 전)
혐기성 생물에서 호기성 생물로 전환되었다.

8월 10일 : 진핵생물의 탄생(18억 년 전)
핵, 염색체 형성으로 다세포생물 출현의 토대가 만들어졌다.

9월 27일 : 동물과 식물의 분화(12억 년 전)

10월 13일 : 녹조류의 탄생(10억 년 전)

古生代 : 11월 12일 ~ 12월 9일

11월 13일 : 최초의 무척추동물군집 출현(6억 년 전)
다세포생물이 대규모적으로 적응방산(適應放散)했다.

11월 15일 : 화석이 풍부히 형성(5.8억 년 전)

11월 25일 : 척추동물의 직접선조인 무악류의 출현(4.8억 년 전)

11월 27일 : 식물의 상륙(4.2억 년 전)

11월 28일 : 동물의 상륙(4.1억 년 전)
이 시기에 동식물의 눈부신 진화가 이루어졌다.

12월 1일 : 대삼림의 발달(3.7억 년 전)

中生代 : 12월 10일 ~ 12월 23일

12월 12일 : 포유류의 출현(2.3억 년 전)
공룡에 눌려 소형 야행성동물로 생활했고, 중생대 후반에 현화식물과 곤충의 진화가 활발하게 전개되었다.

공룡의 시대(2억 ~ 6500만 년 전)

新生代 : 12월 24일 ~ 12월 31일

12월 26일 : 공룡의 절멸(6,500만 년 전)
거대운석설 : 10km^{2}의 거대운석이 초속 20km로 지구와 충돌(1억메가톤의 수소폭탄 170개에 해당)하여 생긴 먼지로 암흑이 형성되어 식

물이 전멸하고 동시에 저온으로 동물이 멸종됨과 동시에 공룡도 소멸되었다.

이 후 5일간에 포유류와 현화식물이 눈부신 발전을 하였다.

12월 31일 8시 : 인류의 출현(200만 년 전)

제4기(180만 년 전 ~) : 인류의 시대이다.

12월 31일 20시 : 현대인의 출현(20만 년 전)

12월 31일 23시 59분 : 문명의 탄생(1만 년 전)

농경과 문자의 발견은 이 최후의 1분이다.

12월 31일 23시 59분 58초 : 自然科學의 발달(300백 년 전) - 최후의 2초.

위와 같이 자연과학의 역사는 1년의 지구역사 중에 2초에 불과한 발달과정을 거쳐 왔다. 이 중에서 일어난 한국 식물분류학이 걸어온 발자취를 더듬어 보고자 한다.

植物分類學의 發展過程

식물의 분류는 인류가 衣食住의 문제를 해결하기 위한 목적으로 태고시대부터 시작한 것이다. 이것이 학문적인 체계를 갖추기 시작한 것은 인류의 질병을 치료하기 위한 본초학(本草學)에서부터 시작되었다고 할 수 있다. 본초학은 동양에서는 도홍경(陶弘景)의 신농본초경(神農本草經), 서양에서는 P. Dioscorides의 Materia Medica에서 비롯되었으며, 우리나라에서는 세종대왕 13년(1431)에 권채(權採), 유효통(兪孝通), 노중례(盧重禮)에 의해서 향약채집월령(鄕藥採集月令)과 향약집성방(鄕藥集成方)이 출간된 것이 그 효시라고 할 수 있다. 그 뒤 중국의 이시진(李時珍)의 본초강목(本草綱目, 1950), 우리나라 허준(許浚, 1539~1615)의 동의보감(東醫寶鑑)에서 많은 식물명이 등장하고 그 용도가 밝혀지고 있으나, 그 식물의 정확한 정체를 밝히는 데는 어려움이 많다. 우리나라에서 현대적인 의미의 본초서는 임태치(林泰 治)와 정태현이 발표한 “조선산야생약용식물(朝鮮産野生藥用植物)”(1936)(임업시험장보고 22호)에서부터 비롯된다고 할 수 있다.

우리나라의 현대적인 식물분류학의 발달과정은 1910년이라는 역사적인 전환점을 기준으로 하여 전기와 후기로 정리할 수 있다(鄭英昊, 1958). 여기에서 말하는 前期란 외국의 탐험가, 선교사, 전속채집인 및 식물애호가들에 의해서 한국식물이 수집되어 외국의 식물분류학자들에게 보내져 연구된 1910년 이전의 시기를 말하며, 後期란 국내외의 학자들이 직접 우리나라의 식물을 수집하여 연구한 1910년 이후의 시기를 의미한다.

1. 前期(1910년 이전)

우리나라 식물분류학의 초창기(1854~1910) 발달과정을 이해하기 위해서는 이 시대에 각종 사명을 띠고 들어온 탐험가(探險家), 선교사(宣教師), 돈을 받고 직업적으로 식물을 채집하는, 외국의 박물관이나 연구기관에 속해있는 전속채집인 및 식물에 관심이 있는 관광객을 위시한 식물애호가(植物愛好家)와 이들이 수집한 자료를 외국에서 받아서 연구한 식물분류학자들의 대표적인 활동상황을 면밀히 검토해볼 필요가 있다. 이 대표적인 사례는 다음과 같다.

슈리펜바흐(B. Q. Schlippenbach, 탐험가)

러시아의 해군 제독인 슈리펜바흐는 1854년 4월에 한국 동해안의 해안선을 측정하기 위하여 부산항으로 입항한 러시아의 군함 팔라다(Pallada)호 편으로 들어와서, 버들과, 장미과, 인동과, 철쭉과 등을 포함한 봄에 꽃이 피는 목본식물로 해안지방에서 생육하는 많은 식물을 채집하여 러시아의 식물분류학자인 막시모비치(C. J. Maximowicz, 1827~1891)에게 보내져서 연구된 결과 철쭉나무(*Rhododendron schlippenbachii* Maxim.)를 위시하여 많은 신식물이 발표됨으로써 한국식물이 국제학계에 관심을 불러일으키는 계기가 되었다.

포리(P. U. Faurie, 1847~1915, 선교사)

프랑스 출신의 신부인 포리는 일본 아오모리(Aomori, 青森)에 주재하고 선교활동을 하면서, 1900~1910년 사이에 제주 한라산, 전남 목포, 경남 부산, 경기 인천과 수원, 서울, 강원 금강산, 평남 평양과 진남포, 함남 원산 등 거의 한반도 전역에 걸쳐 식물의 채집활동을 벌렸다. 특히 1906~1907년 사이에는 타케(Taquet)신부와 함께 활발한 식물채집활동을 전개하여 수집한 수만점의 표본을, 덴마크의 크리스텐센(C. F. A. Christensen, 1872~1942), 스위스의 크리스트(H. Christ, 1833~1933)와 드 뷰시(H. de Boissieu, 1875~1912) 외, 프랑스의 르베유(A. A. H. Leveille, 1863~1918), 독일의 쿠켄탈(G. Kukenthal, 1864 ~1956), 오스트리아의 학켈(E. Hackel, 1850~1916) 등등 세계의 많은 전문가들에게 보내져 연구 발표되었다.

타케(E. J. Taquet, 1873~1952, 선교사)

프랑스 출신의 신부인 타케(한국명 嚴宅基)는 파리에서 신학대학(1892~1897)을 졸업하고 신부로 임명됨과 동시에 1897년 10월 28일 서울에 도착한 이래 평생을 한국에서 포교활동을 하였으며, 주로 제주도 홍로(洪爐, 서귀포 서홍동)에 주재하여 포교를 하던 1902~1915년 사이에 제주식물을 중심으로 많은 식물을 채집하여, 위에서 말한 르베유(Leveille), 크리스텐센(Christensen), 크리스트(Christ) 이외에 프랑스의 핀네트(A. E. Finet, 1863~1913), 독일의 슈나이더(C.K. Schneider, 1876~1951), 일본의 나카이(T. Nakai, 1882~1952) 등등의 많은 석학들에게 보내져 연구에 사용되었으며, 식물표본을 보내준 대가로 받은 돈은 포교활동비용으로 충당되었다고 한다. 이와 같은 그의 업적이 인정되어 그 공로로 식물학명의 소종명에 신부의 이름이 붙어져 있는 것이 많다. 그 대표적인 것은 다음과 같다(오수영, 1976).

Adenophora taquetii Leveille	섬잔대의 이명
Allium taquetii Leveille et Vaniot	한라부추의 이명
Carex taquetii Leveille	왕밀사초의 이명
Carpesium taquetii Leveille	두메담배풀, 좀담배풀의 이명
Diplazium taquetii C. Christensen	섬잔고사리의 오용
Dryopteris taquetii C. Christensen	반들고사리, 홍지네고사리의 이명
***Ligularia taquetii* Nakai**	**갯취**
***Rhamnus taquetii* Leveille**	**좀갈매나무**
Rosa taquetii Leveille	제주가시나무, 인가목의 이명
Rubus taquetii Leveille	사슨딸기, 멍석딸기의 이명
Saussurea taquetii Leveille et Vaniot	해변취, 큰각시취의 이명
Thalictrum taquetii Leveille	한라꿩의다리, 꿩의다리의 이명
***Tilia taquetii* C. K. Schneider**	**뽕피나무**

이로 인하여 그가 채집한 많은 표본들은 세계의 유명한 표본관에 보존되고 있으며, 그 일부가 포리신부에게 보내져 교토대학에 함께 남아있으나, 국내에는 전혀 없다. 그 이유는 신부가 제주에서 1922년에 대구 聖유스틴신학교(현 대건고등학교)로 와서 교수로 근무하다 퇴임 후 대구신학교의 일우(一隅)에 은거하다 1952년 심장마비로 영면한 뒤, 그의 유물(많은 표본과 관련 문헌들)이 대구 천주교 주교관 내 도서실에 보관되어 있었으나 불행하게도 1964년 12월 15일 화재로 인해 전부 소실되었기 때문이다(오수영, 1976).

윌포드(C. Wilford, 1860, 영국 큐왕립식물원의 전속채집인)

윌포드는 동아시아의 연안을 측정하는 액티온(Acteon)호 편으로 류큐(琉球)와 중국을 거쳐 한국으로 와서, 부산, 전남 거문도, 경기 인천에서 100여종류의 식물을 채집하여 영국의 후커(W. J. Hooker, 1785~1865)에게 보내져서 4회에 걸쳐서 발표되었다.

올드헴(R. Oldham, 1863, 영국의 전속채집인)

올드헴은 스왈로(Swallow)호 편으로 중국과 일본을 거쳐 한국으로 와서 거문도를 비롯한 남해안의 여러 도서와 인천지방에서 식물을 채집하여, 영국의 미켈(F. A. W. Miquel, 1811~1871)에게 보내져서 연구되어 많은 것이 신식물로 발표되었다. 그 대표적인 것은 다음과 같다.

Lespedeza oldhami Miquel	조록싸리(?)의 이명
***Rubus coreanus* Miquel**	**복분자딸기**
***Gypsophila oldhamiana* Miquel**	**대나물**
***Meliosma oldhami* Miquel**	**합다리나무**
Smilax oldhami Miquel	민둥청가시나무의 이명

우치야마(Uchiyama, 內山富次郞, 일본 동경대학 부속식물원의 전속채집인)

20세기에 접어들면서 특히 일본사람의 활약이 두드러졌다. 그 중에도 우치야마의 2차에 걸친 채집을 들 수 있다. 그 1차(1900) 채집은 부산, 전남 목포와 서울 근교의 북한산, 남산, 청량리, 오류동, 경기 인천, 풍도, 고양 등지에서 이루어졌으며, 2차(1902)에는 부산으로 상륙하여 채집하면서 걸어서 서울까지 도착했고, 강원도로 들어가 금강산까지 채집했으며, 다시 서울로 돌아와서 황해도 장연을 거쳐 평양까지 걸어가며 채집을 하고 인천을 거쳐 배를 타고 일본으로 돌아갔다(T. Nakai, 1927). 이와 같이 우치야마는 한반도의 넓은 지역을 망라하여 많은 양의 채집을 하였으며, 이 재료들은 후일 나카이의 한국식물연구에 귀중한 자료로 활용되었다.

하나부사(Hanabusa, 花房義質, 일본 식물애호가)

하나부사는 주한일본공사로 한국에 체류하면서 관광여행으로 다니는 중에 취미로 수집한 식물표본들이 동경대학의 마스무라(J. Matumura, 松村任三)교수에게 보내져서 1886년에 47과 148종이 발표되었다. 이러한 공로가 인정되어 나카이가 1911년에 발표한 한국특산속식물인 금강초롱꽃속의 속명에 그의 이름을 넣어 Hanabusaya로 발표된바 있다.

파리빈(J. W. Palibin, 1872~1949, 러시아의 식물분류학자)

파리빈은 前期에 외국의 식물애호가들이 수집한 자료들을 바탕으로 연구된 논문들과 식물표본들을 조사 연구한 결과를 바탕으로 1898~1901년에 걸쳐 한국식물관견(Conspectus florae Koreae I~III)이라는 제목의 논문으로 그 때까지 발표된 한국식물을 총정리 하였다. 이 논문에서 한국산 관속식물을 101과 361속 644종 2아종 98변종 1아변종 2품종으로 집계하였으며, 이 중에는 7신종과 1신변종이 포함되어 있으며 이는 다음과 같다(정영호 등, 1986).

Clematis spectabilis Palibin	외대으아리의 이명
***Berberis koreana* Palibin**	**매자나무**
Sisybrium maximowiczi Palibin	장대냉이의 이명
***Viola albida* Palibin**	**태백제비꽃**

Ligustrum patulum Palibin	털개회나무의 이명
***Lilium amabile* Palibin**	**털중나리**
***Poa viridula* Palibin**	**청포아풀**
Ophiopogon spicatus Gawl. var. *koreanus* Palibin	개맥문동의 이명

2. 後期(1910년 이후)

이 시기를 1910년 이후로 잡는 데는, 이 해가 역사적인 전환점일 뿐 아니라, 우리나라 식물학자인 정태현(鄭台鉉)이 최초로 한국식물 표본을 만든 해라는 데에 무게를 둔 것이다(정영호, 1958).

이 시기에 우리나라 식물을 연구한 국내외의 학자는 그 수를 헤아릴 수 없을 만치 많을 것이나, 그 초기 36년간이 일제통치하였던 관계로 그의 영향이 절대적이었던 것은 부인할 수 없다. 고로 한국식물분류학의 발달 또한 한국과 일본의 분류학자들을 중심으로 그 가닥을 잡을 수밖에 없다.

이 시대의 식물분류학의 흐름은 주로 植物相(Flora)的 硏究가 주류를 형성했으며, 우리나라는 가히 일본의 식물분류학자 나카이(T. Nakai)의 독무대이었고, 그의 제자인 모리(T. Mori, 森 爲三), 이시도야(T. Ishidoya, 石戶谷 勉), 우에끼(H. Uyeki, 植木秀幹)의 3인방의 활약이 두드러졌다. 모리는 생물교유(경기중학교)로 시작하여 문교부 시학(장학사)으로 활동하면서 식물분류학을 하다가, 경성의전(서울대학교 의과대학의 전신)교수로 활약하면서 한국산 담수어 연구의 공을 세웠고, 이시도야는 조선총독부 산림국 중앙임업시험장에서 특용식물에 대한 연구 활동을 하다 경성약전(서울대학교 약학대학의 전신)의 교수로 활약하면서 약용식물학 연구에 공로가 크며, 우에끼는 수원고농(서울대학교 농과대학의 전신)에서 수목학을 연구하며 후진양성에 기여하였다.

이런 관계로 나카이에게 주로 영향을 받은 한국계 학자는 정태현(1882~1971, 성균관대)→이덕봉(고려대)→정영호(1924~1994, 서울대)→이우철(강원대)→김윤식(고대), 이상태(성균관대)로 이어지고, 모리에 영향을 받은 학맥은 박만규(1906~1977)→이영노(1920~2008, 이대)→오용자(성신대)→이남숙(이대)으로 이어졌으며, 이시도야에 영향을 받은 학자는 도봉섭(서울약대, 월북)→임기흥(서울약대)→정보섭(서울약대)→육창수(경희대)로 이어졌고, 우에끼에 영향을 받은 학풍은 이창복(1919~2003, 서울농대)→김태욱(서울농대)→장진성(서울농대)→이유미(국립수목원)로 맥이 이어진 것으로 볼 수 있다.

이 시기의 후반부터는 연구의 흐름이 식물상적 연구에서 모노그라프(Monograph)적 연구로 바뀌기 시작했다. 그 대표적인 사례를 박사학위논문(필자가 소지하고 있는)을 중심으로 살펴보면, 이영노(벼과 억새속)를 위시하여 오용자(사초과 사초속), 김윤식(질경이과 질경이속). 유성오(백합과 부추속), 박종욱(여뀌과 여뀌속), 고성철(천남성과), 이남숙(백합과 여로속), 여성희(미나리아재비과), 선병윤(녹나무과), 김무열(느릅나무과), 심정기(붓꽃과), 이창숙(고사리과), 오병운(현호색과 현호색속), 최병희(콩과 묏황기속), 이상명(택사과), 임형탁(국화과 분취속), 이웅빈(백합과 나리속), 박재홍(국화과 씀바귀속), 홍석표(여뀌과 싱아속), 정규영(국화과 개미취속), 이유미(장미과 조팝나무속), 정영재(명아주과), 추갑철(갈매나무과), 백원기(용담과), 박완근(버들과 버들속), 김주환(노박덩굴과 화살나무속), 유기억(초롱꽃과), 정영철(백합과 비비추속), 태경환(수선화과 수선화속), 이정희(산형과 참반디속), 이중구(초롱꽃과 잔대속), 김철환(두릅나무과 오갈피나무속), 장창기(백합과 둥굴레속), 최경(석죽과 개별꽃속), 황환주(철쭉과 진달래속), 김상태(목련과) 등등의 科別 전문가가 등장한다. 그러나 그 대부분이 코스모포리탄하게 분류군을 망라한 것이 아니라 주로 한국산만을 다루어 후로라적인 범주를 넘지못한 것들이다.

이밖에 현생화분학(이상태), 수생식물(최홍근), 귀화식물(박수현)의 연구가 식물분류학에 기여한바도 간과 할 수 없다. 그리고 분자생물학적 기법을 사용하여 분류계통을 밝혀 식물의 진화계통수를 만드는 일은 최근 분류학 연구에 근간을 이루고 있으며, 이분야에 많은 업적을 내고 있는 대표적인 분류학자는 김기중(고대), 김영동(한림대), 서영배(서울대), 박종욱(서울대), 선병윤(전북대), 최병희(인하대), 유기억(강원대), 김주환(대전대), 박선주(영남대), 이정희(수목원), 김상태(성신여대) 등등을 들 수 있다.

이상의 많은 분류학자들의 업적을 일일이 소개하기는 어려움으로 외국학자로 한국식물을 연구한 간판스타인 나카이와 한국인으로 한국식물 연구에 개척자인 정태현의 연구결과를 소상히 소개하는 것으로(이우철, 2008) 가름할까 한다.

1) 나카이 다케노신(T. Nakai, 中井猛之進, 1882~1952)

나카이는 그의 아버지 나카이 세이타로우(中井誠太郎)가 농학을 전공했기 때문에 그 영향으로 어릴때부터 식물에 취미를 가지게 되었고, 도쿄대학 부속식물원(小石川植物園)의 사무장으로 근무하던 아버지의 권고로 식물분류학을 전공하게 되었다(H. Hara, 1942). 1913년에 결혼을 하여 슬하에 3남 2녀를 두었으나 뒤를 이어 식물학을 공부한 자녀는 없었으며, 장남은 1945년에 행방불명되었다고 한다. 그러나 두 딸의 남편인 사위들은 모두 그의 제자로 유명한 식물분류학자이다. 큰사위인 마에카와(F. Maekawa,

前川文夫)는 도쿄대학 식물학과 식물형태학교실의 교수였다. 그가 장인의 후계자로 식물분류학교실의 교수가 되지 못한 것은 당시 제자 중에 작위를 가진 일본 귀족출신인 하라(H. Hara, 原 寬)가 있었기 때문이 아닌가 사료된다. 둘째사위는 만주의 대륙과학원에서 만주식물을 많이 연구한 키타가와(M. Kitagawa, 北川政夫)이다.

나카이는 1907년에 도쿄대학 이학부 식물학과를 졸업하고 동대학원에 진학하여 마스무라(J. Matumura, 松村任三, 1856~1928)교수의 지도로 식물분류학을 전공했다. 그 뒤 동대학 조수로 있으면서, 동대 부속 제1임시교원양성소의 박물학 강사로 근무하다가, 1917년에 모교의 강사, 1922년에 조교수, 1927년에 교수가 되어 1942년까지 35년간 도쿄대학에 봉사하면서, 주도면밀하게 독자적인 식물분류계통학을 강의하여 유수한 학자를 기르는 동시에 특히 동아식물(東亞植物)의 분류학적 연구에 전념하였다. 특히 관심을 가지고 연구한 분야는 투구꽃속(*Aconitum*), 제비꽃속(*Viola*), 싸리속(*Lespedeza*), 천남성속(*Arisaema*), 월귤속(*Vaccinium*), 사철나무속(*Euonymus*), 동백나무속(*Camellia*), 여뀌과(Polygonaceae), 인동과(Caprifoliaceae), 대나무과(Bambusaceae), 양치식물(Pteridophyta) 등이다. 그가 도쿄대학을 퇴임할 때까지 발표한 논문의 수가 500편 이상에 이르고, 발표한 신식물과 학명을 개정한 것을 합치면 4,000여개에 달한다(H. Hara, 1942, 1953). 또한 그의 제자들이 그의 도쿄대학 퇴임이자 회갑을 기념하기 위하여 '중정박사공적기념사업회'를 결성하여 그때까지(1907~1942) 그가 이룬 연구결과를 모아 『나카이 교수저작논문 및 신식물명총목록』(1943)이라는 기념책자(pp.156)를 발간했다. 퇴임 후 육군사정장관(陸軍司政長官)으로 임명되어 자바군정감(軍政監)으로 활동했으며, 1947년에 도쿄대학의 명예교수로 되는 동시에 도쿄과학박물관(뒤에 일본국립과학박물관으로 개칭)의 관장으로 있으면서 죽을 때까지 왕성한 학술활동을 하였다.

나카이가 한국식물 연구에 관심을 가지게 된 것은 그가 1907년 대학원에 입학한 뒤, 그의 지도교수 마스무라가 대만식물을 연구하여 훌륭한 분류학자가 된 하야타(B. Hayata, 早田文藏, 1874~1934)를 예로 들면서 한국식물을 연구할 것을 권고한데서 비롯되었다고 한다. 그리하여 그는 이학석사와 이학박사의 학위논문으로 韓國植物相(Flora Koreana) I, II(1909, 1911)를 발표하여 1914년에 이학박사학위를 받았다. 이 중 I은 우치야마(Uchiyama), 하나부사(Hanabusa), 이마가와(Imagawa), 미시마(Mishima) 등이 채집한 표본을 가지고 연구하였으나, 그들의 채집품은 주로 평양 이남의 것이므로 부족한 북부의 자료를 수집하기 위하여, 나카이는 1909년에 함경도 원산으로 상륙하여 원산, 성진, 청진 등지에서 500여종의 식물을 채집하여 한국식물상 I을 보완하여 II를 완성한 것이다. 이 연구로 인해 우리나라의 관속식물은 신식물 1속(금강초롱꽃속) 36종 27변종을 포함하여 19과 111속 547종 105변종을 추가하여, 한국에 나는 관속식물을 149과 661속 1,971종 183변종으로 보고함으로써 그 개략적인 윤곽이 밝혀지게 되었다. 여기에서는 이밖에도 한국산 여뀌과식물, 한국산 현삼과 중 꽃며느리밥풀속, 한국과 일본산 쥐손이풀과 중 쥐손이풀속, 한국과 일본산 사초과 식물 중 사초아과, 일본과 한국산 국화과 식물 중 엉겅시속의 분류를 소상히 연구하여 보고하고 있다.

나카이가 한국식물을 본격적으로 연구하게 된 것은 1914년부터이다. 1913년 신혼여행으로 한국에 와서 서울 조선호텔에서 묵었는데, 당시 일본공사이던 하나부사의 초청으로 식사를 당시 총독과 함께 한 일이 하나의 계기가 되었다. 그 때 총독이 말하기를 자기 취임식때에 보니 진열된 꽃들이 전부 일본 온실에서 볼 수 있는 것들뿐이었는데 조선에는 그다지도 아름다운 꽃이 없느냐고 하니, 나카이는 "아닙니다. 조선에도 참으로 아름다운 꽃이 많습니다"라고 대답했다. 그리고 당시 호텔 창가에 장식으로 놓인 은방울꽃을 가리키며, "저기 창가의 은방울꽃을 보십시요! 얼마나 예쁩니까"라고 말했다. 이 말을 들은 총독은 그럼, 당신이 조선(한국)의 식물자원을 계속 연구해보지 않겠느냐는 제의를 했고, 나카이가 이를 수락함으로써 1914년 조선총독부로부터 조선식물에 대한 연구촉탁(1914~1942)으로 임명되었다. 이리하여 당시 청량리 중앙임업시험장에 근무하던 정태현을 통역 및 조수로 대동하고 조선총독부에서 비용을 받아 전국방방곡곡의 식물을 조사할 수 있는 기회가 주어짐으로써 비롯되었다. 그 후부터 학기 중에는 도쿄대학에서 강의를 하며 수집한 자료를 연구했고, 여름방학에는 한국에 와서 청량리 중앙임업시험장에 정태현이 사는 관사의 방을 하나 빌려 같이 생활하면서, 어려움과 위험을 무릅쓰고 각지로 채집을 다녔다고 한다. 이때에 수집된 식물표본들은 복수로 채집하여, 확실히 감정된 것은 그 일부를 시험장 표본실에 수장하고 감정된 일부와 미감정분은 전부가 도쿄대학 표본실로 보내졌다. 이와 같이 하여 임업시험장에는 약 8만점 이상의 식물표본이 축적되었으나 유감스럽게도 6. 25동란(1950) 때 전부 소실되었고, 일본으로 간 것은 현재에도 잘 보관되고 있다.

1914년 이후 나카이가 조사연구한 한국식물에 대한 결과는 크게 세가지 유형으로 발표되었다. 첫째는 지역의 식물상 조사보고로서, 제주도 및 완도(1914), 지리산(1915), 노봉(1916), 금강산(1918), 백두산(1918), 울릉도(1919), 광릉(1932) 등의 조사보고서가 발표되었고, 둘째는 한국의 삼림자원을 조사한 결과를 연차적으로 과별로 정리한 것으로 『朝鮮森林植物編』 1~22집(1915~1939)을 발표했다. 이는 일본어와 라틴어로 속, 종의 검색표와 정확한 종기재를 하는 동시에 실물크기의 정밀한 분류군별 그림이 첨부되어있는, 세계적으로 널리 알려진 유명한 저서로 많은 신식물들이 보고되어있다. 이 책은 일본의 도서간행회에서 1975년에 9권으로 복제하여 시판된바 있다. 셋째로는 그때그때에 얻어진 단편적인 연구결과들을 학회지를 통해 시리즈로 발표한 것으로, 일본식물학회에서 발행하는 식물학잡지(The Botanical Magazine Tokyo: B.M.T.)에 1911~1935년까지 '日鮮植物管見(Notulae ad Plantas Japoniae et Koreae)'이라는 제목으로 48회에 걸쳐 1,268건에서 약 1,300여종의 한국식물을 포함한 동아식물을 소개했다. 또 쓰무라(Tsumura, 津村)연구소에서 발행하는 식물연구잡지(The Journal of Japanese Botany: J.J.B.)에 1937~1950년까지 '東亞植物拾遺(Notulae ad Plantas Asiae Orientalis)'이라는 제목으로 35회에 걸쳐 484건에서 신지견(新知見)을 발표하는 가운데 많은 한국식물을 검토하였다. 이 업적물은 국립수목원에서 2005~2006년에 필자의 자료를 바탕으로 세권의 연구자료집인 『식물기재문 자료모음집』으로 발간되었다. 이 밖에도 위 두 연구 잡지에 과별(科別) 또는 속별(屬別)의 연구결과를 발표한 논문들이 많다.

위와 같은 연구결과로서 한국식물을 재료로 새로 기재한 신속식물(新屬植物)들은 금강초롱꽃속 (*Hanabusaya,* 1911), 금강인가목속 (*Pentactina*, 1917), 미선나무속 (*Abeliophyllum,* 1919), 새양버들속 (*Chosenia,* 1920), 개느삼속 (*Echinosophora*, 1920), 매미꽃속 (*Coreanomecon,* 1935) 등이 있으며, 이들은 대부분 한국특산속식물들이다. 이밖에도 단행본으로 『朝鮮植物』 상권(1914)에서는 573종의 한국산식물을 해설하는 동시에 새로운 분류군을 많이 소개했으며, 『東亞植物』(1935) 중에서 '조선의 식물'이라는 항에서 한국식물의 분포특성을 소상히 소개하고 있다. 나카이는 이와 같은 한국식물의 연구공로가 인정되어 일본학사원에서 계공작기념상 (桂公爵記念賞, 1927)을 수상한바 있다(H. Hara, 1942).

나카이는 45년간(1907~1952)에 걸쳐 평생 한국식물을 연구한 총결산을 일본국립과학박물관 연구보고서 제31호(1952)에 '朝鮮植物誌梗概(A Synoptical Sketch of Korean Flora)'라는 제목으로 우리나라 관속식물을 총정리해 발표함으로써 새로운 분류체계를 확립했다. 이로써 한국에 나는 유관속식물은 11속 642종 402변종 74품종의 특산식물을 포함하여 223과 968속 3,176종 841변종 174품종으로 총 4,191분류군으로 밝혀졌다. 그러나 11속의 특산식물 중 *Distaenia* (섬바디속)은 한일 공통속이고, *Homopteryx* (부전바디속), *Patis* (참나래새속), *Terauchia* (평양지모속), 두잎감자난초속(*Diplolabellum*) 등 4속은 이미 다른 속에 통폐합 처리된 것이며, 분류군을 너무 세분하는 경향이 있어 이 분류체계는 정태현이 받아 들여 『韓國植物圖鑑』상(1957), 하(1956)를 편찬함으로써 한국에서 일시 사용되었을 뿐 세계의 다른 어느 나라에서도 사용된바 없다. 그리고 이 논문을 발표한 그 해 12월 6일에 타계한 관계로 후속논문이 발표된바 없어, 이 목록에 나오는 새로운 나명(裸名)들은 내용과 출처를 알 길이 없는 아쉬움을 남겼다.

2) **정태현(鄭台鉉, 1882~1971)**

故 霞隱 鄭台鉉 博士

하은(霞隱, 정박사님의 호) 정태현은 이조 말 고종 18년(1882)에 경기도 용인에서 태어났다. 세종대왕 때에 훈민정음 창제에 공이 컸던 정인지(鄭麟趾)의 25대손이다. 한학을 배우며 부모의 뒤를 이어 농업에 종사하다 자신이 갈 길은 이것이 아니라고 생각하고, 1905년(24세)에 무작정 상경하여 단발을 하고 낮에는 염색소에서 일하면서 밤에는 광무학교라는 일어강습소에서 공부를 하여, 양잠학교에 들어가 1년간 양잠기술을 배우고, 고향으로 내려와 뽕나무를 심어 누에를 길러 약간의 돈을 마련해 다시 상경하여 3개월간 일어강습소에서 재충전하고, 1907년에 오늘의 서울대학교 농과대학의 전신이자 농상공학교의 후신인 수원농림학교 임학 속성과에 2회로 입학하였다. 당시 수원농림학교는 학생들의 기숙사비, 제복, 학용품의 일체비용이 관비로 지급되는 학교로 졸업 후 관비 지급 일수의 2배를 의무연한으로 국가기관에 근무해야 하는 교육기관이었다. 당시 제복을 입고 사각모를 쓴 농림학교 학생들은 많은 사람들의 선망의 대상이 되기도 했다. 농학속성과는 모범조림사업(模範造林事業)을 위한 기술양성을 목적으로 만들어진 1년 과정의 학과로 2회에 걸쳐 19명을 배출하고 폐과되었으며, 졸업생의 대부분은 각 도의 수묘양성소(樹苗養成所)에 취업했다. 이때 하은은 구한국 농상공부 수원임업사무소의 기수로 발령을 받아 수원묘포장에서 묘포를 설치하고 조림사업을 개시했는데, 이것이 그가 식물학을 공부하게 되는 첫걸음이 되었다.

하은은 1911년에 12세 연하인 장을봉여사와 결혼하여 3남4녀를 두어 다복한 가정을 이루었으나, 선생과 같은 길을 걸은 자녀는 하나도 없었으며, 차남이 약학을 공부하여 약품무역을 하였을 뿐이다. 장남(전 처 소생)은 행방불명이며, 차남과 3남은 일찍 세상을 떠났다.

1910년 이전의 하은은 조림기술요원에 불과했으나 이후 조선총독부 산림국 산림과에 근무하면서부터 임학자 또는 식물분류학자로서 수학의 길을 밟게 되었다. 하은이 본격적으로 식물분류학을 공부하게 된 것은 나카이가 조선총독부로부터 한국식물조사연구의 촉탁으로 위촉받아 하은과 같이 전국방방곡곡을 다니면서 식물을 조사하기 시작한 1914년부터였다고 할 수 있다. 다시 말하면 하은은 식물분류학의 대가 나카이를 독선생으로 모시고 공부를 한 셈이다. 그래서 하은은 그때그때마다 새로운 식물이 발견되면 그 특색이 되는 일부를 모아 건조하여 두터운 공책에 붙이고 그 이름과 특징을 기록하여 실물도감을 만들어가며 공부를 했다고 한다. 이렇게 만든 것이 무려 일곱 책이나 되었는데 이것도 6.25때 모두 한줌의 재로 변하고 말았다고 하며 못내 아쉬워하는 것을 나는 보았다.

이와 같이 하은은 나카이를 그림자 같이 따라 다니며 도왔고 한국의 식물들과 열심히 낯을 익혔다. 나카이는 이러한 하은의 공로를 인정하여 하은이 충북 단양에서 발견한 줄댕강나무(*Abelia tyaihyoni* Nakai, 1921) 학명의 소종명에 태현이라는 이름을 붙여 발표했으며 그 설명문에서 "정태현씨는 내가 총독부 촉탁이 된 뒤 지금까지 나의 통역 겸 조수로서 나를 수행했고, 그간 나와 같이 조선의 산야 중 가장 험난한 곳을 답사한 것이 1천 수백리이며 생사의 역을 출입한 일이 여러 차례 있었다. 백두산에서는 호기심에서 만주땅을 잠시 통과함으로써 마적의 피습을 피하기도 했고, 금강산에서는 전인미답의 대장봉 벼랑으로 추락할 위기에서 나를 구해주었으며, 몽매한 인부들을 부려 식물채집품의 건조, 물자의 운반, 보급품의 구매등에 힘써 조선식물조사 진행에 공이 지대했다. 그러므로 1905년 만국식물학회가 정한 바에 따라서 채집자이고, 나의 채집을 많이 도와준 충실한 정태현씨의 공로를 기려 후세에 남기기 위하여 학명에 그의 이름을 붙인다" 라고 한 것을 보면 그들의 관계를 잘 알 수가 이다. 그러면서도 나카이는 격을 분명히 하는 매서운 면도 있었다. 하은이 이북 맹산(孟山)에서 채집한 식물이 신식물임에 틀림없다고 생각하여 나카이에게 당신의 이름으로 발표해 달라고 당부하여 댕강나무(*Abelia mosanensis* Chung et Nakai, 1926)가 발표된 일이 있다. 그런데 그 뒤(1937) 기록에 따르면 "이것은 정군이 자기의 이름을 하나 붙이기를 원하므로 붙여준다"라고 못을 박았다.

하은에게는 산림과 시절(1911~1922)이 수학기였다고 한다면, 임업시험장 시절(1923~1950)은 결실기라고 볼 수 있다. 하은의 첫 수확은 이시도야와 공동으로 저술한 『朝鮮森林樹木鑑要』(1923)이다. 이것은 그간에 발표된 임학에 대한 참고문헌들을 바탕으로 우리나라에 나는 수목을 과별로 검색할 수 있도록 만든, 임업에 종사하는 사람들을 위한 교과서로서 당시 이 분야에서는 성경과 같이 읽혀졌다고 한다. 새로 창설된 임업시험장의 첫 역점사업의 하나는 한국산 수목의 조림적지적수(造林適地適樹)에 대한 조사(1923~1926)였다. 이는 어떤 산에 무슨 나무를 조림하면 좋을까를 알기 위한 조사였다. 이 조사는 전국 각지에 걸쳐 약 1,000m 이상의 산 50개소를 선정하여 각 지역별로 해발 100m 또는 200m를 구간으로 하여 그 사이에 분포된 수목을 흉고직경과 함께 조사하여 전국적인 자료를 종합해 수종별로 수직분포의 상한과 하한을 표시해 정리하는 방대한 사업이다. 이조사결과의 일부는 『조선수목, 竹類分布圖』(1929)에 인용되었으며, 뒤에 하은의 『朝鮮森林植物圖說』(1942)의 수종 수직분포 자료로 사용되었으나 당시의 조사자료는 6.25사변 때에 전부 소실되었으며, 그 중 수직 및 수평분포표만이 하은에 의해 보관되어 있었다. 필자는 이를 기초자료로 하여 주요조림수종 34종에 대한 적지적수를 정리하는 한편 수목전체에 대한 수직 및 수평분포를 부록으로 첨부해 「한국삼림식물대 및 적지적수론」(정 · 이, 1965)이라는 제목으로 발표했다.

그밖에 『朝鮮野生藥用植物』(1936), 『滿鮮實用林業便覽』(1939), 『朝鮮野生食用植物』(1942)을 하야시(林泰 治)와 공저로 발표했으며 이들은 모두 당시의 임학도, 식물학도 및 약학도들의 귀중한 보물이었다. 동시대의 하은의 업적으로 빼놓을 수 없는 것은 『朝鮮植物鄕名集』(1937)과 『朝鮮森林樹木圖說』(1942)이다. 조선식물향명집은 도봉섭, 이덕봉, 이휘재와 공동으로 집필하여 조선박물연구회에서 발행한 것으로 2000여 종의 식물의 우리나라이름이 최초로 만들어진 것이다. 조선삼림수목도설도 조선박물연구회에서 펴낸 것으로 우리나라에 나는 목본식물 84과 269속 1,096종류(473변종 66품종 포함)를 집대성한 것인데 하은이 임업시험장에서 연구한 총결산이라고 할 수 있다. 이 책에는 1,023개의 실물도와 341개의 분포도가 수록되었으며, 이 중에는 7종 32변종의 새로운 식물이 기재되어 있다. 이는 하은이 새로 발견한 먹넌출(*Berchemia kunitageana*), 강화산닥나무(*Diplomorpha insularis*), 보은대추나무(*Zizyphus jujuba* var. *hoonensis*)와 이 책을 만들기 위하여 도쿄대학 표본실에서 가져온 표본가운데 나카이의 미발표인 5종 32변종이 포함되어있었기 때문이다.

하은은 구한국→미군정→대한민국을 통한 한국식물분류학 발달초기의 증인인 동시에 초석을 놓은 개척자이다. 특히 대한민국시절(1950~1971)은 하은의 황금기라고 할 수 있다. 이 시기는 그간 하은의 공로를 인정하여 전남대학교 농과대학의 송재철 학장의 주선으로 동대학의 임학과 교수로 부임했고, 명예이학박사학위(1953)를 수여 받는 동시에 『韓國植物圖鑑』출판비로 400만원을 부상으로 받게 됨으로써 열리기 시작하였다. 한국식물도감의 출판은 하은의 평생 숙원사업으로, 계농생약연구소의 지원을 받아 서울약대 교수이던 도봉섭과 공저로 출판하기로 하고, 원고와 그림이 완성되었다. 그러나 6.25동란으로 계농생약연구소가 문을 닫고 도봉섭이 납북됨에 따라 실의에 빠졌던 하은에게, 그 그림과 원고가 도봉섭의 부인이 전란 중 천정에 잘 갈무려 두었다는 소식이 전해져 출판비를 걱정하고 있던 그에게 전남대학교는 천혜의 은인이 아닐 수 없었다. 그 뒤 하은은 도감출판의 큰 꿈을 안고 성균관대학교 생물학과로 자리를 옮겼다(1954). 한국식물도감은 상(1957), 하(1956)로 편집 되었으며, 상권은 목본편으로, 앞에서 언급한 조선삼림식물도설의 번역본이나, 그 가운데 일부를 수정하여 1,097종류에 1,013개의 그림이 실려 있으며, 하권은 초본편으로 2,050종류가 그림과 같이 수록되어 있다. 이 중에는 하은이 새로 발견한 11종 2변종이 들어 있으며 그 중 큰톱풀, 큰다닥냉이, 애기송이풀, 지리강활은 책의 서두에 원색으로 실었다.

하은은 이 공로로 1956년 우리나라에서 최고로 명예로운 상인 學術院賞 본상(저작상)을 받게 되었으며, 1959년에 학술원의 종신회원으로 추대되었다. 그 뒤 한국식물도감은 기재문을 쉬운 말로 수정 보완하는 동시에 대표적인 종을 채색하며 나머지는 흑백도로 사용하고 상하권을 통합편집하여 『한국동식물도감』제5권 식물편(1965)으로 재판되었다. 하은의 마지막 작품은 서울대학교 표본실에 소장되어 있는 계농생약연구소에서 넘어온 식물표본을 조사하여 112과 355종류(미기록 34종과 신종 13종 포함)를 『한국동식물도감』제5권 식물편의 증보판(1970)으로 펴낸 것이다. 그러나 이들은 대부분 문헌조사 불충분으로 오판되었거나 재검토되어야할 것이 많다(이우철, 1982).

하은이 남긴 또 하나의 금자탑은 하은생물학상(霞隱生物學賞)제도이다. 이는 하은이 5.16민족상(1968) 상금(200만원)으로 받은 돈의 일부로, 1969년에 기초과학의 진흥을 목적으로 생물학계의 우수한 연구자를 격려한다는 취지로 만들어진, 한국 생물학계에서는 가장 역사가 오랜 유명한 시상제도이다. 이 시상은 1969~1996년까지는 매년 시상되었으나 그 뒤는 격년으로 시상되어 2015년에 37회가 배출되었으며, 기금은 성균관대학교 기획실에서 관리하며 생물학과에서 주관하되 수상자는 하은생물학상 이사회가 동물과 식물에서 교대로 선발한다.

맺는말

많은 사람이 칭송하는 논문 중에 "개나리(*Forsythia koreana*) 種子의 成分分類學的 硏究"라는 주제가 있다고 한다면 여러분들은 어떻게 평가할 것인가? 식물분류학적 입장에서 본다면, 이런 논문은 성립할 수도 없는 어불성설이다. 왜냐하면 개나리가 봄에 노란 꽃이 만개하지만 불염성인 관계로 종자가 생기지 않기 때문이다. 달리지도 않는 개나리의 종자를 어디에서 가져다가 연구했단 말인가? 이 논문을 칭송하는 사람들은 식물분류학의 성적이 형편없을 것이다. 만일 이 논문이 박사학위논문이라고 가정한다면, 그 논문의 집필자는 물론이고 지도교수나 다섯 분의 심사위원들의 식물분류학 성적 또한 불문가지일 것이다.

이러한 오류가 발생할 수 있는 소지는, 누군가가 한약방에서 연교(連翹)라는 약재를 구입하여 성분분석에 관한 연구를 한 뒤에, 논문의 제목을 붙이기 위하여 약방에 연교는 어떤 식물의 열매냐고 하니 개나리의 열매라고 하여 이러한 일이 생겼을 것이다. 물론 개나리속(*Forsythia*)식물의 열매임에는 틀림없으나 개나리의 열매가 아니고 중국원산 의성개나리(약개나리, *Forsythia viridissima*)의 종자인 것이다(정 · 이, 1962). 연교는 해열작용이 있어 예로부터 감기약재로 많이 사용된바 있어, 우리나라에서는 경북 의성에서 대량 재배하여 연간 4만근정도를 생산하여 전국에 보급하여 왔으나, 근래에 감기약으로 아스피린이 사용하게 됨에 따라 약개나리의 재배지는 모두 마늘밭으로 바뀌어버렸다.

위와 같은 사실은 성분분류에 사용하는 시료는, 구입할 때 그 원식물의 증거표본을 만들어 언제 누구에 의해 연구에 사용했음을 명시한 라벨을 붙여, 일정 표본관에 보관하고, 그 표본관의 명칭과 증거표본의 번호를 논문 말미에 표시해야한다는 연구의 기본원칙을 무시한데서 비롯된 것이다.

이는 서두에서 말한 바와 같이 분류학(Taxonomy)이 생물학의 입구인 동시에 출구라는 사실을 웅변적으로 대답하고 있는 것이다. 나아가서 이는 현대적인 공업화는 탄탄한 순수과학의 바탕위에 세워지지 않으면 사상누각(砂上樓閣)에 불과하다는 것이다. 물론 이 사실은 1960년대에 미소우주경쟁에서 잘 증명된바 있다. 즉 소련이 달에 무인우주로켓을 먼저 쏘아 올리자 미국의 과학계는 큰 요동이 일어 많은 심포지엄 끝에, 그 원인은 미국이 공업화 정책을 앞세워 순수과학을 경시했기 때문이라는 결론을 내리고, 자유우방의 두뇌를 총집결시켜 나사를 창설하여 순수과학을 진흥시킨 결과 소련에 앞서 달에 사람을 먼저 보낼 수 있었던 것이다.

이번에 한국식물분류학회에서 이 같은 특강을 주선한 이유도 생명과학의 순수분야인 분류학이 최근에 심하게 경시되고 있음을 엄히 경고하는데 참뜻이 있는 것이다. 그러므로 교육의 최일선에 있는 여러분의 분투노력을 당부하며 이에 가름하고자 한다.

*이 글은 식물분류학회가 교사와 일반인을 위해 실시한 '제1회(2009) 식물분류학 공개강좌'에서 필자가 사용한 교안이다.

韓國中部의 植物相과 植生

머리말

여기에서 한국의 중부란 필자의 1978년과 2002년의 연구발표를 바탕으로한 인천만과 금강산 장전을 잇는 선을 북한(北限)으로 하고, 태안반도와 영일만을 연결하는 선을 남한(南限)으로 하는 지역으로 한국식물 구계구본(區系區分) 상의 중부아구(中部亞區, Middle province)를 말하며(그림 1), 행정구역으로는 강원도를 중심으로 경기도, 서울특별시, 충청북도, 충청남도 및 경상북도의 일부가 이에 포함된다.

그리고 식물상(Flora)이란 어느 지역에 나는 식물전체를 말한다. 예를 들어 한국의 식물상이란 한국의 영토안에 자생하는 균류, 선태류, 지의류, 양치류, 종자식물 등 모든 식물이 그 연구대상이 되는 것이나, 한사람의 연구자가 이 넓은 의미의 식물을 다 취급 하는 데는 한계가 있으므로, 취급하는 사람에 따라 그 대상을 달리한다. 그러나 일반적으로는 양치식물 이상의 고등식물 즉 관속식물을 그 대상으로 하는 경우가 많다.

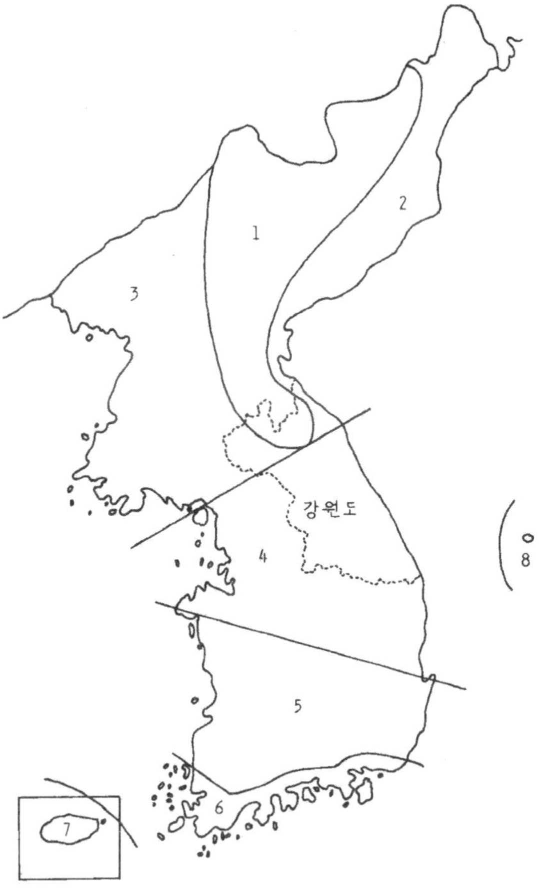

그림 1. 한국 식물 구계 구분

1 : 갑산아구 2 : 관북아구 3 : 관서아구
4 : 중부아구 5 : 남부아구 6 : 남부해안아구
7 : 제주아구 8 : 울릉아구

또 식생(Vegetation)이란, 식물이 모여서 생활하고 있을 때 그 전체를 가리키는 말이지만 오랫동안 식물들이 주어진 환경조건하에서 적응진화(適應進化)된 결과적 산물이므로 입지조건에 따라 그 나름대로의 특성을 가지고 있는 하나의 생태계(生態系, Ecosystem)이다. 그러므로 이 식생의 구성은 토양요인과 기후요인 같은 자연환경에 따라 결정되는 것이므로 인위적 행정구역과는 전혀 무관하다.

필자가 여기에서 주제를 한국중부로 정한 것은 여러분들의 앞으로 활동무대가 주로 중부가 될 것이라는 생각에서입니다. 그러나 아직까지 이 식물구계구분에 따라 식물상과 식생이 종합적으로 정리되어 발표된 것이 없는 관계로 이 지역의 중심을 이루는 강원도의 식물상과 식생을 중심으로 그 특색과 종류조성을 살펴보고 중요 식물의 식생구조를 소개하고자 한다.

한국중부의 식물상

1. 研究史

우리나라 초기의 식물연구는 외국의 전속채집인, 선교사, 탐험가 및 식물애호가들에 의해서 수집된 자료가 외국학자들에게 보내져서 연구되기 시작하였다. 이 지역의 식물이 최초로 학술적으로 세계에 소개된 것도, 독일의 탐험가 B. A. Schlippenbach (1854)가 한국 동해안의 해안선을 측정차 온 배편으로 와서, 동해안에서 버드나무과 식물을 포함하여 50여종을 채집하여 러시아의 식물분류학자인 막시모비치(C. J. Maximowicz, 1827~1891)에게 보내져서 연구된 결과라고 할 수 있으며, 이로서 국제무대에 소개된 대표적인 것이 버드나무 (*Salix koreensis*)와 철쭉나무 (*Rhododendron schlippenbachii*)인 것이다. 그 뒤 외국의 전속채집인과 식물애호가들이 많이 찾은 곳은 천하명승지인 금강산을 중심으로 각처의 식물을 채집하여 외국의 학자들에게 보내져서 연구보고 되었다.

특히 금강산(金剛山, 1,638m) 식물이 본격적으로 채집된 것은 일본 동경대학 전속채집인 우찌야마(T. Uchiyama, 1900 & 1902)와 일본 아오모리(青森)에 주재하고 있던 프랑스 선교사 호리(U. Faurie, 1902 & 1906)에 의한 채집이며, 이 중 호리의 1906년도 채집품은 프랑스의 식물학자 레베이레(H. Leveille)에게 보내져 금강산뚝사초와 낚시사초를 위시하여 17종류의 신식물이 발표되었다. 한편 이들과 그 밖의 식물애호가들의 수집품들이 동경대학의 식물의 대가인 나카이(T. Nakai)에게 보내져 한국식물상(Flora Koreana 1~2, 1909 & 1911)의 연구 자료로 사용되었다. 이 중에는 한국특산속 식물인 금강초롱꽃(*Hanabusaya asiatica*)을 포함한 21종류의 신식물이 포함되어있다. 그 후 앞에서 말한 나카이가 조선총독부 촉탁연구원(1913~1942)으로 위촉된 뒤, 정태현(鄭台鉉)과 같이 1916년에 이곳의 종합학술조사를 하여 관속식물 823종류와 선태류 31종류, 지의류 9종류를 포함하여 863종류의 식물을 발표함으로써 금강산식물의 윤곽이 밝혀졌다. 이 중에는 한국 특산속식물 금강인가목 (*Pentactina rupicola*)을 위시한 34종류의 신식물이 포함되어있다.

그 뒤 정태현과 이시도야(Ishidoya)(1923~1926)가 중심이 되어 우리나라 1,000m이상의 산 50개소에 나는 수목의 수직적인 분포를 조사할 때에 중부지역에 8개산이 조사되었다. 즉 태백산(1,560m)에 180종류, 치악산(1,288m)에 163종류, 태기산(1,300m)에 154종류, 오대산(1,563m)에 139종류, 화악산(1,469m)에 158종류, 설악산(1,708m)에 193종류, 금강산(1,638m)에 140종류, 용문산(1,150m)에 140종류의 수목이 분포한다는 것이 보고되었다. 그리고 1932년에 나카이가 중앙임업시험장 경기도 광릉의 식물을 조사하여 자생식물 106과 649종류를 발표했으며 이 중에는 광릉특산식물 24종류가 포함되어 있다. 같은 해에 이시도야와 도봉섭(都逢涉)에 의해서 서울부근의 식물을 116과 831종류를 발포한바 있다(조선박물학회지, 14호, 1932).

설악산(雪嶽山)의 식물은 1936년에 정태현과 나카이에 의하여 조사되었으나 식물상이 보고된 바는 없으며 그 때에 채집된 식물 중에 설악조팝나무를 위시하여 6분류군의 신식물만이 발표되었다. 1948년 해방 이후 마의 38선, 6.25 동란으로 휴전선이 설정되어 식물상연구의 초점이 금강산에서 설악산으로 옮겨진 이래, 설악산, 태백산, 소백산 치악산, 화악산, 용문산을 위시한 많은 지역의 식물상이 보고되었다(이우철·임양재, 식물지리, 2002의 부록 참조).

2. 植物의 概況

현재로서는 식물구계분포상의 중부아구의 정확한 경계선을 그을 수 없는 관계로 이곳의 식물상의 종류조성의 수를 집계하는 것은 사실상 불가능하다. 단 이 지역의 중심을 이루는 강원지역에 나는 식물(관속식물)의 종류조성은 표1에서 보는 바와 같이 130과 587속 1553종 3아종 121변종 45품종으로 총 1,722종류가 된다(재배종 93종 포함). 그러므로 한국 중부에 나는 식물은 이보다는 조금 많은 약 2000여 분류군으로 볼 수가 있다. 우리나라에 나는 관속식물을 총 4,011종류(이우철, 1996)라고 한다면 약 50%에 해당하는 것이 이 지역에 분포한다고 볼 수 있다.

표 1 강원지역 식물의 종류조성

체계 분류	과.	속	종	아종	변종	품종	재배종	계
양치식물	11	31	89	.	2	1	.	92
나자식물	4	8	25	.	1	.	(11)	26
피자식물	115	548	1439	3	118	44	(82)	1604
합 계	130	587	1553	3	121	45	(93)	1722

지구상에 나는 식물의 정확한 수는 얼마나 될까? 정답은 모른다 이다. 그러나 현재로는 미생물을 포함하여 약 50만종으로 추산하고 있다. 이 중 육상식물을 27만종으로 보며, 이는 선태식물 2만종, 양치식물 1만 2천종, 나자식물 800종, 피자식물 23만 5천종, 기타로 구성되어있다. 이 중 70%가 열대에 분포하며 그 중 60%인 16만종은 열대에 한정 분포 한다(아메리카 열대 - 9만종, 아시아 열대 - 4만종, 아프리카 열대 - 3만종). 그 나머지 11만종이 전 세계에 분산되어 분포한다. 이 중 한반도에는 고등식물이 4,000여 분류군이 분포하는 것이다.

이와 같이 현재 지구상의 식물의 주인은 피자식물인 것이다. 식물의 조상이 바다에서 육상으로 올라온 것은 지금으로부터 약 4억 2천만 년 전이라고 하는데, 그 중 유독 피자식물만이 지구의 주인으로 우뚝 선 까닭은 무엇인가. 이는 생장과정에 수분조절에 성공할 수 있도록 중복수정(重複受精)으로 적응 진화했기 때문이다.

3. 植物의 特色

어느 지역 식물상의 특색을 설명하는 방법은 여러 가지 있을 것이나, 그 중 가장 좋은 방법은 그 지역에 나는 고유요소(特産植物)를 가지고 살펴보는 것이 가장 이해하기 쉽다. 왜냐하면 고유요소(固有要素)란 오랫동안 그 지역의 지사학적 요인과 환경요인이 만들어낸 적응적 진화의 산물이기 때문이다. 그러나 특산식물 전체를 다루는 데는 한계가 있으므로 그 중에도 특산속식물(特産屬植物)의 분포를 대상으로 고찰하는 것이 간편하기 때문에 여기에서는 그 방법을 택하기로 한다.

특산식물(特産植物, Endemic plants)이란 어느 지역에 국한하여 분포하는 식물을 말한다. 이와 같은 특산요소는 과거에 널리 분포하던 것들이 지사적(地史的)인 요인에 의하여 그 분포범위가 축소되어 현재에는 국지적으로 남아있는 잔존성(殘存性)인 특산식물과, 어느 지역에서 잡종형성(雜種形成)에 의하여 새로이 형성되어 아직 널리 분포하지 못하고 좁은 분포역을 가지고 있는 신특산식물로 대별할 수 있다. 그러나 각각의 특산요소들이 그 어디에 속하느냐 하는 것을 판단하기 위해서는 충분한 지사학적 연구(지층의 포함되어 있는 화분분석)가 필요하므로 현재로는 확실한 답을 얻을 수는 없다.

이와 같이 특산종이란 생물이 지리적 또는 생식적격리(生殖的隔離)에 의해 유전적으로 분리작용이 생겨 주어진 환경에 점차로 순응한 것이라고 볼 수 있다. 그러므로 천애고도(天涯孤島)와 같은 곳에 고유화현성(固有化現象)의 가능성이 높다. 이러한 예로는 하와이의 식물은 90%가 그곳의 특산이며, 우리나라도 제주도와 울릉도 같은 곳에 특산종이 많다. 또 4면이 바다인 섬나라 일본은 40%, 3면이 바다인 한국은 25%가 특산식물인데 반하여 대륙의 1부인 만주는 11%의 특산율을 나타내는 것은 이를 잘 설명한다.

식물도 사람과 같이 성과 이름이 있다. 예를 들자면 소나무의 학명은 *Pinus densiflora*인데, 이 중 Pinus는 소나무의 성(屬名)이고 densiflora는 소나무의 이름(小種名)인 것이다. 우리나라에 사는 식물의 성씨는 1,079가지(이우철, 1996)(귀화식물 포함)가 있는데 이 중 미선나무속(*Abeliophyllum*), 모데미풀속(*Megagleranths*), 금강인가목속(*Pentactina*), 금강초롱꽃속(*Hanabusaya*), 개느삼속(*Echinosophra*), 두잎감자난초속(Diplolabellum), 매미꽃속(Coreanomecon) 등 7가지의 성씨는 우리나라에만 있는 성씨로 한국고유의 성씨, 즉 한국특산속식물(韓國特産屬植物)이라고 할 수 있다(그림 2).

그림 2(한국특산속식물의 분포)에서 보는 바와 같이 우리나라 식물의 특성이 될 수 있는 7가지의 한국특산속식물 중 미선나무속, 모데미풀속, 금강인가목속, 금강초롱꽃속, 개느삼속의 5개속이 한국 중부에 집중 분포함을 알 수 있다. 이 중 미선나무속을 제외한 4개의 속이 중부의 중심인 강원도지역에 집중되어 있음은 매우 흥미로운 일이다. 어찌하여 한국 중부에 이와 같이 특산속 식물이 모여서 나느냐 하는 문제의 정답은, 이들의 지사학적 연구가 전무하므로 현재로서는 알 수 없다. 이에 대한 필자의 생각(假說)으로는 만주, 아무르, 우수리계의 북방계식물들이 고지대를 타고 남하하고, 일본, 대만, 중국계의 남방계식물들이 저지대를 타고 북상하여 서로 마주치는 곳이 한국 중부이며 이곳에서 이질적인 요소들인 이들이 오랫동안 같이 살면서 교잡의 결과 생긴 것이 아닌가 보는 것이다. 중부에 나는 특산속식물을 좀 더 소상히 살펴보면 다음과 같다.

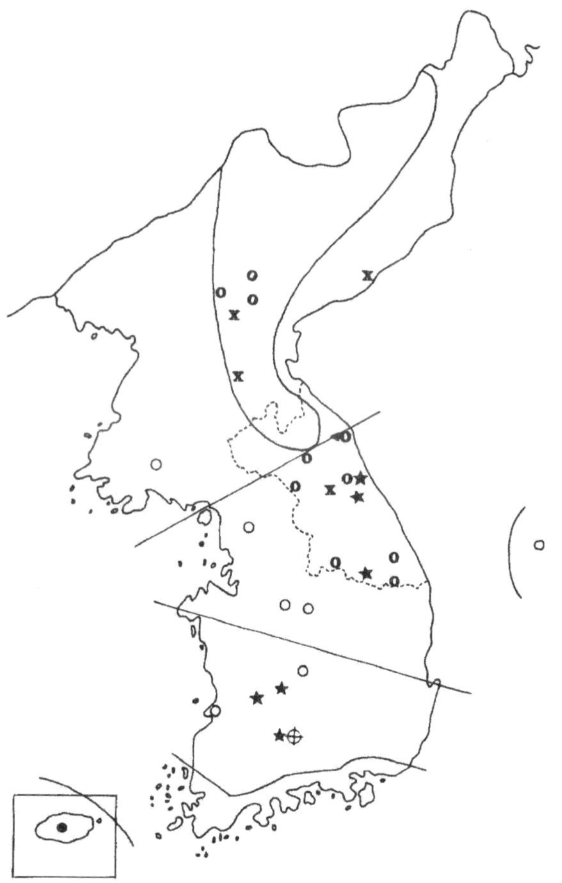

그림 2. 한국 특산속 식물의 분포

1) 미선나무속(*Abeliophyllum* Nakai, 1919)

이는 물푸레나무과에 속하는 관목으로 이른 봄 잎이 나오기 전에 아름다운 꽃을 피워 관상가치가 높은 식물로 1속 1종의 4품종이 있는 특산속 식물로 대단히 학술적 가치가 있는 희귀식물이다. 이 식물은 정태현과 나카이가 측백나무의 원산지를 조사(1917)하기 위하여 충북 진천군 초평면 용정리에 갔던 길에 우연히 어느 정자 부근에서 최초로 발견하여 조사 연구 한 결과, 향쥐똥나무에 비해 화관이 합판(통꽃)이고 열편은 회선상으로 배열하며 꽃밥이 외열하고 과실은 날개가 넓다는 이유로 특산 신속식물로 발표했던 것이다. 그 뒤 이창복(1976)이 백화품을 기준종(미선나무, *A. distichum*)(사진 1)으로 하고 분홍색 꽃이 피는 것을 분홍미선나무, 꽃받침의 색에 따라서 초록색인 것을 푸른미선나무, 상아색에서 엷은 황색으로 되는 것을 상아미선나무로 세분하였다.

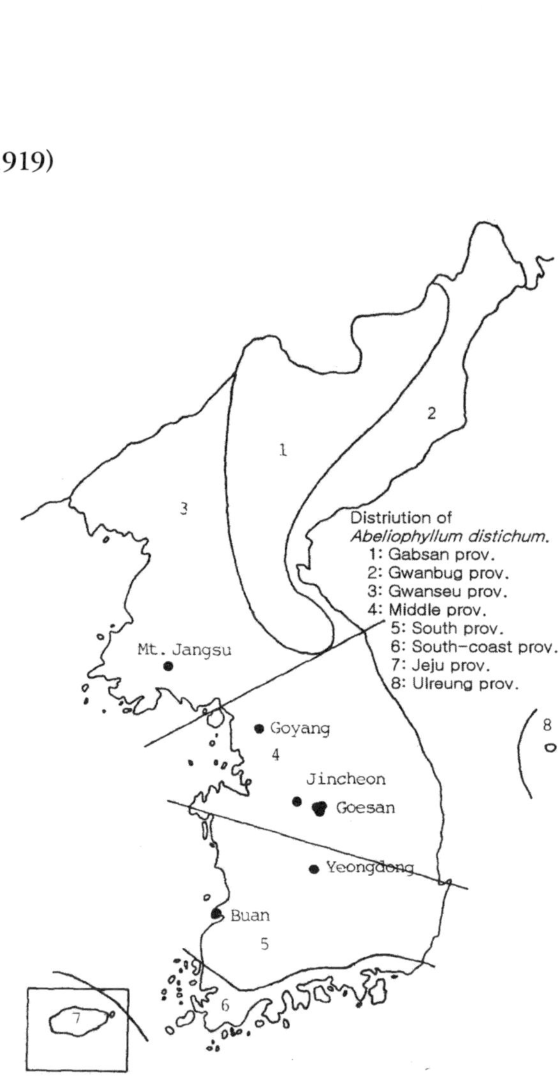

그림 3. 미선나무(A. *distichum* Nakai)의 자생지 조사

사진 1. 미선나무

최초 발견지인 진천군 초평면 용정리의 제1자생지(천연기념물 14호), 그곳에서 약 100여리 떨어진 괴산군 장연면 송덕리의 제2자생지(천연기념물 147호), 인근 칠성면 율지리(군자산)의 제3자생지(천연기념물 220호), 장연면 추점리의 제4자생지(천연기념물 221호)로 지정되었으며, 그 후 경기도 고양군 신도면 효자리의 제5자생지, 충북 영동읍 매천리의 제6자생지, 전북 부안군 변산면 청림리의 제7자생지가 발견되었다. 그리고 필자가 일본 경도대학의 소장 표본을 조사한 결과 고이즈미(Koizumi, 1935)가 황해도 장수산에서 채집한 표본이 한 장 있었다. 결론적으로 미선나무는 환국 중부아구를 중심으로 남부아구와 관서아구의 서쪽에 분포함을 알 수가 있었다(그림 3. 이우철 · 길봉섭, 1991).

2) 모데미풀속(*Megaleranthis* Ohwi, 1935)

이는 미나리아재비과에 속하는 다년생 식물로 모데미풀(*M. saniculifolia*)(사진 2) 1종이 있다. 이 식물은 오이(J. Ohwi)가 사초과 식물 1종의 생품을 얻기 위하여 지리산을 조사할 때에 북쪽 주산맥 중앙부에 있는 운봉 모데미의 개울가 초원에서 최초로 채집하였다. 이를 재료로 연구한 결과 금매화속에 가장 유사하나 한 개의 꽃대에서 한 개의 꽃이 피고, 꽃 바로 밑에 한 장의 총포가 있으며 다른 잎이 없는 것이 결정적으로 다르고, 총포엽으로 보면 너도바람꽃속에 유사하나 유연관계가 비교적 멀고 꽃잎의 모양, 근경의 상태, 과실 자루의 존재유무 및 배열상태가 다르다는 이유로 새로운 속으로 명명하였다. 속의 특성을 정리하여 보면 근경이 세장하고 줄기에는 근엽과 동형의 포가 한 장 있으며 줄기 끝에 자루가 극히 짧은 1개의 꽃이 달리고 꽃의 지름은 2cm정도이며 5개의 꽃받침조각은 꽃잎모양으로 백색이며 꽃잎도 백색으로 소형이고 편평하며 수술이 많고 다수의 심피는 그 선단이 점차 가늘어져서 길이 3mm정도의 암술대로 되며 삭과(과실)는 편평하고 종자는 진흑색으로 평활하다.

사진 2. 모데미풀

이 식물은 지리산이 최초의 발견지이나 그 뒤 설악산, 점봉산, 계방산, 광덕산, 태기산, 태백산, 덕유산, 안동, 소백산, 한라산 등지에서 분포가 보고되고 있다. 결론적으로 모데미풀속은 남부아구에서 중부아구의 동쪽 강원도지역에 분포하며 멀리 제주아구에 격리분포하는 것임을 알 수 있다.

3) 금강인가목속(*Pentactiana* Nakai, 1917)

이는 장미과(조팝나무아과)에 속하는 높이 70cm가량의 작은 관목으로 금강인가목(금강국수나무) (*P. rupicola*)(사진 3) 1종이 있다. 이 식물은 1902년 일본 동경대학의 전속채집인 우찌야마와 1903년 프랑스 신부 호리에 의하여 최초로 채집되었으나 조팝나무류로 잘못 감정 처리되어 오다가, 나카이(1916)가 금강산식물을 조사할 때에 다시 채집되어 연구한 결과 조팝나무속에 비하여 꽃잎이 선형이고 배주는 2개이며 골돌(과실)은 양쪽 봉선으로 터진다는 이유로 신속으로 명명되었다.

이 식물은 금강산 비로봉 정상 부근과 내금강 보덕굴 근방, 신선봉, 신금강, 군선협의 바위틈에 나서 암벽에 드리우는 식물로 7월에 백색 또는 봉숭아빛의 꽃이 피며 원추화서를 이루는 진귀한 식물이다.

사진 3. 금강인가목

4) 금강초롱꽃속(*Hanabusaya* Nakai, 1911)

이는 초롱꽃과에 속하는 다년생 초본식물로 금강초롱꽃(*H. asiatica*)(사진 4) 1종 1변종 1품종이 있다. 금강초롱꽃은 1902년 동경대학 전속채집인 우찌야마에 의하여 금강산 유점사 부근에서 최초로 채집된 것으로 꽃이 연한 자색이고 취약웅예(수술의 꽃밥이 서로 유합하여 원통형을 이룸)이며 꽃이 모여서 난다는 점을 들어 나카이(1909)가 *Symphyandra asiatica*라는 신식물로 발표하였던 것인데, 그 뒤 연구결과 *Symphyandra*에 비하여 근출엽(根出葉)이 없고 잎이 줄기 상부에 모여 나며 꽃받침 조각이 작고 서로 떨어져 있으며 현저히 융기하고 그 위에 수술이 난다는 점을 들어 새로운 속을 만든 것이다. 이 식물은 모시대에 가장 유사하나 취약웅예인 점과 선체(腺体)가 없고 잎이 줄기 상부에 모여 나며 전체가 자색을 띠는 점으로 구별된다. 품종인 흰금강초롱꽃은 모종에 비해 꽃색이 백색인 것이고, 변종인 검산초롱꽃은 모종에 비해 꽃받침 조각이 넓은 것이 특징이다.

사진 4. 금강초롱꽃

이 식물의 타이프로카리티는 금강산이나 그 뒤 설악산, 점봉산, 오대산, 향노봉, 건봉산, 치악산, 명지산, 화악산, 태백산, 지리산에서 보고되었으며, 변품인 검산초롱꽃은 함남 검산령과 장진 연화산에서 보고되었다. 결론적으로 이 식물은 중부아구의 동부 강원도지역을 중심으로 남쪽으로 남부아구와 북쪽으로 갑산아구에 걸쳐서 분포한다.

금강초롱꽃의 속명에 구한말 주한공사이던 하나부사(Hanabrsa)의 이름을 사용한 것은 발표자의 말을 빌자면 하나부사가 이 식물의 최초의 채집자이므로 이를 기념하기 위함이라고 하나, 위에서 본 바와 같이 사실과 다르다. 필자의 생각으로는 나카이가 한국식물을 연구하는데 많은 도움을 준데 대한 답례가 아닐까 추정된다. 북한에서는 어떠한 이유인지는 알 수 없으나 *Keumkangsania asiatica*라는 학명으로 바꾸어 사용하고 있다. 만일 이것이 하나부사가 한일합방의 주역인 철천지원수라서 우리나라 특산속 식물의 이름에 넣는 것이 싫어서 바꾼 것이라면 만국식물명명규약에 위배된다. 왜냐하면 이런 이유로는 바꿀 수 없기 때문이다. 만일 이런 이유라면 *Symphyandra asiatica*를 사용하는 편이 옳다.

5) 개느삼속(*Echinosophora* Nakai, 1923)

이는 콩과에 속하는 관목으로 개느삼(*E. koreensis*)(사진 5) 1종이 있다. 개느삼은 정태현과 이시도야에 의하여 함남 북청의 공원에서 최초로 채집되어 나카이에게 보내져서 고삼속의 신식물 *Sophora koreensis*로 발표되었으나(1919), 그 뒤 연구결과 고삼속에 비해 작은 관목이고 주로 지하경(地下莖)으로 번식하며 꽃이 황색이고 협과의 꼬투리에 돌기가 있다는 이유로 신속으로 명명되었다. 이 식물은 그 뒤 평남 맹산, 신흥, 강원도 양구에서 알려진 진귀한 식물자원이다. 양구에서 누가 언제 최초로 이 식물을 채집했는지는 알 수 없으나 이창복(1965)이 양구중학교의 식물표본을 감정하다 이를 발견하고 재차 채집하게 되었다.

그로부터 양구 교육청에서는 한전초등학교를 보호지정학교로 정하여 보호해왔으며, 그 후 1992년에 개느삼의 자생지는 천연기념물 372호로 지정되었다.

사진 5. 개느삼

필자(1980)는 양구지역의 개느삼 분포현황과 자생지의 식생을 파악하기 위하여 조사보고한바 있다. 이에 의하면 개느삼은 양구읍 양구중학교 동편에 있는 비봉산에서 시작하여 한전초등학교 앞뒤 산을 거쳐 도사리 백호터널 좌우의 유엔고지를 지나 임당리, 원당리, 월운리, 지석리, 고대리, 팔랑리에서도 볼 수 있었으며 북쪽으로는 대암산 기슭을 따라서 나는 것으로 확인되었다. 1999년에 본 바로는 분포 중심으로 여겨졌던 천연기념물 팻말이 있는 한전초등학교 부근은 이미 개발에 밀려 그 수가 몹시 줄어들었고, 그 앞쪽의 죽곡리 뒤편 산지능성을 따라서 많은 개체들이 있음을 확인하였다. 그리고 2001년에는 소양댐 주변인 춘천시 사북면 물로리 뒷산에서 새로운 자생지를 발견했으며, 2003년에는 양구 군량리 성곡령, 동면 덕곡리, 남면 신월리, 사명산 뒤쪽 월명리, 인제 남면 반장동, 남전리 등에서 새로운 자생지가 추가되었다. 또 2005년에는 홍천군 북방면 사랑골 입구 좌측의 자연생태공원 관리사무소 뒤산, 2008년에는 인제군 원통리 불난봉과 춘천시 동면에서 또 다른 자생지가 확인되었다.

결론적으로 개느삼은 갑산아구와 중부아구의 동쪽 강원지역에 격리분포한다. 남부의 양구에 한정 분포하는 것으로 알려졌던 것은 최근에 그 분포가 양구, 인제, 춘천, 홍천으로 확대되었으며, 그 분포범위는 동쪽으로는 인제 원통 불난봉, 서쪽으로는 양구 사명산 월명리, 남쪽으로는 홍천 북방면 사랑골이 분포남한으로 잠정 판명되었다.

4. 主要植物의 檢索

숲을 구성하는 식물의 약 1/4이 목본 식물이다. 중부의 고등식물이 약 2000종류라고 한다면 약 500종류가 목본식물이 된다. 이들 중에서 가장 개체수가 많은 것이 참나무류, 소나무류, 단풍나무류 및 자작나무류일 것이다. 이들의 대표적인 것들을 검색하여 보자. 식물을 검색하는 데는 분류검색표를 활용한다. 검색표(檢索表)에는 자연검색표(自然檢索表)와 인위검색표가 있다. 자연검색표에 사용되는 생식형질(꽃, 과실, 종자)은 언제나 볼 수 있는 것이 아님으로 일반적으로 생식형질과 언제나 볼 수 있는 영양형질(잎, 줄기, 뿌리)을 적당히 배합하여 만든 반인위적 검색표가 흔히 교육용으로 사용된다. 검색표의 형식에는 평행검색표와 톱니바퀴검색표가 있으나 교육용으로는 보기 쉬운 톱니바퀴검색표가 많이 사용된다. 대학 생물학과의 식물분류학에서는 특징형질을 조사하여 검색표를 만들고, 만들어진 검색표를 활용하여 종을 검색하는 능력을 길러 주는 학습활동이 주이다.

1) 참나무류(*Quercus*)

우리나라 온대지방의 해발 500m이상의 주림목은 참나무류이고 신갈나무(*Q. mongolica*)가 대표종(標式種, indicater species)이다. 이들의 검색표는 다음과 같다.

1. 상록수로서 각두 총포의 포린은 대개 동심원으로 배열한다. 열매는 2년만에 성숙한다 ……………………………………………………………………………가시나무류(난대지방에 분포)

1. 낙엽수로서 각두 총포는 비늘 같은 포린으로 덮인다. 열매는 1~2년에 성숙한다.
    2. 잎이 좁고 길며 톱니가 바늘처럼 뾰족하고 열매는 2년만에 익는다
        3. 줄기에 콜크질이 발달하지 않으며, 잎은 앞뒤의 색이 같고 뒷면에 단모가 있다 ……………………………………………………………………………………상수리나무
        3. 줄기에 콜크질이 발달하고, 잎은 뒷면에 성모가 밀생하여 흰빛을 띤다 ……… ……………………………………………………………………………………굴참나무
    2. 잎이 넓고 톱니가 바늘끝 같이 예리하지 않으며 열매는 당년에 익는다
        4. 잎자루가 거의 없으며 밑은 귀같이 생겼다
            5. 잎에는 누런 주지모가 밀생한다 ……………………………………떡갈나무
            5. 잎은 털이 없다 ……………………………………………………………신갈나무
        4. 잎자루가 현저하며 밑은 좁아진다
            6. 잎 뒷면 주맥에 단모가 있으나 곧 떨어지며 분백이다 ……갈참나무
            6. 잎 뒷면 전체에 단모가 산생하며 분백이 아니다 ……………졸참나무

세계적으로 온대의 주림목은 너도밤나무속(*Fagus*) 식물인데 우리나에는 반도에는 없고 울릉도에만 일부 남아있다. 그러나 과거에는 반도에도 너도밤나무(*F. japonica* var. *multinervis*)가 있었다는 것은 경북 영일만과 황해도 재령에서 너도밥나무의 잎의 화석이 출토됨으로 알 수 있다. 그렇다면 언제 무슨 이유로 반도에서는 멸망되었는가? 이에 대한 정답은 현재로서는 알 수 없으나, 필자의 생각으로는 여러 가지 점을 종합하여 볼 때, 지금으로부터 약 1만 년 전의 적설량의 감소로 멸망하지 않았을까 사료된다.

2) 소나무류(*Pinus*)

우리나라 온대에서 일반적으로 소나무가 해발 500m이하에서 주림목을 이루나 일종의 방해극상(妨害極相)으로 인간의 간섭이 배제될 경우에는 참나무류의 숲으로 천연갱신(天然更新)이 될 것이다. 이 지역에 북미원산의 리기다소나무가 많이 들어가 있는 것은 해방이후 대용연료림을 만들기 위하여 3대해충에 강한 수목을 식재했기 때문이다. 이들을 검색하여 보면 다음과 같다.

1. 아린은 잎이 자란 다음 곧 떨어지고 잎 횡단면의 관다발은 1개이다
  2. 줄기는 청록색이며 잎은 3개씩 모여난다 ……………………………………………백송
  2. 줄기는 청록색이 아니고 잎은 5개씩 모여난다
    3. 실편은 벌어지며 종자에 날개가 있고, 잎은 길이 3~6cm ………………섬잣나무
    3. 실편은 벌어지지 않고 종자에 날개가 없으며, 잎은 길이3~12cm이다
      4. 줄기는 직립하고 교목성이며, 잎은 길이 7~12cm이고 횡단면에 수지구가 3개이며, 구과는 길이 12~15cm이다 ……………………………………………잣나무
      4. 줄기는 눕고 관목성이며, 잎은 길이 3~6cm이고 횡단면에 수지구는 2개이며, 구과는 길이 3~4.5cm이다 ……………………………………………눈잣나무
1. 아린은 잎과 같이 떨어지고 잎 횡단면의 관다발은 2개이다
        5. 줄기나 가지를 비면 움이 돋고, 잎은 3개씩 모여난다 ……리기다소나무
        5. 줄기나 가지를 베어도 움이 생기지 않으며, 잎은 2개씩 모여난다
          6. 줄기는 검고 겨울눈은 백색이며 잎이 억세다 ………………해송(곰솔)
          6. 줄기는 붉으며 겨울눈은 갈색이며 잎은 보드랍다 ………………소나무

3) 단풍나무류(*Acer*)

우리나라 온대에서 단풍나무류는 신갈나무나 소나무의 숲 속에서 아교목층의 주림목을 형성하는 수가 많다. 이 지역 숲 속의 대표적인 단풍나무류는 당단풍과 고로쇠나무이고 단풍

나무는 남쪽에서만 자생한다. 이들의 검색은 다음과 같다.

1. 잎은 복엽이다
  2. 소엽은 3~9개이나 보통 3~5개이다 ……………………………………………네군도단풍
  2. 소엽은 3개이다
    3. 소엽에는 불규칙한 톱니가 2~3개씩 있고 잎자루에 털이 있으며 열매는 3개씩 달리고 털이 있다 ……………………………………………………………나도박달(복자기)
    3. 소엽에는 규칙적인 톱니가 있고 잎자루에 털이 없으며 열매는 3~5개씩 달리고 털이 없다 ……………………………………………………………………복장나무
1. 잎은 단엽이다
      4. 잎에 3개의 큰 맥이 있다
        5. 잎 열편에 톱니가 있다 ………………………………………………………신나무
        5. 잎 열편에 톱니가 없다 ……………………………………………………중국단풍
      4. 잎에 5개 또는 더 많은 맥이 있다
          6. 잎에 5개의 큰 맥이 있고 열편 사이의 만은 모가 진다
            7. 열편에 톱니가 없다 ………………………………………………고로쇠나무
            7. 열편에 톱니가 있다
              8. 잎에 털이 없고 5각형으로 잔톱니가 있다 ………산겨릅나무
              8. 잎에털이 있고 5각형이 아니다
                9. 잎자루가 붉다 ……………………………………………………시닥나무
                9. 잎자루가 붉지 않다 ……………………………………부게꽃나무
          6. 잎에 7개 이상의 큰 맥이 있고 열편 사이의 만은 둥글다
                  10. 잎은 7개로 갈라지고 길이 5~6cm이다 ……단풍나무
                  10. 잎은 7개 이상 갈라지고 길이 7~10cm이다
                    11. 잎은 9~11개로 갈라지고 잎밑이 겹치지 않는다 ……………………………………………………당단풍나무
                    11. 잎은 11~14개로 갈라지고 잎밑이 겹친다 ………… ……………………………………………………섬단풍나무

4) 자작나무류(*Betula*)

우리나라 온대에서 자작나무류는 심산의 주림목이며 자작나무는 우리나라 북부에 나고

중부아구에는 자생하지 않으며 1,000m이하의 낮은 산에서는 주로 물박달나무가 많다. 이들의 검색은 다음과 같다.

1. 잎은 측맥이 7쌍이하이다.
   2. 열매는 밑으로 처지고 잎자루의 길이는 1.5~2cm이며, 수피는 백색으로 수평으로 벗겨진다 ……………………………………………………………………………………………자작나무
   2. 열매는 곧게 서고 잎자루는 길이 1.5cm미만이며, 수피는 회갈색 또는 회색으로 얇은 조각으로 벗겨진다 ……………………………………………………………………물박달나무
1. 잎은 측맥이 7쌍이상이다
   3. 잎자루는 길이가 5~35mm이다
      4. 가지에 선점이 없고 피목은 옆으로 길며, 열매는 난형 또는 난상타원형으로 길이 2cm이고 잎자루는 길이 8~15mm이다 …………………………거제수나무
      4. 가지에 선점이 있고 피목은 둥글며, 열매는 장타원형으로 길이 2~3cm이고 잎자루는 길이 5~35mm이다 ……………………………………………………사스레나무
   3. 잎자루는 길이 5~10mm이다
      5. 낙엽교목으로 수피는 검은 회색으로 벗겨지지 않으며, 수과는 원통형으로 길이 2~3cm이고 잎 뒷면에 선점이 있다 ……………………………박달나무
      5. 낙엽관목으로 수피는 회색으로 벗겨지며, 수과는 난형으로 길이 1.5~2cm이고 잎 뒷면에 선점이 없다 ……………………………………………개박달나무

한국중부의 식생

생태계(生態系, Ecosystem)는 생물적 요소(生物的要素)와 무생물적 요소로 이루어져 있으며, 생물적 요소인 식물은 생산자(生産者)로 주어진 무생물요소를 바탕으로 풀과 나무가 조화를 이루어 식생을 형성하고 이를 터전으로 소비자(消費者)인 동물이 살며 분해자(分解者)인 미생물이 유기물을 분해시켜 생태계의 고리를 이어줌으로 물질순환(物質循環)이 원활하게 일어나 자연의 평형이 유지되어야만 이 위에서 인간이 평화롭게 살아갈 수가 있는 것이다.

이 같은 자연생태계가 인간들의 "잘 살아보자"는 미명(美名)하에 날로 파괴되어 가고 있는 것이 현실이다. 그 가운데에서도 원형의 일부가 남아 있는 곳이 한국중부의 강원도지역이다. 이런 까닭에 강원을 우리나라 천연자원의 보고라고 하는 것이다. 그러나 이 지역의 식생을 종합적으로 정리한 자료가 없음으로 필자의 조사연구를 바탕으로 산지식생(山地植生), 습원

식생(濕原植生), 하천식생(河川植生) 및 해안식생(海岸植生)으로 구분하여 그 개략적인 내용을 설명하여 보고자한다.

1. 산지식생(山地植生)

해발 500m이하의 소나무가 우점종인 지역인 산록부와 그 이상인 신갈나무가 우점인 지역인 심산지역으로 구분하여 관찰하여 보고자 한다.

우리나라의 소나무(*Pinus densiflora*) 분포는 수평적으로 제주 한라산에서 함북 증산(甑山)에 이르는 온대지역의 많은 부분을 차지하며, 수직적으로는 최저 해발 10m에서 최고 1,300m까지 분포하고 하한계선(下限界線) 100m, 상한계선 900m로 보았을 때, 500m 내외가 분포역(分布域)의 중심을 이룬다. 중부아구의 대표적인 설악산(1,708m)과 태백산(1,560m)에서 이 같은 소나무 분포역의 중심을 상하로 비교적 소나무군집이 잘 발달한 20개소를 선정하여 15×15m=225m^{2}의 방형구(方形區)를 설치하고 식물사회학적(植物社會學的)인 조사를 실시한 바에 의하면 표2와 같다.

이에 의하면 중부아구 산록부(山麓部)에 형성되는 소나무군집은 교목층(喬木層, 8m이상)에 소나무와 신갈나무, 아교목층(亞喬木層, 2~8m)에 생강나무, 당단풍나무 및 개옻나무, 관목층(灌木層, 0.8~2m)에 철쭉나무와 털조록싸리, 초본층(草本層, 0.8m이하)에 큰기름새, 맑은대쑥, 산거울이 우점종을 이루고 있음을 알 수 있으며, 부분적으로 졸참나무아군집과 박달나무아군집을 형성하고 있어 현재는 소나무군집에서 신갈나무군으로 천연갱신 되는 중간단계에 있음을 알 수 있다. 앞으로 인간간섭을 장기간 배제한다면 신갈나무군집으로 변할 것이다.

그리고 중부아구 심산지역의 식생으로는 원시림(原始林)의 상태로 잘 보존되어 있는 인제군 기린면 진동리에 위치하는 점봉산(1,424m)을 예로 고찰하여 보기로 한다. 점봉산의 해발 600~1,420m 사이에서 비교적 식생이 균일하게 발달한 18개 지점에서 방형구(225m^2)를 설치하고 식물사회학적 조사를 하여 분석한 결과를 보면 표3과 같다.

이에 의하면 중부아구의 해발 500m이상 심산지대의 식생은 신갈나무군집으로 대표되며, 신갈나무군집의 교목층은 신갈나무, 피나무 및 당단풍나무, 아교목층은 까치박달, 교목층은 메역순나무, 초본층은 대사초가 우점종군을 이루고 있음을 알 수 있으며, 부분적으로 전나무아군집과 고뢰소나무아군집이 나타난다. 전나무아군집에는 교목층에 전나무, 아교목층에 다릅나무와 시닥나무, 관목층에 철쭉나무와 조릿대, 초본층에 단풍취, 실새풀, 미역취, 방아풀, 및 금강초롱꽃이 우점종군으로 출현하고, 고로쇠나무아군집에는 교목층에 고로쇠나무와 층층나무, 아교목층에 들메나무와 머루, 관목층에 물참대와 오미자나무, 초본층에 관중, 벌깨덩굴, 넓은잎외잎쑥, 승마, 참나물, 금강제비꽃, 나래미역취, 광능갈퀴, 십자고사리 및 뱀고사리

표 2. 강원도(중부아구)의 소나무 군집의 식생

조사번호	4	7	8	9	1	5	6	10	17	12	2	14	16	19	20	11	15	15	18	13
조사날짜(1988년)	817	818	818	818	817	817	818	818	723	722	817	723	723	724	724	722	723	723	724	723
해발고도(m)	560	410	220	120	550	470	540	540	790	800	590	690	780	790	940	820	800	800	850	660
방 위	SSE	WWS	NE	W	SW	WWS	WWS	W	EES	EES	SSW	WWS	SW	SSW	NW	WS	N	ES	SSW	WWN
경사도(°)	37	20	0	26	41	30	41	7	42	5	37	5	30	45	35	25	35	41	35	40
방형구 면적(㎢)	225	225	225	225	225	225	225	225	225	225	225	225	225	225	225	225	225	225	225	225
출현종수	21	38	46	31	23	23	30	39	28	68	40	40	53	19	45	24	24	31	24	33
소나무 군집																				
Pinus densiflora 소나무	○	○	○	○	○	○	○	○	○	○	○	○	○	○	○	○	○	○	○	○
Quercus mongolica 신갈나무	○	○			○		○	○	○	○	○		○	○	○	○	○	○	○	○
Lindera obtusiloba 생강나무	○	○	○		○	○	○	○	○	○	○	○	○				○	○	○	○
Acer pseudo-sieboldianum 당단풍	○	○			○	○		○	○		○	○	○	○	○	○		○	○	○
Rhus trichocarpa 개옻나무	○	○	○				○	○	○	○			○		○	○	○	○	○	○
Rhododendron schlippenbachii 철쭉	○	○		○	○		○		○	○		○	○	○	○		○	○	○	○
Lespedeza maximowiczii var. *tomentella* 털조록싸리	○	○	○	○	○	○		○	○	○	○	○	○		○	○	○	○	○	
Spodiopogon sibiricus 큰기름새	○	○	○	○	○		○	○			○		○	○	○			○	○	○
Aster scaber 맑은대쑥	○	○	○	○	○		○		○		○	○	○	○	○	○	○	○	○	
Carex humilis var. *nana* 산거울	○	○	○	○	○		○		○	○	○		○	○	○	○		○	○	
졸참나무 아군집																				
Quercus serrata 졸참나무		○	○	○	○	○	○	○			○	○								
Styrax obassia 쪽동백	○	○			○	○		○	○		○	○								
Acer mono var. *savatieri* 고로쇠나무			○		○	○				○	○									
Lespedeza cyrtobotrya 참싸리	○	○	○	○	○		○			○	○									
Aristolochia manshuriensis 등칡		○	○		○					○	○	○								
Rhus javanica 붉나무	○	○	○				○	○			○	○								
Artemisia stolonifera 넓은외잎쑥		○	○		○		○			○	○	○								
Patrinia villosa 뚝갈	○			○			○			○		○								
박달나무 아군집																				
Betula schmidtii 박달나무								○	○			○		○	○		○			
Maackia amurensis 다릅나무								○	○	○	○	○	○		○	○				○
Weigela subsessilis 병꽃나무							○		○	○			○		○					○
Symplocos chinensis var. *leucocarpa* for. *pilosa* 노린재나무							○	○	○	○			○			○		○		○
Fraxinus sieboldiana 쇠물푸레							○		○	○			○	○			○	○	○	○
Polygonatum odoratum var. *pluriflorum* 둥굴레							○			○	○		○		○	○	○	○	○	
Peucedanum terebinthaceum 기름나물							○			○	○		○	○				○		
Athyrium yokoscens 뱀고사리							○	○	○						○	○	○	○		○
Synurus deltoides 수리취								○	○	○						○		○		
Hosta longipes 비비추															○		○	○	○	○
Astilbe chinensis var. *davidii* 노루오줌									○						○	○		○	○	○
부수종																				
Fraxinus rhynchophylla 물푸레나무				○	○			○		○	○	○	○				○		○	
Fraxinus mandshurica 들메나무	○	○	○			○	○				○	○	○		○	○		○		
Corylus sieboldiana 참개암나무		○				○		○	○			○	○		○	○	○			
Stephanandra incisa 국수나무		○	○			○		○				○			○	○			○	○
Rubus crataegifolius 산딸기나무	○	○	○	○				○		○			○		○	○				

표 3. 점봉산의 식생

Qudrat No. 방형구 번호	15	13	1	16	9	14	8	4	7	10	6	2	12	11	5	21	20	3	19	17	18
Date of survey 조사날짜	'89 8/22	'90 9/10	'90 9/8	'89 8/22	'90 9/10	'89 8/22	'90 9/9	'90 9/9	'90 9/9	'90 9/10	'90 9/9	'90 9/8	'90 9/10	'90 9/10	'90 9/9	'87 7/24	'87 7/24	'90 9/8	'87 8/24	'89 8/22	'87 7/24
Altitude (m) 해발고도	950	1420	690	840	800	1040	1320	910	1220	825	1125	720	1110	980	1025	1100	950	830	820	760	600
Slope aspect경사면	NW	N	W	WWN	NE	NNW	E	NE	NE	SE	SE	E	E	NE	NE	E	ES	N	SW	S	NW
Slope degree(°) 경사도	30	1	24	34	11	11	15	5	10	1	10	21	1	28	5	5	1	25	30	23	15
Qudrat size(㎡) 방형구 크기	225	225	225	225	225	225	225	225	225	225	225	225	225	225	225	225	225	225	225	225	225
Vegetation rate(%) 식피율(B--1)	80	0	100	95	100	90	0	100	100	90	70	100	100	100	90	90	90	100	75	45	60
Apperance species 출현종수	18	19	21	19	25	30	57	41	46	31	40	36	31	38	37	46	40	19	54	28	54
Quercus mongolica Association 신갈나무 군집																					
Quercus mongolica 신갈나무	○	○	○	○	○	○	○	○	○	○	○	○	○	○	○	○	○	○	○	○	○
Tiia amurensis 피나무		○		○	○	○		○		○		○	○	○	○	○	○	○	○	○	
Acer pseudo-sieboldianum 당단풍	○	○		○	○	○		○	○	○	○	○	○	○	○		○	○	○	○	○
Tripterygium regelii 메역순나무		○	○		○	○	○		○	○	○	○		○				○		○	○
Carpinus cordata 까치박달		○		○	○		○	○	○	○	○	○	○	○	○		○				
Carex siderostica 대사초	○	○			○	○	○	○		○	○		○	○	○			○			
Abies holophylla Subassociation 전나무아군집			○							○											
Abies holophylla 전나무					○			○		○		○	○								
Pinus koraiensis 잣나무				○	○					○			○	○							
Maackia amurensis 다릅나무			○	○		○				○		○									
Acer tschonoskii v. *rubripes* 시닥나무	○						○	○	○			○		○	○						
Rhododendron schlippenbachii 철쭉	○	○		○	○	○	○		○	○	○	○	○								
Sasa borealis 조릿대	○		○	○	○			○		○		○									
Ainsliaea acerifolia 단풍취	○				○	○		○	○	○	○	○	○	○	○						
Calamagrostis arundinacea 실새풀					○		○			○	○	○	○								
Solidago virga-aurea v. *asiatica* 미역취	○			○	○	○	○														
Plectranthus japonicus 방아풀		○			○		○		○		○			○	○						
Hanabusaya asiatica 금강초롱꽃						○				○	○		○	○	○						
Acer mono Subassociation 고로쇠나무아군집																					
Acer mono 고로쇠나무							○	○		○	○	○		○	○	○	○	○	○		○
Cornus controversa 층층나무								○	○						○		○		○		
Fraxinus mandshurica 들메나무								○	○								○	○	○		
Vitis coignetiae 머루								○				○					○	○	○		○
Deutzia glabrata 물참대							○	○				○					○	○			○
Schizandra chinensis 오미자							○		○									○	○	○	○

Dryopteris crassirhizoma 관중							○	○	○			○		○	○			○			○
Meehania urticifolia 벌깨덩굴							○	○	○	○	○		○	○	○	○	○	○			○
Artemisia stolonifera 넓은외잎쑥											○					○	○		○		○
Cimicifuga heracleifolia 승마							○	○	○			○						○			○
Spuriopimpinella brachycarpa 참나물							○	○	○	○	○		○	○	○	○	○				
Viola diamantica 금강제비꽃											○		○	○	○		○	○			○
Solidago virga-aurea v. *coreana* 나래미역취								○				○	○		○			○			
Vicia unijuga v. *cuspidata* 광능갈퀴									○		○				○	○	○		○		
Polystichum tripteron 십자고사리							○	○				○					○				○
Athyrium yokoscense 뱀고사리											○		○			○	○	○	○	○	
Accompaniment species 부수종																					
Magnolia sieboldii 함박꽃나무	○					○	○		○			○	○	○				○			○
Symplocos chinensis leucocarpa v. *pilosa* 노린재나무			○	○	○	○			○	○	○		○		○	○	○				
Corylus sieboldiana 참개암나무	○		○	○		○		○		○				○					○	○	
Astilbe chinensis v. *davidii* 노루오줌		○	○	○		○	○		○	○			○	○			○	○		○	
Ligularia fischerii 곰취		○					○		○		○			○	○	○	○	○			
Aconitum jaluense 투구꽃		○					○				○		○	○	○	○	○				○

가 우점종군을 이루고 있다.

일반적으로 온대지방의 상층부(上層部)에는 한대성식생(寒帶性植生)이 격리분포 한다. 이것을 고산식물이라하며 대략 해발 1,000m전후부터 나타나기 시작한다. 중부아구에서는 분비나무, 눈잣나무, 찝빵나무, 설악눈주목, 석송, 요강나물, 바람꽃, 한계령풀, 산오이풀, 제비동자꽃, 마가목, 산쥐손이, 시닥나무, 산겨릅나무, 들쭉나무, 땃두릅나무, 등대시호, 꽃개회나무, 네귀쓴풀, 만주송이풀, 댕댕이나무, 두루미꽃, 기생꽃, 금강봄맞이, 금강초롱꽃 같은 것들이 그것이다.

2. 습원식생(濕原植生)

습원이란 토양이 저온(低溫)이나 과습(過濕) 때문에 고사체(枯死体)의 분해가 저해되어 이탄(泥炭)이 퇴적한 위에 발달하는 초원으로 군락의 종류조성, 이탄의 구성식물 및 생태적 조건 같은 것에 따라 저층습원(低層濕原), 중간습원, 고층습원으로 분류되며, 저층습원→중간습원→고층습원→산지초원→삼림(森林) 같은 천이계열(遷移系列)이 진행된다.

이와 같은 습원은 주변에 살던 과거 식물들의 화분이 화석으로 퇴적되어 있는 관계로, 고식물(古植物) 연구에 대단히 중요한 자료를 제공하고 있다. 우리나라에는 경기도 평택일대에 늪지대가 많았으나 개발에 밀려 모두 소실되었고 경남 함안에 일부(우포늪)가 남아있으며, 강원도 인제군 서화면과 북면의 경계인 대암산(1,304m)의 1,200m지점에 남한에서 유일한 고층습원인 용늪이 남아있을 뿐이다. 용늪의 이와 같은 학술적 가치가 인정되어 대암산과 대우산(大愚山)을 묶어 천연보호구역 제246호로 지정되었다.

용늪은 둘레가 1,045m이며 면적은 3.15ha이다. 용늪의 주변부 산지 30m를 포함하여 15m 간격으로 5개 사이트(site)를 설정하고(그림 4) 각 사이트별로 식물의 종류조성을 거리를 띄워 21회씩 선상법(線狀法, Numata, 1969)으로 식생을 조사한 결과는 다음과 같다(이우철 · 백원기, 1989).

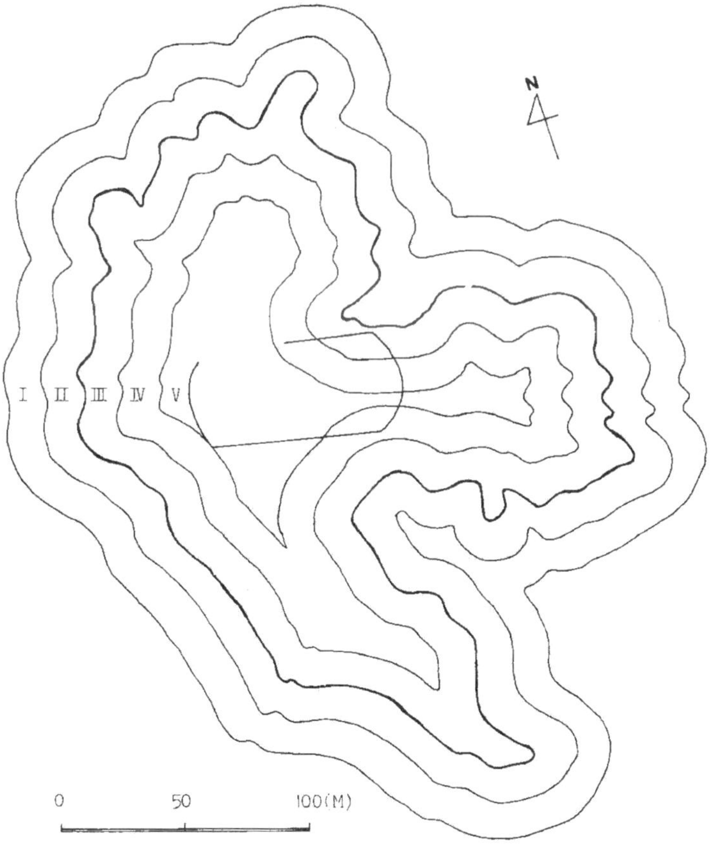

그림 4. 용늪의 식생구조

I－II : 늪의 외측　　　III－V : 늪의 내측

⊃ : 파괴된 지역

용늪과 그 주변(30m이내) 식물의 종류조성은 63과 200종류이며 이들의 56%인 112종류가 용늪속(site III~V)에 나는 반면 82.5%인 165종류가 용늪주변(site I~II)에 나고 양지역에 걸쳐서 나는 것이 40%인 80종류이다. 뿐만 아니라 늪 속에 나는 식물들을 원생육지별(原生育地別)로 볼 때 산야 또는 산지성인 것이 이의 80.4%인 90종류나 되므로 순수한 습원에만 나는 것은 19.6%인 22종류에 불과하다. 이와 같은 사실은 이 지역이 상당히 육화(陸化) 되어가고 있음을 의미한다. 이 같이 육화가 가속화된 원인의 하나는 늪 북쪽에 군작전로의 개설, 늪 중앙부에 스케이트장의 개설 및 1966년 이후 사람들의 빈번한 출입 등 인간간섭(human interference)에 의한 결과도 묵과할 수 없을 것이다.

용늪은 습원 지층 하부에 이탄층이 있고 습원중앙부에 물이끼(*Sphagnum palustre*)에 의한 凹凸상 지형이 형성되는 것으로 보아 고층습원으로 볼 수도 있으나, 북반구 전역의 고층습원에서 공통적으로 출현하는 화태석남, 넌출월귤, 황새풀, 장지채, 대택사초, 흰고양이수염과 같은 식물이 전혀 없을 뿐 아니라, 저층습원에서 볼 수 있는 대형 사초의 뭉치(谷地坊主, tussock)가 많으며 동쪽에 넓은 면적의 갈대습원이 남아있고 중앙부에 있는 웅덩이에 습원소지(濕原沼地)에서 볼 수 있는 흑삼능과 실말이 남아 있으며 소지능화(沼地陵化)에 중요한 구실을 하는 조름나물이 그 주변에 있는 것으로 보아 용늪은 소지(沼地)에서 발달한 저층습원에서 고층습원으로 변해가는(遷移 되는) 중간습원(中間濕原)으로 보는 것이 타당하다.

용늪의 식생은, 늪 속은 산사초~가는오이풀군집으로 대표되며, 늪 주변은 신갈나무군집으로 대표됨을 알 수 있다. 주변의 신갈나무군집은 신갈나무, 메역순나무, 철쭉나무, 박새, 꽃쥐손이, 큰개별꽃 등이 우점종군(優占種群)이며, 중앙의 산사초~가는오이풀군집은 산사초, 가는오이풀, 산새풀이 우점종군이다.

3. 하천식생(河川植生)

하천식생이란, 전형적인 수초, 물가 습지에 나는 습지식물(濕地植物) 및 하원(河原)에 나는 수변식물(水邊植物)들의 식생을 말한다. 일반적으로 수초란 수생식물(水生植物)을 총칭하는 말로 생활 장소나 생활환경에 따라 정수식물(挺水植物, 예 부들), 부엽식물(浮葉植物, 예 연꽃), 침수식물(沈水植物, 예 실말) 및 부유식물(浮遊植物, 예 좀개구리밥)로 대별할 수 있다. 그러므로 수초와 습지식물 또는 습지식물과 수변식물의 한계가 불분명한 경우가 생긴다.

홍수조절이나 농지활용도(農地活用度)를 높이기 위한 제방의 축조, 도시정화의 일환으로 조성되는 고수부지(高水敷地) 등 다양한 인간간섭으로 도시나 농촌 할 것 없이 하천식생이 원형 그대로 보존된 곳은 거의 없으며, 그나마 남은 곳은 극심한 수질오염(水質汚染)으로 중병을 앓고 있는 것이 오늘의 현실이다. 필자는 강원도 영서지방의 한강수계(漢江水系) 7개 하천, 영동지방의 3개하천에서 조사한 수생식물, 습지식물 및 수변식물을 가지고(이우철 ·

백원기, 1988) 중부지방의 하천식생을 개략적으로 살펴보고자 한다.

위의 10개 하천 44개 지점에서 조사된 식물의 총수는 314종류이고, 이 중 수생식물은 31종류, 습지식물은 54종류, 수변식물은 229종류이며, 이들을 하천별로 보면 표4와 같다. 하천별의 출현종수의 많은 차이가 있는 것은 조사지점의 수가 각각 다르기 때문이다.

표 4. 강원도 10개하천에 출현하는 식물현황

강 / 종류수	A	B	C	D	E	F	G	H	I	J	계
수 생 식 물	14	27	14	11	5	15	7	12	8	3	31
습 지 식 물	35	41	9	29	20	39	9	21	23	12	54
수 변 식 물	109	119	15	84	84	119	41	46	59	43	229
계	158	187	38	109	124	173	57	79	90	58	314

주) A : 평창강, B : 북한강, C : 한강, D : 소양강, E : 인북천,
F : 홍천강, G : 오십천, H : 강릉남대천, I : 양양남대천, J : 양구서천

수생식물을 다시 생활형별로 보면 침수식물 10종, 정수식물 11종, 부엽식물 8종 부유식물 2종이며, 이를 상재도계급(常在度階級)으로 보면 침수식물인 줄말과 정수식물인 물꼬챙이골이 상재도 IV로 본지역의 우점종이다. 그리고 습지식물 54종류 중에서 고마리, 달뿌리풀, 소리쟁이, 여뀌가 상재도 V, 참사갓사초, 개발나물, 부처꽃이 상재도 IV로 우점종군으로 출현하며 특히 특징적으로 나타나는 것은 영서지방 한강수계에 검은도루박이, 창포의 군락이 전역에서, 참고초냉이가 상류지방(평창강)에서 출현하는 것을 들 수 있다. 하원에 나는 수변식물 229종 중 상재도 IV로 나타나는 대표적인 우점종은 갯버들, 버드나무 등 2종의 목본식물과, 쇠뜨기, 사철쑥, 쑥, 달맞이꽃, 개밀, 한삼덩굴, 개갓냉이, 바보여뀌 등 8종의 초본식물을 들 수 있다.

일반적으로 수심이 1m 이내이고 물의 유속(流速)이 초당 1~2m이내인 수역(水域)에서 수초는 잘 자란다(Uyeki, 1984). 따라서 강폭이 넓고 유속이 빠르며 수심이 1m이상인 곳에서 좀처럼 수초를 볼 수 없다. 그리고 수심이 1m이내라도 강의 상류는 청정수역(淸淨水域)이고 유속이 빠르며 하상(河床)이 거의 돌밭이어서 수초상(水草相)이 극히 빈약하다. 물론 땜이 축조되어 물의 수위가 항상 일정하고 유속이 느린 곳에서는 수심이 2~3m인 곳까지 수초가 나며, 상류에서도 농업용 보를 막아 유속이 완만해지고 퇴적물이 축적된 곳에는 수초상이 잘 발달되어 있다.

4. 해안식생(海岸植生)

해안이란 사구(砂丘) 사풍(砂浜), 염습지(塩濕地), 단애(斷崖) 등 그 환경이 다양하며, 어떤 곳이나 보수성(保水性)이 부족하고 유기물의 함량이 부족한 모래땅, 또는 모래가 바람에 의해 늘 이동하며 염분을 가진 해풍에 심한 영향을 받는 곳이다. 이와 같은 입지 조건에서 식물사회를 구성하는 구성원들은 생활형이 이런 특수한 조건에 적응한 것이라야 한다. 우리나라에서는 이 같은 다양한 해안식생에 대한 정보의 축적이 불충분하므로 전반적인 설명은 어렵다. 그리고 중부아구에는 동해안에 접한 지역에 해안이 발달하고 있음으로, 필자가 강원도 고성군 거진에서 경북 영일군 의창에 이르는 동해안 사구 10개 지소(그림 5)애서 간조선(干潮線)을 기점으로 내륙을 향해 10m간격으로 교목림이 출현하는 곳까지 50×50cm크기의 방형구를 설치하고 식물사회학적 조사를 한 결과를 바탕으로 고찰하여 보고자 한다(이우철 등, 1982).

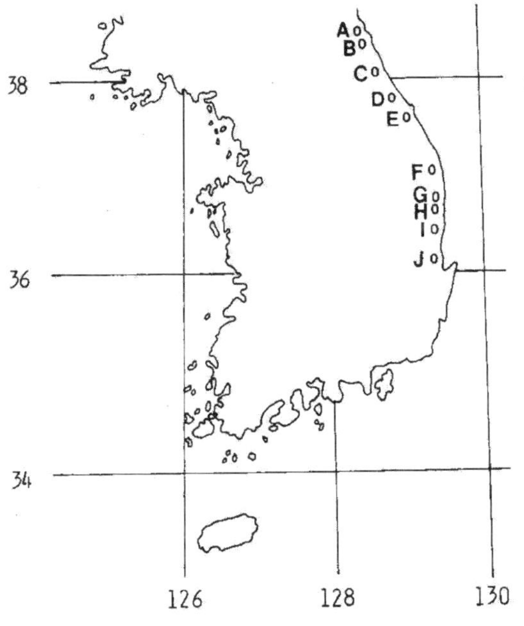

그림 5. 동해안 사구식생의 조사 지소.

A : 강원도 고성군 거진읍 화진포리
B : 강원도 고성군 죽왕면 오호리
C : 강원도 양양군 송양면 동호리
D : 강원도 명주군 영곡면 동덕리
E : 강원도 명주군 옥계면 망상리
F : 경북 울진군 북면 후정리
G : 경북 울진군 평해읍 월송리
H : 경북 울진군 평해읍 금음리
I : 경북 영덕군 축산면 충산리
J : 경북 영일군 의창읍 흥안동

동해안 사구의 10개조사지역에서 출현한 식물의 종류조성은 21종이었다(표 5). 이와 같이 출현종수가 적은 것은 해안사구(海岸砂丘)라는 특수한 환경 때문이다. 이와 같이 동해안 사구식생의 중요한 구성종은 좀보리사초, 보리사초, 갯씀바귀, 큰잔디 및 갯메꽃의 5종이며, 이 중에서도 좀보리사초와 보리사초가 가장 중요한 구성종이라고 할 수 있다.

표 5. 동해안 사구식생 구성종들의 상대우점값

		A	B	C	D	E	F	G	H	I	J
Carex pumila	좀보리사초	7.52	103.84	186.65		168.90					
Carex kobomugi	보리사초	36.14			79.39		65.80	131.63	38.87	11.92	82.03
Ixeris repens	갯씀바귀	30.64		11.72	11.67	28.90	41.32	92.80	120.02	17.14	17.42
Zoysia macrostachya	큰잔디	11.23		9.73	109.19	8.62	53.16	13.66			127.15
Calystegia soldanella	갯메꽃	72.54	3.97		21.77	13.51	34.35	20.32		28.99	14.74
Lathyrus maritimus	갯완두	17.08		4.48	4.49		41.60		14.38	39.27	
Fimbristylis subbispicata	꿀하늘직이		87.65	11.02							
Digitaria sanguinalis	바랭이		7.02	20.43	6.72		18.67	8.90	12.06	20.98	
Elymus mollis	갯그령	38.19		16.76			23.63	21.66		35.62	
Linaria japonica	해란초		2.62		19.15				23.50		
Zoysia japonica	잔디		15.03			27.61			13.05	6.66	
Vilex rotundifolia	순비기나무					9.00			44.72		
Salsola ruthenica	솔장다리	14.16			5.79	19.00	3.86				8.86
Setaria oridis	강아지풀					3.79				41.63	
Ischaemum anthephoroides	갯쇠보리										43.90
Rosa rugosa	해당화	25.10								9.44	
Glehnia littoralis	갯방풍	3.40					5.35		18.46		5.86
Scutellaria strigillosa var. *yezoensis*	왜골무꽃	3.65								27.22	
Cyperus amuricus	방동산이		18.34								
Potentilla chinensis var. *concolor*	털딱지꽃				14.48						
Triglochin maritimum	지채		9.64								

그리고 해안 간조선으로부터 내륙을 향해 출현하는 식물의 종수는 거리에 따라 증가하며 그 변화는 대수곡선적(對數曲線的, Y=1.3782+0.8299logeX)임을 알 수 있었으며, 간조선 가까운 곳에는 솔장다리, 좀명아주, 갯씀바귀가 나타나나 좀보리사초와 보리사초가 우세하여 해안사구의 개척식물(開拓植物, pioneer plants)이 되고 있다. 한편 사구식물의 현존량(現存量)은 지하부(뿌리)가 지상부(잎과 줄기)의 약 2배에 달하며, 지상부 현존량은 해안에서 내륙으로 감에 따라 점차 증가하여 40m지점에서 최고에 이르고 그로부터 점차 감소하다가 증가하는 경향이 있는 것으로 보아 거리에 따른 차이는 인정할 수 없는 반면, 지하부 현존량에서는 거리별 차이를 인정할 수 있었다. 이 같은 현종량의 변화는 토양변화에 따라 인접군락 사이의 유사도지수(類似度指數)에서도 인정된다.

해안에 인접한 숲의 지표식물은 해송이다. 해송은 해변의 산지 또는 적어도 조풍(潮風)의 영향을 받는 곳에 야생하나 원래의 식생은 대부분 파괴되고 많은 것이 방풍림으로 식재한 것들이다. 숲 앞쪽에 나타나는 관목으로는 해당화와 순비기나무군집들이 대표적인 것이나 해당화는 남획으로 그 수가 희소화해 졌고 해수욕장이나 개발 같은 인간공해에 의해 파괴일로에 있다.

* 이 글은 필자가 숲해설가들을 위하여 만든 특강원고이나, 수회 특강교재로 사용되었으며, 식물분류학회에서 시행한 제2회(2014) 교사와 일반인을 위한 특강원고로도 사용된바 있다.

강원의 식물

미선나무

1. 미선나무란 어떠한 식물인가

미선나무는 전 세계에서 우리나라에만 나는 특산식물(그 지방에서만 나는 특별한 식물로 분류된다는 뜻)로 그 자생지가 천연기념물로 보호되고 있는 대단히 희귀한 식물이다. 미선나무는 키가 작은 관목성(키가 크지 아니한 식물류)인 나무로 눈이 채 녹지 않은 이른 봄인 3월에 잎이 나오기 전에 흰색 또는 연한 분홍색의 아름다운 꽃이 피며 그 향기가 좋아 훌륭한 관상식물(보고 즐길 목적으로 심어 가꾸는 나무나 풀)로 사랑을 받고 있다. 미선나무란 여름에 생기는 열매의 모양이 우리나라 전래의 예쁜 미선(둥근 부채의 하나)과 같이 생겼다는 뜻에서 붙여진 이름이다.

2. 미선나무의 발견

미선나무는 1917년 정태현 박사와 일본의 나카이 박사에 의해 충북 진천군 초평면 용정리에서 최초로 발견되어 새로운 식물로 발표되었으며 이곳은 천연기념물 14호로 지정됐다. 그러나 그 자생지가 인가에서 가까운 정자부근이었으므로 혹시 그 옛날에 외국에서 들여온 것이 아닌가 하는 의문이 남아 있었다.

이 같은 의문이 1955년 충북 괴산군 장연면 송덕리에 있는 초등학교 학생들의 탐구학습활동의 결과로 풀렸다는데 아주 흥미가 있다. 다시 말하면 이 학교의 황병옥 선생이 자연시간에 그 곳에서 1백리밖에 되지 않는 진천에 세계에서 우리나라밖에 없는 진귀한 미선나무가 있다는 사실을 설명했다. 그리고 우리고장에도 없는지 찾아보자는 의견을 내, 그 반 학생들이 총동원되어 조사한 결과 학교에서 멀지 않은 곳에서 제2의 자생지를 발견하게 되었고 그 곳은 전문학자의 확실한 조사를 거쳐 천연기념물 147호로 지정되게 됐다.

그 뒤 인근 칠성면 율지리와 장연면 추점리에서 제3, 제4의 자생지가 확인되어 천연기념물 220호와 221호로 각각 지정됐다. 경기도 고양군 신도면 효자리에서 제5자생지, 충북 영동군 영동읍 매천리에서 제6자생지, 전북 부안군 변산면 청림리에서 제7자생지가 알려짐으로써 미선나무는 우리나라 중부를 중심으로 서쪽에 나는 것으로 그 분포가 소상히 밝혀졌다.

3. 미선나무는 어떤곳에서 자라나

조사해본 바에 의하면 진천과 괴산의 제1~4자생지는 산기슭의 서쪽 사면에 자리하고 있었으며 영동과 부안의 제6~7자생지는 방향에 관계없이 산기슭의 굴참나무와 느티나무의 숲속에 나고 있었다.

4. 우리의 자세

옛말에 복이 없다는 말이 있다. 이는 조물주가 어느 특정한 사람만을 사랑하지 않는다는 것을 비유한 말이다. 갑자기 유명해지면 이에 유사한 화를 입는 것 같다. 미선나무도 천연기념물로 지정된 제1~4의 자생지를 돌아보면 지정된 뒤 주변의 것들은 없어지고 철조망 안에 있는 것만 살아남아 있다는 사실이 잘 말해주고 있다. 그 원인을 살펴보면 지각없는 많은 사람들이 마구 뽑아갔기 때문이다.

우리의 문화유산을 찾아내서 지정하는 것도 중요하지만 그보다 앞서 보존대책이 시급하다. 한명의 도적을 1백명이 지킬 수 없다는 옛말과 같이 무방비 상태에 있는 우리의 유산들은 우리 국민들의 향토사랑의 정신을 절실히 필요로 하고 있다.

봄소식을 전하는 진달래와 철쭉

진달래와 철쭉은 철쭉과에 속하는 키가 작은 나무로 우리나라의 대표적인 식생인 신갈나무와 소나무숲 속에 많이 나는 우점종으로 봄에 꽃소식을 전해주는 전령으로 우리들에게 친숙한 식물이다.

진달래와 철쭉은 붉은 꽃이 피는 나무라는 뜻에서 붙여진 로도덴드론(*Rhododendron*)이라는 성씨를 가진 4촌지간의 식물이며 이 성씨를 가진 식물은 전 세계에 600종 이상이 있고 우리나라에 만도 23종류가 야생하며 이들은 예로부터 꽃이 아름다워 많은 것이 관상용으로 개발되어 보급되고 있다. 진홍색의 꽃을 피우는 중국원산의 영산홍이나 황색꽃이 피는 일본원산의 황철쭉이 그 한 예이다.

1. 진달래와 철쭉은 어떻게 다른가

여러분! 진달래와 철쭉은 무엇이 다를가요? 진달래는 철쭉에 비해 잎이 타원형으로 뒷면에 비늘쪽 같은 반짝 반짝하는 인편이 있으며 꽃은 한 개의 꽃눈에서 반드시 한 개씩 피고 색깔이 짙으며 보다 일찍 피고 점성이 없으며 먹을 수 있고 주로 낮은 산기슭의 소나무숲

속에 많이 난다. 이에 비해 철쭉은 잎이 넓고 둥글며 뒷면에 인편이 없고 꽃은 한 개의 꽃눈에서 2개 이상 피며 색이 연하고 보다 늦게 피며 점성이 있어 먹을 수 없고 신갈나무숲 속에 나는 점이 다르다.

옛사람들은 진달래에는 그 빛깔이 진붉은 진달래와 연붉은 연달래가 있다고 하였으나 이 연달래는 철쭉을 가리킨 것이 아닌가 싶다. 그리고 진달래에는 잎의 모양이나 털의 상태에 따라 흰꽃이 피는 흰진달래, 잎 가장자리에 흰털이 있는 털진달래, 잎이 보다 큰 왕진달래, 잎에 윤채가 나는 반들진달래의 변품들이 알려져 있고 특히 흰진달래는 원예식물로 각광을 받고 있다. 철쭉에도 흰철쭉이라는 품종이 있다. 우리들은 철쭉과 산철쭉을 흔히 혼동하고 있으나 이는 전혀 다른 종류이다. 산철쭉은 물가에 많이 난다고 하여 물철쭉이라고도 불리는 것인데 철쭉에 비해 잎이 좁고 길며 갈색털이 많이 나는 것이다.

2. 우리조상들의 얼이 담긴 참꽃(진달래)

우리조상들은 진달래를 일명 참꽃이라 불렀다. 물론 참꽃나무란 제주도에 나는 진홍색 꽃이 피는 별개의 식물이 있으나 참꽃이란 흔히 우리주변에 많은 진짜 진달래의 대명사이다. 진달래꽃이 피는 봄철이면 자고로 풍류객들은 꽃을 얹어 화전을 부쳐 놓고 술잔을 기울이며 봄을 읊조렸던 것이다. 이와 같이 진달래꽃에는 우리조상들의 숨결이 서려 있다.

'...영변에 약산 진달래꽃 아름따다 가신길에 뿌리오리다
가시는 걸음걸음 놓인 그 꽃을
사뿐히 즈려밟고 가시옵소서....'

라는 김소월이 사랑하는 임을 보내며 읊은 시야말로 이것을 잘 대변하여 주고 있다.

오늘날 봄꽃놀이라 하면 벚꽃을 연상하나 이는 일제시대에 일본의 국화인 사쿠라를 널리 보급하여 오늘날 유행된 것이나 일본의 국화 왕벚나무의 원산지는 제주도이다.

3. 강원도의 도화 철쭉

나라꽃, 도·시군의 꽃 또는 학교마다 교화나 교목을 지정하여 보호하는 것은 국민 또는 학생들에게 향토사랑의 정신을 심어주기 위한 하나의 국민운동이다. 그러나 이런 것들로 지정된 많은 것들이 외국에서 들여온 꽃이나 나무가 많은 것은 참으로 유감스러운 일이다. 강원도의 도화가 어떤 이유로 철쭉이 선정되었는지는 알 수 없으나 참으로 잘된 일이다. 왜냐하면 철쭉은 한국, 만주 우수리 지방에 나는 식물로 우리나라 식물로서 최초로 국제무대에 소개된 것일 뿐만 아니라 그 꽃말 '정열'이 말하듯이 우리 도민의 순박하고 풍요함을 상징하기 때문이다.

또한 정선군 북면 반논산 정상(1,064m)부근에 있는 높이 5m, 줄기의 가슴둘레 78cm의

우리나라 최대의 철쭉이 천연기념물 348호로 지정 보호되고 있는 것은 우연한 일이 아니다.

할미꽃

1. 할미꽃이란 어떠한 식물인가?

'뒷동산의 할미꽃, 호호백발 할미꽃, 젊어서도 할미꽃, 늙어서도 할미꽃'하는 동요로 친숙한 할미꽃은 강원도뿐만 아니라 우리나라 전역에서 흔히 볼 수 있는 식물로 들과 야산의 양지바른 곳에서 잘 자라는 미나리아재비과에 속하는 다년생 초본(여러해살이 풀)이다. 할미꽃은 4월에 피고 높이 30~40cm의 꽃대가 나와 그 끝에 1개의 꽃이 밑을 향해 달리며 색깔은 검은 자주색이고, 꽃잎의 뒷면은 백색의 긴털로 덮여 있으며 꽃이 진 뒤에 백색 털로 덮인 열매의 모습이 할머니의 흰머리 같기 때문에 할미꽃이라고 한다.

할미꽃의 학명(전 세계에서 학술적으로 사용되는 이름)은 풀사틸라(*Pulsatilla*) 코레아나(*koreana*)이고 1922년에 나카이(일본식물학자)에 의해 우리나라에서 처음 발견되었으나 현재에는 만주, 우수리, 아무르에 분포하며, 할미꽃의 종류는 전 세계적으로 북반구의 온대, 아한대에 약 30종류가 있다. 할미꽃 종류 중 우리나라에 사는 것으로는 제주도에만 분포하는 가는잎할미꽃, 강원도 이북에 자생하는 분홍할미꽃, 북한의 관모봉 주변에 사는 산할미꽃 등이 있다.

2. 우리의 마음속에 소박한 정서를 불러일으키는 꽃

동요와 꽃말(슬픔, 추억)에 나타나 있듯이 할미꽃을 바라보면 고향을 생각하는 것과 같이 우리의 마음속에 소박한 정서를 불러일으켜 주기 때문인지 그 이름이 제각기 다르게 불렸다. 원래 노고초라 불렸던 이 꽃은 그 뒤에 백두옹, 호왕사자, 할미씨까비, 조선백두옹, 주리꽃 등으로 불렸다. 옛날 어린 시절 소꿉놀이를 할 때 할미꽃의 꽃잎을 뒤로 제쳐 족두리 모양으로 만들어 신랑 각시놀이를 하기도 하였다.

할미꽃 뿌리에는 강한 독성이 있어 옛날에 소독 약품이 귀할 때는 시골의 농가에서 이 뿌리를 캐어 재래식 변기에 집어넣어 구더기(파리의 애벌레)가 생기는 것을 예방하였다.

3. 할미꽃에 숨어 있는 전설

옛날 어느 시골 마을에 할머니가 두 손녀를 키우며 살고 있었다. 큰 손녀는 얼굴이 예뻤지만 마음씨가 나빴으며 둘째 손녀는 얼굴은 못생겼으나 마음씨가 고왔다. 어느덧 두 손녀는 결혼할 나이가 되었다. 그래서 큰 손녀는 가까운 이웃 마을 부잣집으로 시집을 갔으나 둘째 손녀는 고개 너머 아주 가난한 집으로 시집을 가게 되었다. 둘째 손녀는 먼 곳으로 시집을 가게 되자 홀로 남게 된 할머니를 자기가 모시고 가겠다고 했으나 큰 손녀는 남의 눈도 있으니 가까이에 사는 자기가 할머니를 돌보겠다고 말했다. 그러나 시집을 간지 얼마 지나지도 않아 큰 손녀는 홀로 계신 할머니를 소홀히 대하게 되었다. 마침내 할머니는 끼니조차 이을 수 없는 형편이 되었다. 할머니는 마음씨 고운 둘째 손녀가 그리웠다. 그래서 할머니는 둘째 손녀를 찾아 산 너머 마을을 향해 길을 떠났으나 가파른 산길을 오르던 할머니는 식사를 제대로 못해 지쳐 쓰러져 세상을 떠나가고 말았다. 뒤늦게야 이 사실을 알게 된 둘째 손녀는 자기 집 뒷동산 양지 바른 곳에 할머니를 묻고 늘 바라보며 슬퍼했다. 그런데 이듬해 봄이 되자 할머니의 무덤가에 이름 모를 풀 한포기가 나왔다. 그 풀은 할머니의 허리 같이 땅으로 굽은 꽃을 피웠다. 둘째 손녀는 이때부터 할머니가 죽어 꽃이 되었다고 믿고 이 꽃을 할미꽃이라 불렀다고 한다.

금낭화

1. 금낭화는 어떤 식물인가

금낭화는 주로 절 근처에서 심어왔기 때문에 외국에서 들여온 외래종인줄로만 여겨졌지만 최근에 우리나라에 야생상태로도 자란다는 것이 확인되었다. 금낭화는 양귀비과에 속하는 여러해살이풀로 키는 40~50cm정도이며 식물체 전체가 흰빛이 도는 녹색을 띤다. 잎은 어긋나고 잎자루가 길며 1개의 잎은 세 개씩 두 번에 걸쳐 깊게 갈라지고 갈라진 작은 잎은 3~6cm정도로 다시 세 개 또는 다섯 개로 깊게 갈라진다. 꽃은 5~6월에 연한 홍색으로 피며 길이는 2.7~3cm정도로 마치 금색의 주머니와 같은 꽃이 활처럼 굽은 꽃대에 여러개의 꽃이 주렁주렁 달려 금낭화라 부른다.

금낭화의 학명(전 세계에서 공통으로 사용하는 식물 이름)은 디센트라(*Dicentra*) 스펙타빌리스(*spectabilis*)인데, 디센트라는 2장의 꽃잎에 부속체가 있다는 뜻이며 스펙타빌리스는 뚜렷한 특징이 있어 장관을 이루고 있다는 뜻으로 금낭화의 꽃이 화려하고 아름답다는 의미가 학명속에 포함되어있다.

흰색의 꽃이 피는 것을 흰금낭화라 부르기도 하는데 금낭화와 더불어 주로 절이나 가정의 화단에서 재배되고 있다. 금낭화속에는 북미와 아시아에 약 10여종이 있으나 우리나라에서 야생으로 자라는 금낭화는 1종뿐이며 전남, 경남, 경북, 충북, 경기, 강원, 함북의 산지에서 알려졌으며 일본, 만주, 중국에 분포한다.

금낭화는 독성이 매우 많기 때문에 함부로 먹을 수는 없지만 독성을 제거하고 먹기도 하는데, 강원도의 경우 봄철에 어린 순을 뜯어서 물에 담가 놓아 독성을 제거한 후 나물로 하고 설악산 산간 마을에서는 취나물(밥나물)과 얼레지나물과 함께 맛있는 나물 3가지로 부르기도 한다. 한편 일본에서는 식물체 전체를 탈항증(치질의 한 가지)에 사용하고 있다고 한다.

2. 여러 가지 다른 이름을 가지고 있는 금낭화

식물의 이름은 학명과 보통명(국명)으로 구분하는데 학명인 경우에는 라틴어를 사용하여 세계 어느 곳에서도 학명만 있으면 그 식물에 관한 내용을 찾아볼 수 있다. 그러나 우리나라에서만 사용되는 보통명은 서울에 사는 사람과 제주도에 사는 사람이 만나면 사투리나 지방에서 사용하는 표준말 이외의 말들 때문에 서로 의사를 소통하기가 어렵다는 것을 느낀다. 이러한 표준어와 서로 다른 언어체계를 가진 말을 우리는 방언(사투리)이라 하는데 식물의 보통명인 경우도 이러한 다른 방언을 많이 가지고 있다. 금낭화의 경우 강원도에서는 이 식물을 잎의 맛이 참나물과 같이 맛이 있다하여 며눌취나물, 꽃이 덩굴에 매달린 듯이 핀다 하여 덩굴모란, 옛날 아낙네들이 치마속에 매달고 다니던 주머니와 꽃이 비슷하다고 하여 며느리주머니라고도 불리고 있다.

3. 우리의 자세

최근 나라꽃, 도 · 시군의 꽃, 각급학교의 교화나 교목뿐 아니라 도로변이나 가정에서 재배하는 화초들의 많은 것이 외국국적을 가진 원예품종이어서 아쉬움을 갖게 한다. 물론 우리나라에 야생하는 꽃들은 아름답기는 하나 화기(꽃이 피어있는 기간)가 짧기 때문에 여러 사람들이 오랫동안 아름다움을 느끼기에는 조금 부적합한 점은 있다. 그러나 이러한 야생꽃을 이식하여 널리 보급한다면 나라사랑에 한몫을 충분히 할 수 있을 것이라 생각된다. 야생식물을 직접 이식 재배한다는 것은 자연보호에 위배되는 사실이기는 하나 농촌진흥원과 같은 기관에서 일정한 실험을 한 후 꽃씨를 대량 생산하여 보급한다면 금낭화 같이 어디에서나 잘 자라는 아름다운 꽃을 피우는 종류는 멋진 우리 멋을 표현하는데도 충분할 것이다.

여러분들도 이러한 작은 우리 꽃 하나라도 아끼고 사랑하는 일이야말로 나라를 사랑하는 것이요, 더 나아가서는 보다 잘사는 나라로 만드는 원동력이 될 것이다.

개느삼

1. 개느삼이란 어떠한 식물인가

개느삼은 콩과에 속하는 한국 특산식물로 우리나라 북부와 중부에 격리분포(떨어져서 나는)하고 있다. 개느삼은 정태현과 이시도야(일본식물학자)에 의해 함경북도 북청의 공원에서 처음 채집되었다.

개느삼의 학명은 에키노소포라(*Echinosophora*) 코렌시스(*koreensis*)인데 성씨에 해당하는 에키노소포라는 전 세계에서 우리나라 밖에 없는 특산식물로 고삼속(*Sophora*)에 유사하다는 뜻이고 이름에 해당하는 코렌시스는 한국을 뜻하는 것으로 우리나라에서 처음 발견되었다는 뜻을 내포하고 있다. 국명 개느삼은 느삼(고삼의 지방명)과 비슷하다고 하여 붙여진 이름으로 처음에는 고삼속의 일종인 특산식물로 발표되었다가 그 뒤 소관목(키가 작은 나무)으로 땅속줄기에 의해서 퍼져나가고 5월에 황금색의 꽃이 피며 꼬투리에 돌기가 있는 식물이라는 이유로 한국 특산속 식물이 되었다.

그 후에 이 식물은 평안남도 맹산과 신흥에서 발견되었고 남한에서는 양구가 유일한 분포로 알려져 있다. 양구에서 누가 언제 처음으로 개느삼을 채집하였는지에 관한 기록은 없으나 이창복교수가 1965년 재채집한 일이 1974년 '신박물기'에 보도됨으로써 널리 알려졌고 양구교육청에서는 한전초등학교를 개느삼 보호 지정학교로 지정하여 보호하고 있다. 따라서 개느삼이야 말로 강원도가 전 세계에 자랑할 수 있는 진귀한 식물인 것이다.

2. 개느삼은 어떤 곳에 자라나

양구의 개느삼은 양구읍 양구중학교 동쪽에 있는 비봉산에서 시작하여 한전리의 한전초등학교의 앞뒤산을 거쳐 도사리 백호터널 좌우의 유엔고지를 지나 대암산 기슭에 있는 임당리와 팔랑리까지 분포한다. 그 뒤 인제, 홍천, 춘천, 철원에서도 자라는 것이 알려졌다.

개느삼은 결실율이 낮으며 뿌리로 번식하는 영양증식을 주로 하고 일반적으로 능선이나 뫼등 같이 햇볕이 잘 드는 산기슭의 매마른 곳에 많이 나며 숲속에 나는 것은 키가 작고 성장이 좋지 않으며 꽃도 많이 피지 않는다. 그리고 김의털, 새, 잔디, 실새풀, 마타리, 구절초, 뚝갈, 꽃며느리밥풀 등의 초본류와 더불어 잘 산다.

3. 특산식물이란 어떤 것인가

특산식물이란 특정한 지역이나 국가에 한정되어 분포하는 식물을 뜻하는 것으로 고유식물이라고도 한다. 따라서 한국 특산식물이라 하면 한국에만 분포하고 다른 나라에서는 볼 수 없는 식물을 말한다. 특산식물이란 어떠한 곳에서 새로운 종이 생겨 난지 얼마 되지 않았거나(신특산요소) 아주 옛날에는 넓은 분포역을 갖고 있었으나 기후나 기타 요인에 의해서 거의 멸종되고 일부가 살아남아 예로부터 같은 분포지역만을 유지하고 있는(잔존성 특산요소) 두 가지 경우로 생각할 수 있다. 개느삼은 위의 두 가지 중 어느 이유인지는 모르지만 위의 한 가지 요인으로 해서 우리나리에서만 살고 있는 식물이다.

4. 우리의 자세

개느삼은 키가 1m정도인 나무로 5월에 황금색의 꽃이 피어 7월에 성숙하는 식물로 비교적 꽃이 피어있는 기간이 길고 꽃이 아름다워 원예식물로 개발가치가 있는 식물로 전 세계에서 우리나라에서만 볼 수 있고 남한에서는 강원도 양구지역을 중심으로 분포하는 매우 귀한 식물이다. 이러한 진귀한 식물은 보통 천연기념물로 지정 보호하기 마련인데 미선나무와 같이 대책이 없는 보호는 더욱 큰 화를 가져오게 되므로 나는 천연기념물 지정을 반대하나 지역민의 요구에 의해 천연기념물 372호(자생지)로 지정되었다. 그러면 어떻게 널리 보급할 수 있을까?

위에서 말한 바와 같이 개느삼은 뿌리로 쉽게 번식할 수 있어 대량번식이 용이하므로 산에 있는 것은 그대로 남겨 보호하고 뿌리번식으로 널리 보급하여 우리 고장의 귀한 식물을 보호하면서 널리 알려 더욱 아끼고 사랑하여야 할 것이다.

초롱꽃

1. 초롱꽃이란 어떤 식물인가

초롱꽃은 개똥벌레가 나오는 여름철에 우리나라의 산과 들 온갖 풀밭에서 화려하게 피어나는 초롱꽃과에 속하는 여러해살이풀로 1789년에 라마르크(Lamarck)라는 학자가 새로운 식물로 보고한 아주 예쁜 꽃이 피는 식물이다. 키는 40~100cm정도이고 식물체 전체에 많은 털이 덮여 있으며 줄기 밑 부분의 잎자루에는 날개가 있고 꽃은 6~8월에 백색이나 연한 홍자색 바탕에 짙은 반점이 있는 초롱 모양의 꽃이 피어 초롱꽃이라고 부르는데 꽃은 땅쪽을 향해 핀다. 초롱꽃의 학명은 캄파눌라(*Campanula*) 풍크타타(*punctata*)인데 캄파눌라는 라틴어에서 온 말로 우리가 크리스마스트리에 사용하는 작은 은종과 같은 모양을 의미하며 풍크타타는 가는 점이 있다는 뜻이 담겨 있다.

초롱꽃속의 종류들은 전 세계적으로 250여 종류가 있으며 초롱꽃은 일본, 만주, 중국, 아무르, 우수리, 사할린, 동시베리아에 널리 분포하고 있으며 우리나라에서는 전국에서 볼 수 있는 초롱꽃, 북한에서만 자라는 자주색꽃이 피는 자주초롱꽃, 우리나라의 울릉도에서만 자라는 섬초롱꽃, 흰섬초롱꽃, 자주섬초롱꽃 그리고 자주꽃방망이 등 6종류가 있다. 한편 초롱꽃에 매우 유사하지만 잎이 줄기의 윗부분에만 몇 개씩 모여 달리고 꽃이 8월에 보라색으로 피며 수술의 꽃밥이 서로 유합하여 원통형을 이루는(취약웅예) 금강초롱꽃이라는 식물이 있는데 이 식물은 우리나라에서만 볼 수 있는 아주 진귀한 식물이다.

2. 우리 마음속에 항상 여유를 주는 초롱꽃

초롱꽃은 흔히 어린이들의 사랑과 귀여움을 받고 있는 꽃으로 반딧불, 잔대, 풍경초라고 부르기도 하는데, 이 같은 이름은 아이들이 만들어낸 이름이라는 말이 있을 정도로 우리와 친숙해 있는 식물이다. 연한 보랏빛의 초롱을 몇 개씩 드리운 것 같은 초롱꽃이 우거진 나무 그늘 아래서 바람에 조용히 흔들리고 있는 모습은 참으로 귀엽고 아름답다. 이 꽃의 꽃말은 다소곳이 고개 숙여 꽃이 매달려 있는 것처럼 감사, 변치 않는 마음을 의미한다고 한다.

3. 초롱꽃에 얽힌 신화

신들이 살고 있는 올림퍼스에는 황금능금이 열리는 과수원이 있었다. 이 과수원을 캄파뉴르라는 예쁜 소녀가 지키고 있었다. 이 능금은 신들만이 먹게 되어 있는 귀중한 과일이었다. 그런데 한 젊은이가 과수원에 숨어들어 능금을 훔쳐 가려고 계획하고 있었다. 어느 날 밤 그 젊은이는 캄파뉴르가 잠들었을 무렵을 틈타 능금나무 밑으로 들어갔다. 그러나 캄파뉴르는 이 사실을 곧 알았고 그녀는 서둘러 과수원 관리인인 드라곤에게 알리고자 들고 있던 은종을 흔들었다. 종소리는 쥐 죽은 듯이 고요한 과수원 구석구석에 울려 퍼졌다. 이렇게 되자 당황한 젊은이는 칼을 뽑아 캄파뉴르의 가슴을 찌르고 허둥지둥 도망쳐 버렸다. 그러나 이 일을 아무도 모르고 있었다. 이튿날 아침 드라곤이 과수원을 순찰하러 나섰다가 캄파뉴르가 칼에 찔려 죽어 있는 것을 발견하였다. 꽃의 여신 플로라는 캄파뉴르의 죽음을 가엾이 여겨 그녀를 은색의 아름다운 초롱꽃으로 만들어 주었다. 그리하여 이 꽃의 모습은 그녀가 언제나 소중히 갖고 있던 은종의 모양을 하고 있는 것이다. 그 까닭에 영국에서는 이 꽃을 「칸타벨리의 종」이라고 부르고 있다.

4. 우리의 자세

초롱꽃은 철쭉이나 진달래처럼 화려한 꽃을 피우지는 않지만 6~7월에 아름다운 종 모양의 꽃이 피어 수수한 우리의 전통적인 멋을 표현하기에는 적당한 것 같다. 그 때문인지는 몰라도 가정이나 학교 그리고 공원 등에서도 쉽게 그 꽃을 볼 수 있는데 아무리 흔하고 많은 식물이라 할지라도 이끼고 보호 할 줄 아는 자세가 있어야 하겠다. 어린이 여러분, 어떤 커다란 일만이 나라를 사랑하는 일이 아니라 이러한 작은 꽃 하나라도 사랑 할 수 있는 것이야말로 진정으로 나라를 사랑하는 일이 될 수 있다.

은방울꽃

1. 은방울꽃이란 어떤 식물인가?

은방울꽃은 이른 여름에 잎 사이로 꽃대가 올라와 흰색 꽃이 피는 식물로 산지의 낮은 곳부터 높은 곳까지 흔히 볼 수 있는 백합과에 속하는 여러해살이 풀이다. 키는 20cm정도이고 털이 없으며 땅속줄기가 옆으로 길게 뻗고 군데군데 마디에서 새순이 나온다. 아래 부분에서 두 개의 잎이 나와 밑 부분을 얼싸안고 있는 것처럼 보이며 그 사이에서 꽃대가 올라와 꽃이 10개쯤 달리고 그 꽃은 마치 종처럼 생겼으며 꽃잎 끝이 여섯 갈래로 갈라져 뒤로 말려 있다. 꽃모양은 어린이들이 차고 다니는 은방울과 비슷하다고 하여 은방울꽃이라는 이름이 붙여진 듯하다.

은방울꽃의 학명은 콘발라리아(*Convallaria*) 케이스케이(*keiskei*)인데 성씨에 해당하는 속명인 콘발라리아는 라틴어에서 온 말로 '골짜기의 백합' 또는 '겁 많은 사람'이란 뜻이 있는데 이것은 이 식물이 숲속에서 자라고 꽃이 넓은 잎에 가려 잘 보이지 않기 때문인 것 같고 이름에 해당하는 케이스케이는 일본 식물애호가의 이름에서 유래했다.

2. 행복과 행운을 상징하는 은방울꽃

향기가 좋은 이 꽃은 행복과 행운을 상징하고 있다. 영국이나 프랑스에서는 해마다 5월 1일을 은방울꽃의 날로 정하고 있으며, 이 날 은방울꽃으로 만든 꽃다발을 보내면 받는 사람에게 행복이 찾아온다고 하는 이야기가 전해지기도 한다. 이렇듯 이 꽃은 행운을 약속하는 꽃이기 때문에 흔히들 결혼식에는 이 꽃다발을 신부에게 보내고 있다.

프랑스에서는 5월의 뮤우게, 숲의 뮤우게라고 하는데 이는 향기가 좋은 것을 나타내며 또한 영국에서는 5월의 작은 종, 천국에서의 계단이라고 하는데 이는 아마도 꽃피는 모습에서 비롯된 것 같다. 은방울꽃의 꽃말은 순애(순수한 사랑, 섬세함)를 나타내며 꽃꽂이를 하는 사람들이 흔히 「스스랑」이라고 부르는데 이는 일본이름에서 유래한 것이다.

3. 은방울꽃에 숨어있는 전설

옛날 그리스에 센트 레오나아드라고 하는 용감한 젊은이가 있었다. 당시의 관습에 따라 이 젊은이는 여러 나라를 돌아다니며 무예를 연마하는 한편 세상물정을 알아보기 위해 여행을 떠나게 되었다. 그런데 그에게는 마이야라는 예쁜 약혼녀가 있었다. 그는 약혼녀와 작별을 하고 무예수업의 길을 떠났다. 그 후 3년간의 무예수업을 마치고 돌아오는 길에 숲속에서 길을 잃어 버렸다. 그는 길을 찾아 헤매다가 한 마리의 큰 독사의 습격을 받았다. 레오나아드는 칼을 뽑아 불을 내뿜는 독사와 사흘 낮 사흘 밤에 걸친 피투성이의 싸움을 계속했다. 그는 마침내 독사를 찔러 죽였다. 그리고 칼을 지팡이 삼아 짚고 물을 찾아 숲속을 헤맸으나 물은 보이지 않았고 피만 계속 흘러 나왔다. 레오나아드는 자기의 죽음이 임박한 사실을 깨달았다. 그는 약혼녀인 마이야가 생각났다. "아아 보고 싶다. 3년 동안 얼마나 나를 기다렸을까? 내가 죽으면 상으로 받을 부귀와 명예를 모두 마이야에게 넘겨다오"하며 죽어갔다. 그러자 이 얼마나 신기한 일인가, 풀 위에 점점이 떨어져 있던 피가 어느새 순백의 향기 좋은 꽃이 되어 있었던 것이다. 이 꽃이 바로 은방울꽃이었다.

달맞이꽃

1. 달맞이꽃은 어떤 식물인가

그 이름부터가 서정적인 낭만이 가득히 풍겨주는 달맞이꽃은 본래 남아메리카 칠레가 원산인 식물로 우리나라에 오래전에 귀화하여 전국의 산과 들에서 자라고 있는 바늘꽃과에 속한 두해살이풀이다. 키는 50~90cm정도 자라며 뿌리에서 나온 잎은 꽃방석(로젯트) 같이 퍼지며 줄기에서 나는 잎은 어긋나기를 하고 긴타원형이다. 꽃은 7월에 피며 황색이고 잎겨드랑이에 1개씩 달린다.

달맞이꽃의 학명은 오에노테라(*Oenothera*) 오도라타(*odorata*)인데 성씨에 해당하는 오에노테라는 뿌리에 포도와 유사한 향기가 있어 야생동물이 즐겨 먹는다는 뜻이고 이름인 오도라타는 향기가 난다는 뜻이다. 달맞이꽃은 원래 행대소초, 야래향, 산지마, 월하향, 월견초 등으로 불리었고 종자를 채취하여 기름을 짜는데 이를 월견초유 혹은 달맞이꽃기름이라고 하여 민간 한방 및 현대의학에서 고혈압, 감기, 신장염, 인후염, 해열 등에 다른 약재와 같이 처방하여 약으로 쓰며 민간에서는 비만증을 치료하는데도 쓰고 있다. 최근까지도 성인병의 특효약으로 알려져 인기를 끌었던 식물이다. 달맞이꽃은 번식력과 생명력이 대단히 강한 식물로 전국 어디에서나 볼 수 있다. 한 포기에서 수천 개의 씨가 쏟아질 만큼 번식력이 강하다. 달맞이꽃 형제 중 우리나라 남부지방과 강원도 해변가에 자라는 큰달맞이꽃과 겹꽃이 피는 겹달맞이꽃이 있다.

2. 달밤에 서정적인 낭만을 주는 달맞이꽃

이 꽃이 달맞이꽃이라는 시적 감정이 풍부한 이름으로 불려지고 있는 데는 그럴만한 까닭이 있다. 연인들이 여름 달밤에 데이트를 할 때 '탁 탁'하는 소리를 내며 꽃을 피우기 때문에 연인들을 놀라게 하는 이 꽃은 저녁 어둠과 더불어 피었다가 아침 햇살을 받으며 시들기 시작해 버리기 때문이다. 말하자면 달빛을 받고 피어났다가 달이 지면 시들어 버리는 것이다. 그러니 이 얼마나 신비한 꽃인가? 달맞이꽃이 어스름한 달밤에 아련히 피어있는 모습은 어렴풋한 감상이 떠돌아 참으로 아름답다.

3. 귀화식물이란 무엇인가

한국사람이 미국에 이민을 가서 오래 살다보면 미국의 영주권이 나온다. 그렇게 되면 미국 시민이 되듯이 달맞이꽃의 경우에도 이와 마찬가지로 칠레에서 살다가 오래전에 우리나라에 들어와 자기 스스로 씨를 뿌리고 월동하여 싹이 나고 꽃을 피우는 생활환을 완성할 수 있는 식물을 귀화식물이라 하고 그렇지 않은 외국식물을 화혜식물이라고 한다. 귀화식물이 우리나라에 들어오는 경로는 농산물, 군수물자, 원목 등을 다른 나라에서 수입할 때 묻어오거나 바닷물에 의해 밀려오는 경우가 일반적이나 그 전래의 방식은 다양하다. 달맞이꽃은 오래전부터 들어와 살고 있기 때문에 정확한 경로는 알 수 없다.

4. 달맞이꽃에 숨은 이야기

태양신을 숭배하며 살아가는 인디언 마을에 로즈라는 미모의 아가씨가 있었는데 로즈는 낮보다 시원한 밤을 좋아했고 태양보다는 달을 더 좋아했다. 이 마을에는 해마다 여름이면 축제가 벌어지는데 밤이 되면 결혼행사가 벌어진다. 이듬해에는 로즈도 시집을 가야했다. 로즈와 이 마을 추장의 작은 아들은 서로 사랑했고 다음해에 결혼할 것을 약속했었다. 어느덧 해는 바뀌어 또 다시 축제의 날이 되었다. 그러나 그날 추장의 아들은 다른 여자와 결혼을 한 것이다. 그 후 로즈는 절망감에 사로잡혀 밤이면 달을 보고 하염없이 울다가 지쳐 죽어갔고 그 자리에는 희미한 달빛을 향한 꽃 한 송이가 피어났다. 로즈는 죽어서도 사랑하는 사람을 기다리며 달을 보고 피어났던 것이다. 이 꽃이 바로 달맞이꽃인데 로즈가 사랑을 시작한 지 2년만에 죽었듯이 달맞이꽃도 2년을 살다 죽는다. 꽃말은 '어렴풋한 사랑, 마법'이다.

꽃며느리밥풀

1. 꽃며느리밥풀은 어떤 식물인가?

꽃며느리밥풀은 산지의 숲 가장자리에서 자라는 반기생식물로 높이는 30~50cm이고 줄기는 약간 네모가 지고 능선이 있는데 이 능선 위에는 짧은 털이 있는 한해살이풀로 현삼과에 속하는 식물이다. 잎은 마주나고 줄기 중앙의 잎은 좁은 계란 모양이나 긴타원형이고 양면에 짧은 털이 있으며 꽃은 7~9월에 붉은 색으로 피는데 산을 오르다 이 꽃이 피어있는 모습을 보면 마치 다른 세계로 온 것 같은 착각을 일으킬 정도로 화려하고 아름답다. 이 꽃은 원줄기와 가지 끝에 이삭같이 달리며 꽃부리에는 잔돌기가 있고 꽃의 중앙부 아래쪽에 밥풀 같은 두 개의 하얀 무늬가 있다. 그래서 이 식물의 이름을 꽃며느리밥풀이라 부르게 되었다.

꽃며느리밥풀의 학명은 멜람피룸(*Melampyrum*) 로세움(*roseum*)인데 성씨에 해당하는 멜람피룸은 희랍어에서 온 말로 종자가 검은색이라는 뜻이고 로세움은 장미꽃색과 같이 붉다는 뜻을 의미한다.

꽃며느리밥풀속의 종류들은 전 세계적으로 40여 종류가 일본, 만주, 중국, 아므르, 우수리 등에 분포하고 있으며 우리나라에는 털며느리밥풀, 수염며느리밥풀, 알며느리바풀, 흰알며느리밥풀, 애기며느리밥풀, 새며느리밥풀 등7종류가 자라고 있다. 꽃며느리밥풀은 며느리밥풀꽃, 며느리밥풀, 새애기풀, 꽃새애기풀 등으로 불리며 꽃이 아름답고 꿀이 많아 가정의 관상용이나 양봉 농가에서 꿀을 따는데 많은 도움을 주는 풀이며 시골에서는 퇴비용으로도 많이 쓰이기도 한다.

2. 반기생식물이란 무엇인가?

사람과 같은 동물은 산소호흡을 통해 살아가지만 식물의 경우는 빛을 합성하는 광합성을 통하여 독립된 생활을 하게 되는데 기생식물은 광합성을 하지 못하고 다른 식물에 붙어서 그곳으로부터 양분을 흡수하여 사는 식물을 말하며 곰팡이나 눈에 보이지 않는 많은 작은 생물(미생물)이 여기에 해당한다. 이에 비해 광합성은 가능하지만 살아나가기에는 영양분이 부족하여 이 부족한 영양분을 다른 식물체에서 보충하여 살아가는 식물을 반기생식물이라고 한다.

3. 꽃며느리밥풀에 숨어있는 이야기

옛날 어느 산골 마을에 착한 아들과 어머니가 살고 있었다. 어머니는 아들을 항상 귀여워했으며 아들 또한 효성이 지극하여 어머니의 명령에는 반드시 복종하였다. 어느덧 이 아들이 커서 장가를 가게 되었고 한 처녀가 이 집의 며느리로 들어왔다. 그런데 이 며느리의 효성이 어찌나 지극하였던지 아들보다도 더한 것이었다. 신방을 꾸민지 며칠 만에 신랑은 먼 산 너머 마을로 머슴살이를 떠나게 되었는데 그 이후 시어머니는 며느리를 학대하기 시작하였다. 그러나 착한 며느리는 한마디의 불평도 없이 시어머니가 호통을 치면치는 대로 용서를 빌고 다시 일을 하기 시작하였다. 멀리서 머슴살이를 하는 아들은 이런 사실을 짐작조차 하지 못하고 가을까지 열심히 일하여 품삯을 받아 사랑하는 색시가 있는 집으로 돌아가기만을 손꼽아 기다리고 있었다. 그러나 시어머니는 여전히 며느리를 학대하며 어떻게 해서든지 쫓아낼 구실을 벼르고 있었다. 그러던 어느 날 며느리는 평소와 다름없이 저녁밥을 짓기 위해 솥에 쌀을 넣고 불을 땠다. 그리고 밥이 다 되어갈 무렵 뜸이 잘 들었는지 알아보기 위해 솥뚜껑을 열고 밥알을 몇 알 입에 물어 씹어보았다. 방에 있던 시어머니는 솥뚜껑 소리를 듣고 이때다 싶어 몽둥이를 들고 부엌으로 달려 나왔다. 어른이 먹기도 전에 밥을 먹느냐고 며느리를 마구 때려 며느리는 밥알을 입에 문 채 쓰러지고 말았다. 며느리는 며칠 동안 앓다가 끝내 세상을 떠나고 말았다. 이 소식을 전해들은 아들은 단숨에 달려와 슬퍼하며 마을 앞 솔밭이 우거진 길가에 자기의 색시를 묻어 주었다. 그 뒤 이 며느리의 무덤가에는 이름 모를 풀들이 많이 자라게 되었는데 여름이 되자 하얀 밥알을 입에 물고 있는 듯한 꽃이 피는 것이었다. 사람들은 이 꽃이 며느리의 입술처럼 붉은데다 마치 하얀 밥알을 물고 있는 듯한 모습이었으므로 이때부터 이 꽃을 꽃며느리밥풀 이라고 부르게 되었다고 한다.

무궁화

1. 무궁화는 어떤 식물인가?

무궁화는 소아세아의 원산으로 누구나 알고 있듯이 우리나라 방방곡곡에 심어져 피고 있는 낙엽관목으로 키는 3~4m에 달하고 여름에서부터 가을에 걸쳐 새로 나온 가지에 밑에서 위로 향해서 차례차례로 꽃이 피게 되므로 꽃 하나는 아침에 피었다 저녁에 지지만 가지가 자라는 대로 꽃이 연달아 핀다. 그러므로 나무 전체로서는 꽃이 피는 기간이 매우 길어서 무궁화라는 이름이 붙여진 것 같다. 무궁화는 어린 가지에 털이 많으나 점차 자라면서 없어진다. 잎은 어긋나고 모가진 둥근형으로 깊게 3갈래로 갈라진다. 잎자루는 약 1.5cm정도이며 8~9월에 꽃이 핀다. 꽃색은 홍자색인 것이 많으나 근래에 품종이 여러 가지로 개량되어 그 수를 헤아릴 수 없다. 그러나 외국에서 들여온 식물로 우리나라 북쪽의 추운지방에서는 자라지 못하는 단점을 가지고 있다.

무궁화의 학명은 히비스쿠스(*Hibiscus*) 시리아쿠스(*siriacus*)인데, 성씨에 해당하는 히비스쿠스는 이집트의 신 히비스와 그리스어의 이스코(Isco)의 합성어로 닮았다는 뜻이고 시리아쿠스는 시리아(국가명)를 뜻하며 시리아에서 처음으로 발견되었다는 뜻이다.

2. 우리민족의 얼 '무궁화'

'무궁화 삼천리 화려강산 대한사람 대한으로 길이 보존하세'라고 우리의 애국가에도 있듯이 금수강산 3천리를 더욱 화려하게 수놓아 주는 꽃이 무궁화이다. 무궁화는 그 끈질긴 생명력으로 하여 우리의 국화로 인정받게 된 것이며(조윤제 박사의 학위논문 "은근과 끈기"로) 우리 한민족의 인내력을 상징해주고 있는 것이다. 또한 모든 꽃과 나무가 단풍지는 무렵에도 고고히 무리지어 피어있는 무궁화는 정녕 우리 백의민족의 얼을 상징해주는 꽃다운 기품이 있다.

3. 무궁화에 숨어있는 이야기

옛날에 글을 잘 쓰고 노래를 잘 하는 예쁘게 생긴 여자가 있었다. 그 여자는 많은 사람들로부터 귀여움을 받고 있었다. 그 여자의 남편은 앞을 못 보는 장님이었으나 그 여자는 남편을 지극히 사랑하였으므로 돈 많고 권세 있는 지위 높은 사람들이 아무리 그 여자를 유혹하여도 마음이 흔들리지 않았다. 그러던 어느 날 그 곳의 성주는 그녀의 재주와 미모에 반해 그녀를 유혹하였다. 그러나 그녀는 여전히 한결같은 마음으로 남편을 돌볼 뿐이었다. 성주는 마침내 부하를 보내 강제로 그녀를 잡아들이고 온갖 수단과 방법을 가리지 않고 그녀의 마음을 돌리려 하였다. 그러나 그녀는 끝까지 성주의 말을 듣지 않았다. 성주는 화가 나서 칼로 여자의 목을 잘라 버리고 말았다. 죽을 때 여자는 자기의 시체를 자기 집 뜰에 묻어 달라고 애원하였다. 사나운 성주도 이것만은 허락하여 남편이 있는 집 뜰에 묻어주었다. 그 이후 여자를 묻은 자리에서 꽃이 피었는데 이 꽃은 자라고 자라서 집 주위를 둘러싸게 되었다. 마치 장님인 남편을 감싸주는 울타리처럼 집 주위를 둘러쌌다.

4. 우리의 자세

무궁화가 우리나라의 국화임에도 불구하고 심고 가꾸는 사람이 그리 많지 않아 안타깝다. 요즈음 도시에서는 외국의 꽃을 많이 심고 정성들여 가꾸고 있는데 정작 있어야할 우리의 꽃 무궁화는 좀처럼 보기 힘들다. 여러분도 집에다 무궁화를 한 그루씩이라도 심어 정성들여 가꾸어 나라사랑의 뜻을 키워가야 할 것이다.

우리국민들은 모두 무궁화를 국화로 알고 있으나, 아직도 법적으로 국화라는 근거가 만들어지고 있지 않음은 심히 유감스러운 일이다. 앞으로 하루 속히 법적 조치가 이루어져 많은 사랑을 받게 되기를 희망한다.

금강초롱꽃

1. 금강초롱꽃은 어떤 식물인가?

금강초롱꽃은 초롱꽃과에 속하는 여러해살이풀로 전 세계적으로는 우리나라에서만 볼 수 있는 특산속 식물이다. 금강초롱꽃은 일본 동경대학의 전속채집인 우찌야마에 의해 금강산에서 최초로 채집되었으며 꽃이 담자색이고 잎이 모여 나며 수술의 꽃밥이 서로 붙어나는 특징(취약웅예)으로 1911년 나카이(일본식물학자)에 의해 새로운 신속식물(한국특산속식물)로 고정되었다.

키는 30~90cm이고 뿌리는 굵으며 갈라진다. 잎은 피침형으로 긴 잎자루가 있고 줄기 윗부분에 4~6개의 잎이 모여 어긋나게 달리며 길이 5.5~15cm, 폭 2.5~7cm로 끝이 뾰족하고 잎의 가장자리에 불규칙한 톱니가 있다. 털이 없으며 꽃은 8~9월에 길이 4.5~4.8cm, 지름 2cm의 예쁜 초롱모양 꽃이 자주색으로 핀다. 금강초롱꽃의 학명은 하나부사야(*Hanabusaya*) 아시아티카(*asiatica*)인데, 성씨에 해당하는 하나부사야는 일본 주한공사였던 하나부사의 이름에서 유래한 것이고 이름인 아시아티카는 '아시아에 있는' 또는 '아시아의'란 뜻이다.

금강초롱꽃속에는 금강초롱꽃, 검선초롱꽃, 흰금강초롱꽃의 1종 1변종 1품종이 있다. 흰금강초롱꽃은 금강초롱꽃의 백화품인 품종이고, 검산초롱꽃은 금강초롱꽃에 비해 꽃받침이 넓은 금강초롱꽃의 변종이다. 또 학자에 따라서는 꽃 색깔에 의해 오색금강초롱꽃, 흰금강초롱꽃, 설악금강초롱꽃, 붉은금강초롱꽃으로 세분하여 나누기도 한다.

2. 금강초롱꽃은 어떤지역에서 자라나?

금강초롱꽃은 우리나라 경기도 가평의 명지산 이북에서 주로 자라며 토양이 기름지고 약간 그늘진 곳에서 잘 자라고 최초로 채집된 금강산에서는 유점사 방면에 많고 설악산에서는 소청봉과 대청봉 사이에 많이 나며 개체수가 많기로는 향로봉과 건봉산 지역에 가장 많이 자란다. 그 밖에 오대산, 태백산, 치악산, 화악산, 명지산 및 삼방산 등에서 분포하는 것으로 알려져 있고 대부분 우리나라 북부의 1,000m이상 높은 산에서 많이 나는 진귀한 식물이다.

3. 특산속 식물이란 무었인가?

특산속 식물이란 어떤 특정지역이나 국가에 한정되어 분포하는 식물 집단(屬)을 말하는데 이 집단을 이루는 각각은 특산종이라 한다. 즉 우리 부모형제가 모여 한 가족을 이루듯이 가족 전체는 특산속에 들어가는 것이고 가족을 이루는 아버지 어머니 누나 동생 각각은 특산종으로 비유되는 것이다. 다시 말하자면 하나부사야라는 성씨를 가진 식물들이 특정지역에서만 난다면 그 지역의 특산속인 것이다. 다시 말하면 우리나라에만 나는 성씨를 가진 식물은 한국특산속식물이라고 하는 것이다.

4. 우리의 자세

금강초롱꽃에 관해서는 이런 유래가 있다. 금상산의 어느 마을에 우애가 좋은 오누이가 살고 있었는데 언니가 죽을병에 걸려 동생은 언니의 약을 구하기 위해 길을 떠났다가 그만 목숨을 잃게 되었다. 밤이 되자 언니는 걱정이 되어 돌아오지 않는 동생을 찾아 초롱불을 들고 나왔다가 그만 발을 헛디뎌 언니 역시 목숨을 잃게 되었다. 그 이후 오누이가 살던 집에는 초롱모양의 보라색 꽃이 땅을 향해 피어났는데 이 꽃을 사람들은 금강초롱꽃이라고 부르게 되었다고 한다. 이렇듯 아름다운 사연을 가지고 있는 금강초롱꽃은 해마다 많은 사람들의 채취로 인하여 그 수가 줄어들고 있어 아쉬움을 더하고 있다. 특히 우리나라에서만 볼 수 있는 꽃이기에 더욱 아끼고 사랑받아야 하는데 개인의 욕심으로 많은 것이 없어져 가고 있는 일은 자연보호 정신에 아주 많이 어긋나는 일이다. 또 외국 국적을 가진 식물들이 우리 주위에는 너무나 많은 비중을 차지하고 있는 실정이다. 따라서 우리 꽃 하나라도 더욱 소중히 아끼고 사랑하는 일이야 말로 나라사랑의 첫 걸음일 것이다.

갈대

1. 갈대는 어떤 식물인가?

갈대는 전국의 강과 바다가 만나는 습지 및 그 주변 개펄 등지에서 흔히 자라는 벼과(화본과)의 여러해살이풀(다년초)이다. 갈대는 북반구의 온대에서부터 아한대에 이르기까지 널리 분포되어 자라고 있는 초본으로 높이 1~3m쯤 되고 보통 군락을 이루어 산다. 뿌리줄기는 땅속에서 옆으로 길게 뻗어나가고 마디가 있으며 마디에서는 수염뿌리가 나서 무성증식을 한다. 뿌리줄기는 크고 비대하며 흰색이다. 원줄기는 속이 비어 있고 잎은 어긋나게 붙으며 폭이 넓고 길이 60cm내외이다. 9월에 꽃이 피는데 원추화서이며 작은 이삭을 많이 달고 있다. 꽃밥은 자주색이다. 10월에 씨가 익으며 색깔이 연한 자백색으로 변하여 열매를 맺는다.

갈대의 학명은 푸라그미테스(*Phragmites*) 코무니스(*communis*)인데 성씨에 해당하는 푸라그미테스는 희랍말의 울타리(phragma)에서 유래한 냇가에서 울타리 같이 자란다는 의미이고 종명인 코무니스는 무리지어 산다는 뜻이다.

갈대와 유사하지만 땅위로 뻗는 줄기가 나오며 내륙의 습지나 물가에 사는 여러해살이풀을 달뿌리풀이라고 한다. 또한 간혹 잘 모르는 사람들은 억새와 혼동하기도 하나 억새는 건조한 지역의 풀밭에서 자란다.

2. 쓰임새가 많은 갈대

갈대나 달뿌리풀의 새싹은 식용하고 더 자란 것은 가축의 사료로 쓰며 줄기는 잘게 쪼개어 대롱, 돗자리, 시렁, 삿갓, 붓통 등을 만드는데 썼으며 그 외에 땔감으로도 썼다고 한다. 잎은 종이의 원료로 쓰였고 땅속에 묻힌 뿌리를 연탄과 같은 연료로 쓰기도 하였다. 또한 뿌리는 한방 및 민간에서 노근이라 하여 자양, 홍역 등에 다른 약재와 같이 처방하여 약으로 쓴다. 지금은 볼 수 없지만 1960년대만 하더라도 초가집을 지을 때에는 갈대가 많이 쓰였다. 벽을 만드는데 새우발 친다 하여 발을 엮어 고정시키고, 이 위에 흙을 발랐으며, 또한 줄기를 가늘게 쪼개어 방에 까는 자리를 만들었다. 우리가 늘 쓰고 있는 방의 빗자루는 지금도 대부분 갈대의 이삭으로 만들며 갈대의 이삭이 익은 후에는 이삭에 붙은 털을 채집하여 솜대용으로 이불과 옷 등에 사용했다고 한다. 옛날 우리나라 아이들은 갈대 잎을 입에 말아서 물고 소리를 냈는데 이것을 초적(풀피리) 또는 초금이라 하였고 충청지방에서는 호데기라고 불렀다고 한다.

3. 갈대에 숨어있는 아야기

옛날 중국에 민자건이라는 사람이 살고 있었다. 그는 어릴 때 어머니를 여의고 계모 밑에서 자라게 되었다. 계모는 건의 집에 들어온 뒤 두 아이를 낳아서 건에게는 두 명의 동생이 생기게 되었다. 그런데 계모는 자기가 난 아이들만을 귀여워하고 전실 소생인 건은 천대하였다. 추운 겨울에 건의 동생들에게는 두툼한 솜옷을 입히면서 건에게는 갈대의 이삭에 붙은 털을 넣어 만든 옷을 입혔다. 얇고 보잘 것 없는 옷을 입은 건은 추위에 오들오들 떨며 겨울을 지내야 했다. 그러나 마음씨 착한 건은 불평 한마디 하지 않고 묵묵히 견디었다. 어느 날 건의 아버지가 이 사실을 알고 크게 노하며 계모를 쫓아내려 하였다. 그러자 건이 나서서 아버지를 극구 만류하였다. 어머니는 결코 나쁜 사람이 아니며 그동안 자신을 매우 따뜻하게 돌보아주었다고 계모를 변호해주었다.

건의 말을 들은 아버지는 건의 착한 마음씨에 탄복하여 계모를 용서하였다. 계모도 건의 착하고 깊은 생각에 감동하여 지신의 잘못을 빌고 그 후부터는 동생들과 다름없이 건을 사랑하였다. 이로 인해 건은 중국의 24효 중의 한사람에 꼽히게 되었다. 24효라함은 원나라 곽거업이 선정한 효자 24사람을말하는 것인데 맹종과 왕상도 24효의 한 사람이었다.

과꽃

1. 과꽃은 어떤 식물인가

과꽃은 국화과에 속하는 한해살이풀로 우리나라 북쪽지방에 걸쳐 자라는 식물로 예로부터 관상용으로 많이 심고 있는 식물이다. 키는 높이 30~100cm이고 줄기는 자주빛이 돌고 백색 털이 있으며 가지가 갈라진다. 줄기 밑 부분의 잎은 꽃이 필 때 없어지며 중앙부의 잎은 계란모양 또는 4각상 계란모양이고 끝이 뾰족하며 길이 5~6cm, 나비 3~4.5cm로서 밑 부분이 다소 수평이거나 좁고 잎 가장자리에는 불규칙한 톱니가 있다. 잎자루는 7~8.5cm로 길고 좁은 날개가 있으며 잎과 더불어 털이 있다. 꽃은 7~8월에 붉은색으로 피며, 흰색, 자주색 등 많은 개량종이 있고 꽃의 지름은 6.5~7.5cm로서 긴 꽃자루 끝에 1개씩 달린다.

과꽃의 학명은 칼리스테푸스(*Callistephus*) 치넨시스(*chinensis*)인데 성씨에 해당하는 칼리스테푸스는 아름다움을 표현하는 말이며 치넨시스는 중국산이라는 뜻이다. 과꽃은 취국, 취국화, 추모란, 당국화, 당구화, 오월국, 칠월국, 남국 등으로 불리기도 했으며 원래는 야생상태로 산에서 자랄 때는 여러해살이풀이었으나 관상용으로 개량하여 재배하는 것은 한해살이풀로 꽃이 피고 종자가 익으면 줄기는 말라 죽는다.

2. 순수한 누나 같은 꽃

"올해도 과꽃이 피었습니다. 꽃밭 가득 하얗게 피었습니다. 누나는 과꽃을 좋아했지요. 꽃이 피면 꽃밭에서..." 이는 우리들 귀에 익숙한 동요로 많이 알려져 있는 노래 말처럼 집 근처나 화단에 피어있는 과꽃의 화려한 모습은 마치 순수한 시골 누나의 환한 미소처럼 아름답다. 또한 다른 국화 종류들보다도 꽃이 크고 꽃을 볼 수 있는 기간이 길어서 낙엽이 지는 가을의 쓸쓸한 모습과는 달리 끈기와 인내를 보여주는 꽃이기도 하다.

3. 과꽃에 숨어있는 이야기

먼 옛날 백두산의 깊은 산골짜기에 어린 아들과 함께 살고 있는 추금이라는 과부가 있었다. 그 집 앞뜰에는 여름부터 가을까지 흰색의 아름다운 자태를 뽐내는 꽃들을 가득 심어 놓아 그 꽃의 향기는 언제나 집안 가득 하였다. 추금은 그 꽃들이 죽은 남편이 정성들여 가꾸어 오던 꽃이기 때문에 꽃이 화려하게 필 때면 항상 죽은 남편이 생각나곤 했다. 그러던 어느 날 중매쟁이가 추금에게 재혼할 것을 졸라대기 시작해 추금의 마음이 조금씩 흔들리기 시작 했는데 그 이후 뜰의 꽃들이 하나 둘씩 분홍색으로 변하기 시작했다. 이상하게 생각한 추금은 꽃을 살펴보기 위해 꽃밭으로 갔다. 그런데 뜻밖에 죽은 남편이 나타나서 미소를 짓고 있는 것이었다. 부인은 생각지도 못했던 기쁨에 눈물을 흘리며 남편의 따뜻한 품에 안겼다. 두 부부는 그후 행복하게 살았다. 그러던 어느 날 추금부부는 나무를 하려 산에 갔다가 절벽에 붙어서 자라고 있는 예쁜 꽃을 발견하고 남편에게 그 꽃을 갖고 싶다고 했다. 남편은 그 꽃을 꺾기 위해 절벽을 기어 올라가다가 그만 발을 헛디뎌 떨어지고 말았다. 얼마가 지났을가 갑자기 "엄마 엄마"를 부르는 아들 목소리에 정신을 차려보니 꿈이었다는 것을 추금이 알 수 있었다. 추금은 뜰로 나가 꽃을 보니 밤사이에 하얀 꽃이 분홍색으로 많이 변해있었다. 그리고 이렇게 생각했다. "흔들리는 마음을 바로잡아주기 위해 죽은 남편이 꿈에서나마 일생을 같이하여 주었구나" 그래서 흔들렸던 자신을 반성하고 마음을 더욱 굳게 하였다. 그후 추금은 아들을 훌륭하게 키워 행복하게 살았다고 한다.

개쑥부쟁이

1. 개쑥부쟁이는 어떤 식물인가?

개쑥부쟁이는 국화과에 속하는 여러해살이풀로 높이 30~50cm이고 털이 있으며 건조한 곳에서 자라는 비교적 우리들과 친숙해 있는 식물이다. 줄기 밑 부분의 잎은 꽃이 필 때 쓸어지며 계란모양 또는 계란상 타원형이고 길이 5~6cm, 폭 2.5~3.5cm이고 잎은 줄기에 다닥다닥 달리고 잎 앞에는 거친 털이 있다. 꽃은 8~9월에 자색의 꽃이 꽃자루 끝에 1개씩 달리는 아주 아름다운 꽃이 피는 식물이다.

개쑥부쟁이의 학명은 아스터(*Aster*) 실리오수스(*ciliosus*)인데 성씨에 해당하는 아스터는 별모양이라는 뜻이고 실리오수스는 부드러운 털이 있다는 뜻이다. 그래서인지 꽃은 별모양이고 씨앗 끝에는 작은 털이 나있다. 개쑥부쟁이는 자채, 홍관약, 쑥부쟁이, 권영호, 가새쑥부쟁이, 개쑥부장이, 마란 등으로 불리었으며 낙엽이 지는 가을 늦게까지도 꽃을 볼 수 있는 비교적 꽃피는 기간이 긴 식물이다. (개쑥부쟁이는 눈개쑥부쟁이 *Aster hayatae*의 이명임)

2. 개쑥부쟁이의 분포

개쑥부쟁이 종류들은 전국의 산과 들에 흔히 자라며 비슷한 종이 대단히 많은 식물인데 전 세계적으로 북미, 유라시아, 아프리카 등에 500여종이 분포하고 있으며 우리나라에는 18종류가 자라고 있다. 이들은 비슷한 이름으로 불리고 있어 식물을 구별하는데 많은 혼동을 가져오기도 한다. 즉 까실쑥부쟁이, 눈갯쑥부쟁이, 개쑥부쟁이, 주걱쑥부쟁이, 단양쑥부쟁이

등이 이런 개쑥부쟁이의 종류들이다.

3 들국화라고 잘못 불리고 있는 식물

흔히들 개쑥부쟁이 종류들을 보고 들국화라고 부르는 사람들이 많이 있는데 이는 잘못된 것이다. 들국화란 식물은 없으며 들녘에서 흔히 볼 수 있는 국화와 비슷한 꽃이 피기 때문에 붙여진 일종의 방언이다. 따라서 하나의 풀에 불과하지만 원래의 이름으로 불러주어야 이 식물에 대한 가치가 더욱 더 높아질 것이다.

4. 개쑥부쟁이 종류들에 숨겨있는 이야기

옛날 어느 마을에 11명의 자녀를 둔 가난한 대장장이가 살고 있었다. 그 중 큰딸은 쑥나물을 좋아하는 동생들을 위해 항상 쑥나물을 열심히 캐왔다. 이 때문에 마을 사람들은 그녀를 "쑥을 캐러 다니는 불쟁이네 딸"이라는 뜻으로 쑥부쟁이라 불렀다. 그러던 중 쑥부쟁이는 상처를 입은 노루를 도와 치료해 주었다. 그리고 내려오는 길에 함정에 빠져 허우적거리는 사냥꾼을 구해주었다. 그 사냥꾼은 다음 가을에 온다는 말을 남기고 떠났다. 그러나 몇 번의 가을이 지나도 사냥꾼은 돌아오질 않고 게다가 어머니마저 병을 얻어 자리에 눕게 되었다. 그런데 어느 날 노루가 나타나 노란 구슬 세 개가 담긴 보랏빛 주머니 하나를 건네주며 소원을 말하면 이루어질 것이라고 말하고 사라져버렸다. 첫 번째 것은 어머니의 병을 고치는데 사용했고 두 번째 것은 사냥꾼을 만나는데 썼다. 그러나 사냥꾼은 이미 결혼을 한 후여서 마지막 한 개는 그를 다시 돌려보내는데 써버렸다. 그 후에도 쑥부쟁이는 그 청년을 잊지 못해 항상 나물을 캐며 지내다가 어느 날 산에서 발을 헛디뎌 절벽 아래로 떨어져 죽고 말았다. 쑥부쟁이가 죽은 후 그 산등성이엔 더욱 많은 나물들이 무성하게 자랐다. 연한 보랏빛과 노란 꽃술은 쑥부쟁이가 살아서 지니고 다녔던 주머니 속의 구슬과 같은 색이며 꽃대의 긴 목 같은 부분은 아직도 옛 청년을 기다리는 쑥부쟁이의 기다림의 표시라고 전해진다. 이때부터 사람들은 이 꽃을 쑥부쟁이 나물이라 불렀다.

꽈리

1. 꽈리는 어떤 식물인가?

꽈리는 가지과에 속하는 여러해살이풀로 집근처에서 흔히 볼 수 있는 재배식물로 옛날 화전민이 살다 떠난 집터에서 야생상으로도 볼 수 있다. 꽈리는 높이 40~90cm의 비교적 키가 작은 식물로 전체에 털이 없고 땅속줄기(지하경)를 길게 뻗어 번식한다. 잎은 어긋나지만 한 군데에서 2개씩 나오며 그 잎 짬에서 꽃대가 나오고 잎의 모양은 넓은 계란모양이며 잎자루가 있고 잎 가장자리에 톱니가 있다. 꽃은 6~7월에 1개씩 달리고 작은 꽃자루의 길이는 3~4cm이며 꽃의 끝부분은 얕게 5개로 갈라지는데 가장자리에는 털이 있다. 꽃의 색깔은 약간 누른빛이 돌며 길이 1.5cm정도이고 꽃받침은 꽃이 핀 다음 4~5cm로 자라 계란 모양이 되어 열매를 완전히 둘러싸고 9~10월에 익으면 적색으로 된다. 열매는 둥글고 적색이며 익으면 뿌리와 열매를 한약재료로 사용하고 꽃집에서 관상용으로 많이 이용되기도 한다.

꽈리의 학명은 피살리스(*Physalis*) 알케켄지(*alkekengi*) 바라이티(var.) 프란체리(*francheli*)인데 성씨에 해당하는 피살리스는 히랍어의 주머니 같은 꽃받침을 갖는다는 말 즉 피사(physa)에서 유래된 것이고 이름인 알케켄지는 꽈리를 아랍에서 부르는 말이며 프란체리라는 변종명은 프랑스의 식물분류학자 프란체트의 이름에서 유래한 말이다.

2. 여러 가지 이름으로 불리며 약으로 많이 쓰이는 식물

꽈리는 원래 신장초, 등롱초, 왕모주, 홍고낭, 꼬아리, 꾸아리. 고아방두골, 산장, 고랑, 금등롱, 산장과, 야호숙, 포포초, 등롱과, 수분자, 야목과 등 많은 다른 이름으로 불려지기도 하고 잎, 뿌리 등은 폐를 맑게 하고 해소를 치료하며 염증을 억제하는데도 쓰여 왔으며, 열매는 산모와 소아에게 좋은 약이 되고 식물체 전체를 이뇨제와 중풍을 고치는데 사용한다.

3. 꽈리에 숨겨 있는 이야기

옛날 어느 마을에 꽈리라고 하는 마음씨 착한 소녀가 살고 있었다. 꽈리는 언제나 명랑한 표정으로 노래를 불렀는데 이 노래 솜씨는 누구한데 배운 것도 아니었지만 노래를 부르는 재주가 아주 뛰어났다. 그런데 이 마을에 지체 높은 양반집에는 꽈리와 같은 또래의 소녀가 있었다. 그 소녀는 꽈리만큼 노래를 부르지 못하여 양반집 식구들은 꽈리를 몹시 미워하였다. 그러던 어느 날 꽈리는 나물을 캐다가 흥에 겨워 흥겹게 노래를 불렀는데 이 노래 소리는 메아리를 타고 온 산골짜기에 아름답게 메아리쳤다. 그런데 마침 그 곳을 지나가던 고을 원님이 꽈리의 노래 소리를 듣고 너무 아름다워 그 노래 소리의 주인공을 찾아 데려오라고 명령했다. 원님 앞에 도착한 꽈리는 너무 수줍어 고개를 들 수가 없었다. 원님은 꽈리에게 노래를 다시 한 번 시키고 크게 칭찬해 준 후 꽈리를 집으로 돌려보냈다. 그 후 꽈리에 대한 소문은 고을 전체에 퍼졌고 양반집 부모들은 그 소식을 듣고 많은 질투를 하였다. 어느 날 양반집에서 큰 잔치가 열려 원님도 초대를 받고 그 고을 사람 모두가 잔치에 참석했는데 꽈리는 보이지 않자 원님은 양반에게 이 고을에 노래를 잘 하는 소녀가 있다는 소리를 들었는데 그 소녀의 노래를 들었으면 좋겠다고 양반에게 부탁을 하였다. 양반은 꽈리를 불러오라고 명령했으며 그때는 꽈리가 노래를 부르지 못하게 골탕 먹이려고 하는 계획이 미미 세워져 있는 상태였다. 원님 앞에 나타난 꽈리가 노래를 부르려하자 양반의 계획에 의하여 노래를 부르지도 못하고 창피만 당하는 꼴이 되어버렸다. 그 이후에 꽈리는 몸져눕고 말았다. 결국 꽈리는 그 해를 넘기지 못하고 세상을 떠나고 말았는데 그의 무덤에는 그 다음해부터 새빨간 열매가 달리는 풀 한 포기가 나타났는데 붉은색의 열매모습이 꽈리가 수줍어하던 모습 그대로여서 사람들은 이 꽃을 꽈리라고 불렀고 꽈리를 입에 물고 다니면 노래를 잘 부른다는 소문이 돌아 소녀들은 앞 다투어 꽈리를 물고 다녔다고 한다.

감나무

1. 감나무는 어떤 식물인가?

감나무는 옛날에는 경기도 이남에서만 식재되었으나 최근에는 기후가 온난해져 강원도에서도 재배가능하게 된 과실수로 감나무과에 속하는 큰키나무이고 높이는 14m에 달하며 작은 가지에는 갈색털이 있다. 잎은 어긋나게 붙고 모양은 타원상 계란모양, 긴 계란모양 또는 계란을 거꾸로 놓은 모양이며 길이 7~17cm, 나비 4~10cm로 톱니가 없고 잎자루는 5~15mm로 털이 있다. 꽃은 5~6월에 황백색으로 피며 길이 18mm, 폭 15mm이며 열매는 계란모양의 원형이며 10월에 황홍색으로 익는다. 감의 종류는 우리가 먹는 열매부분에 반점이 생기는 단감과 이 반점이 없는 떫은 감으로 구별이 되지만 익으면 모두 달고 열매의 모양에 따라 여러 가지 종류로 나눈다.

감나무의 학명은 다오스피로스(*Diospyros*) 카키(*kaki*)인데 성씨에 해당하는 디오스피로스는 희랍어의 디오스(주피터 신을 말함)와 피로스(물질)의 합성어로 신의 식물이란 뜻으로 과일의 맛을 찬양한 말이고 이름인 카키는 감이란 일본어에서 유래했다. 그래서인지 꽃말은 좋은 곳으로 보내다오라는 의미를 담고 있다. 우리나라에서는 강원 강릉, 경북 풍기, 경남 진양지방이 최대의 감 생산지이다.

2. 여러 이름으로 불리는 나무

원래 감나무는 시목, 시(柿), 감, 침시, 곶감, 시대, 시설, 시상, 시자수, 홍시, 백시, 오시, 시체(감꼭지) 등으로 불렸고 또 감나무의 열매를 비 또는 오비라고 하기도 한다. 침시는 보통 감을 물에 담가 떫은맛을 뺀 것을 말하며 시대, 시설, 시상은 생감을 깎은 껍질을 건조시켜 가루로 만든 것을 말하며 약재로 쓰인다. 또 건시는 감을 깎아 말린 것을 말하며 고종시는 열매가 작은 반면 맛이 좋은 감, 조홍은 일찍 성숙하고 붉은 색으로 익는 감이며, 반시는 열매가 약간 모가 나는 둥근 감을 이야기한다. 이에 비해 월화는 열매가 작으며 껍질이 얇고 일찍 여무는 감이며 홍시와 연시는 제대로 잘 익은 감을 말하고 수시는 수분이 많고 맛이 달아 좋다고 한다.

3. 감(곶감)에 숨어있는 이야기

옛날 남부 지방의 어느 깊은 산에 집채만한 호랑이가 한 마리 살고 있었다. 하루는 잠에서 깨어난 호랑이가 먹을 것을 찾아 산기슭을 타고 마을로 내려갔다. 호랑이가 마을 어구에 들어섰을 때 마치 외딴집이 한 채 있었고 사람 목소리가 들려 울타리 밑에 앉아서 집안을 두리번거리며 살펴보았다. 방안에는 아기를 안고 있는 젊은 어머니의 그림자가 어른거렸다. 그 때 무슨 일인지 갑자기 아기가 요란스럽게 울었다. 어머니는 우는 아기를 달래느라고 진땀을 흘리고 있는 것 같아 보였고 호랑이는 자기가 온 것을 알고 아기가 겁에 질려 우는 것인 줄 알고 속으로 으스대었다. 아기가 좀처럼 울음을 그치지 않자 어머니는 "저것 봐! 귀신할멈이 나온다"하고 달랬으나 아기의 울음은 그치지 않았다. 이번에는 "저기 곰이 나오겠다" 하였으나 아기는 여전히 울기만 했다. 어머니는 참다못하여 손으로 방문을 활짝 열었다가 꽝 닫으면서 "저기 보아라. 울타리 밑에 송아지만한 호랑이가 눈에 불을 켜고 앉아 있다. 우리아기 잡아가려고 하네 큼일 났다! 어서 뚝 그쳐"하면서 "이놈! 우리 아기 울지 않는다. 썩 물러가라"고 큰 소리를 치며 호랑이를 쫓는 시늉을 하며 달랬으나 아기는 더 크게 울 뿐이었다. 호랑이는 아기의 어머니가 자기가 온 것을 알고 그러는 줄 생각하고 귀를 바싹 기울였다. 어머니는 "허허 참 큰일 나겠다 여기 곶감이 있다. 곶감, 곶감"하면서 아기의 손을 쥐어 주었다. 그제서야 울던 아기는 울음을 뚝 그쳤다. 이 모습을 본 호랑이는 겁이 잔득 났다. '이상하다. 저 아기가 귀신 할멈도 무서워하지 않고 심지어 산중의 왕인 나도 겁내지 않더니 곶감이라는 말에 겁을 덜컥 내고 울음을 그치니 도대체 그 곶감이란 놈은 얼마나 무서운 놈인지 모르겠다. 여기 잘못 얼신대다가는 큰 변을 당하겠구나. 도망가서 몸을 안전하게 숨기고 이 집에는 다시는 오지 않는 게 좋겠다'고 생각했다. 호랑이는 이렇게 생각하고 부리나케 달아났다.

은행나무

1. 은행나무는 어떤 식물인가?

은행나무는 중국원산으로 아주 오래 전에 들어와 심어지고 있는 은행나무과에 속하는 낙엽활엽수이고 장수하는 큰키나무로 높이가 30~60m정도 되고 줄기의 지름이 4m에 연령이

1천년이 넘는 것도 있다. 잎은 어긋나고 한 군데서 여러 개가 나는데 모양은 부채꼴 모양이며 맥이 갈라진다. 꽃은 4~5월에 잎과 함께 연한 녹색으로 피고 암나무와 수나무가 따로 있다. 수나무는 열매가 열리지 않으며 색깔이 약간 연한 녹색이고 암나무는 잎의 색깔이 더 짙다. 따라서 은행나무는 암수가 서로 4km이내에 있으면 열매가 맺는다고 한다. 열매는 10월에 노란색으로 익으며 매화나무나 살구나무의 과실과 같이 과일 안에 종자가 들어 있고 그 주위를 물이 많은 과육이 둘러싸고 있는데 이 과육은 아주 심한 냄새를 내며 독성이 있다. 이 씨앗은 식용으로 하고 고급요리에는 꼭 들어가며 열매의 겉은 딱딱한 백색의 껍질로 싸고 있기 때문에 백과라고 부르기도 한다. 줄기는 목재로 많이 쓰이는데 단단하고 질이 좋아 각종 가구 및 조각용재로 인기가 높으며 특히 밥상을 만드는데 많이 쓰인다.

은행나무의 학명은 깅코(*Ginkgo*) 비로바(*biloba*)인데 성씨에 해당하는 깅코는 은행이라는 일본 말에서 유래하였고 이름인 비로바는 잎의 끝이 2개로 갈라지는 성질을 나타낸다. 은행나무는 공손수, 압각수, 은행, 은행목, 백과목, 은웅나무, 백과수, 행자목 등으로 불리기도 하며 생장력이 강하고 화재에도 잘 견디는 성질이 있어 전국 각지에 많이 식재되어 오래된 고목은 천연기념물이나 지방문화재 등으로 보호를 받고 있다. 한편 은행나무는 유독성 식물이기도 한데 나무껍질이나 열매의 껍질(과육) 등에 독성이 있어 잘못 만지면 독이 올라 염증이 생기는 수도 있다.

2. 천연기념물이란 무엇인가?

천연기념물은 자연보호 사업의 일환으로 이루어지는 것이고 각 나라의 문화재 보호법에 근거를 두고 있는데 이러한 것은 18세기 구라파에서부터 시작되었다. 지정 사업은 보존이 필요한 대상물을 조사, 보호지정의 법적 과정 및 이를 보호유지하기 위한 홍보활동의 순서로 이루어진다. 우리나라에서 최초로 지정대상을 조사한 것은 1919년이며 이 조사에서 64종류의 5천3백30본의 나무가 조사되었다(이 중 강원도 수목은 2백21본). 이에 의하면 전남 보성의 팽나무가 2천 년 정도 된 최고로 오래된 나무였으며 나머지 종들은 1천년 내외의 나무가 대부분이었고 은행나무가 아주 오래 사는 나무로 조사되었다. 현재 지정 보호되고 있는 389건의 천연기념물 중 강원도에 나는 것은 동물이 5건, 식물이 16건, 지질 · 광물이 10건, 천년보호구역 3건으로 34건이 포함되어 있다. 이 중 은행나무는 다음과 같은 3개의 노거수가 있다.

(1)영월 하송리의 은행나무

이 나무는 천연기념물 76호로 높이 27m이며 가슴둘레가 14.1m의 거목으로 높이 1.9m에서 가지가 갈라져 북쪽으로 3개, 서남방으로 6개의 커다란 가지가 발달하였다. 가지 옆으로

25명의 초등학교 학생이 올라 앉아 사진을 찍을 수 있을 정도로 큰 나무이다. 이 나무는 용문산의 은행나무와 더불어 가슴둘레가 우리나라에서 가장 큰 나무이며 현재도 많은 열매가 달린다. 이 나무의 나이는 1천~1천3백년정도로 추정되며 마을 사람들에 의하면 예로부터 이 나무 속에는 영특한 뱀이 살고 있기 때문에 개미도 얼씬하지 못했고 닭이고 개도 접근하지 못했다고 한다.

(2) 강릉 장덕리의 은행나무

강릉 장덕리에 있는 은행나무는 천연기념물 166호로 높이 22m, 가슴둘레 9.8m이고 지상 2~3m의 높이에서 6개의 가지가 갈라졌으며 나이는 800년으로 추정되는 나무이다. 대부분의 은행나무 고목은 암나무인데 이것은 수나무인 점이 흥미롭다.

(3) 원주 반계리의 은행나무

원주 반계리에 있는 은행나무는 천연기념물 167호로 높이 33m, 가슴둘레 13.1m이고 약 2백년전에 화재를 당했으나 지금은 살아나 무성하다.

* 이 글은 필자가 주간신문인 "어린이강원"의 요청에 의해서 1992년 3월부터 12월까지 17회에 걸쳐 어린 학생들을 위해 연속 게재했던 것들을 정리하여 모은 것이다. 내용은 어린학생들을 위한 것이라 평의하게 해설적으로 꾸며졌다.

II부 각종 기념사(記念辭)

퇴임사

불민한 저를 위하여 자리를 함께 하여주신 박용수총장님을 비롯한 강대인 여러분과 먼 길을 마다 않으시고 참석하여주신 선배, 동문 및 후학 여러분들에게 우선 송구스럽다는 인사를 드리고자 합니다. 물론 저는 이러한 자리가 선뜻 내키지 않아 사양의 의사를 밝혔으나 후학들의 권유로 오늘 이 자리에 서게 되었습니다.

이 자리에 서고 보니 짧은 한평생의 희비가 주마등 같이 스쳐가 참으로 감개무량합니다. 저는 어린 시절에 생물학을 공부하여 교수가 되겠다는 생각은 꿈에도 해본 일이 없었습니다. 다만 의사가 되기 위하여 의과대학을 응시하였다가 실패하고 앞으로 의대로 전과를 하려고 생물과로 진학하였다가 우리나라 식물분류학의 개척자이신 정태현교수님을 만나게 되어 오늘에 이르게 되었으며, 지금으로는 의사가 되지 못한 것을 결코 후회하지는 않습니다.

나는 후일 저승에 가서 옥황상제가 너는 이승에서 무엇을 하다가 왔느냐 물으신다면, 나는 북반구 한반도에 있는 대한민국에서 그곳에 나는 관속식물의 호구조사원으로 일하다가 왔습니다라고 말할 것입니다. 나는 초등학교 6학년 국어교과서에서 한국지도를 처음으로 만든 김정호선생에 대한 것을 읽고 깊은 감명을 받아, 김선생은 그 교통이 불편한 시절에 3천리 방방곡곡을 다니셨는데 나는 우리고장도 골고루 밟아보지 못해서야 되겠느냐는 생각이 들어 시간이 나면 집 근처의 산마루에 올라 야호를 외치곤 했답니다. 아마 이것이 나의 장래를 암시하는 것이 아니었던가 여겨집니다.

옛말에 호랑이는 죽어 가죽을 남기고, 사람은 죽어 이름을 남긴다고 하였답니다. 그렇다면 나는 그 동안 어떠한 이름을 남겼는가. 나는 평생을 소신껏 살아왔건만 마음을 비우고 뒤돌아 볼 때, 참으로 보잘 것 없어 고개를 떨구지 않을 수 없습니다. 이러한 나에게 오늘의 이 자리는 너무나 과분하여 몸 둘 바를 모르겠습니다.

그러나 나는 중원(충주)에서 씨를 받아 어머니의 교향인 괴산에서 군자산을 바라보며 어린 꿈을 키웠으며, 항도 부산에서 생물에 입문하였고 한양에서 하은선생의 그늘 아래서 깃을 달았으며, 물 좋고 산 가까운 춘천 우두벌에서 후학들과 훨훨 날다가 날개를 접고 죽파쉼터에서 여생을 마무리하며 즐기고자 하니 여한이 없습니다.

떠나면서 강대인들에게 한 가지 당부의 말씀을 드리고자 합니다. 강원도는 우리나라의 마지막 남은 천연자원의 보고이며, 강원대학교는 이런 복 받은 고장의 주인이며 참된 파수꾼을 길러내는 산실이라는 것을 깊이 깨달아주시기 바랍니다. 이러기 위해서는 이런 일꾼들을 교육하는데 필수적인 자연사박물관을 키우는데 인색해서는 안 될 것이며, 이는 지역교육과

여가선용의 장으로 활용함으로써 학교의 홍보 전략으로 승화시킨다면 일석이조의 효과를 기대할 수 있을 것입니다.

끝으로 나는 남은 여생이 다하도록 강원대학교의 무궁한 발전을 기원하며 지켜볼 것을 약속 드리며, 아울러 오늘의 이 자리를 만들기 위하여 수고하신 준비위원회의 여러분들과 기념물을 출판하는데 물심양면으로 노고를 아끼지 않은 백원기교수를 중심으로 한 생물학과 졸업생 여러분들에게 심심한 사의를 표합니다. 그리고 오늘에 내가 있기까지 헌신적인 노력을 하여 준 내자에게 감사합니다. 감사합니다.

* 2001년 8월 22일 필자의 정년퇴임식에서 한 것이다.

회고사(回顧辭)

우리 성균관대학교 생물학과 창설 50주년 기념식전에 참석하여주신 내외귀빈 및 동문여러분에게 깊은 감사를 드리며, 지난 반세기를 회고하고 다 함께 모과의 무궁한 발전을 위하여 힘찬 격려의 박수를 보내고자 합니다.

이 자리에 서니 자난 일들이 주마등과도 같이 스쳐 지나갑니다. 그 중에서도 부산 피난시절에 우리 젊은 학도들이 스크럼을 짜고 거리로 뛰쳐나와 신탁통치 결사반대를 목이 터지도록 외쳐대던 그 함성은 이직도 귓가에 잔잔히 남아있는 듯합니다.

우리나라의 진정한 신학문은 1910년대에 새싹이 터서, 1950년대에 꽃을 피우기 시작하여, 2000년대에 만개하였다고 한다면, 우리 생물학과는 우리나라 현대과학의 여명기(黎明期)에 싹트기 시작한 것이라고 볼 수 있습니다. 다른 선진국들과 마찬가지로 우리나라의 생물학도 초창기에는 분류학이 그 주축을 이루었던 것입니다. 그러므로 우리학과도 동물분류학의 거성이시던 고 조복성교수님이 창과하시었고, 식물분류학의 대들보이신 고 정태현교수님이 그 싹에 북을 주어 오늘에 이른 것입니다.

그러한 관계로 나의 대학 4년간의 생활은 식물채집으로 시작하여 채집으로 끝났다고 할 수 있습니다. 이렇게 수집된 식물표본들은 1956년 가을에 열린 제1회 표본전시회에 출품하였고, 학사학위논문으로 만든 "도봉산의 식물상"은 고려대학교에서 개최한 제1회 전국학생논문발표회에 출품하여 영예의 특상을 받은바 있어 오늘의 나를 만드는데 주춧돌이 되었던 것입니다. 나는 이 일을 하기 위하여 학부시절에 도봉산에 12회 채집을 갔었고, 이런 관계로 나는 친구들로부터 "도봉산 빨지산"이라는 별명을 얻었던 것이었습니다.

어느 대학의 생물학과 졸업생이든지 대학생활을 회고한다면, 그 누구고 매년 1-2회씩 실시되는 합동채집회 때의 즐겁던 추억을 지울 수는 없을 것입니다. 우리들의 합동채집지는 주로 광릉을 위시하여 소요산 등 서울 근교이었으며 간간히 속리산, 지리산 등 원거리로 가기도 하였습니다. 아마도 66학번(14회)까지의 동문들이 나를 기억하는 것도 이 채집회에서 흥미없는 식물들의 특징을 설명하고 그 이름들을 외우도록 강요하던 일일 것입니다.

제가 학부, 대학원 시절에서 조교, 강사시절까지 10여 년 동안 은사 정태현교수님을 모시고 제주도, 추자도, 진도, 완도, 울릉도, 거제도, 거문도, 지리산, 덕유산, 속리산, 설악산 등등 많은 곳의 장거리 채집을 다니며 풍부한 현장학습을 하는 동시에 많은 시료를 얻어 좋은 논문을 만들 수 있었던 기억은 나에게는 잊을 수 없는 추억이라고 할 수 있습니다. 이와 같이 많은 채집여행을 할 수 있었던 것은 우리학교 초대 부총장님이시던 이정규선생님의 배려로 생물학과에 여름방학 생물조사활동비로 과감한 투자를 하여주신 덕분이었습니다. 이 자리를 빌어 고 이정규 부총장님께 깊은 사의를 표하는 바입니다.

이 많은 채집여행 중에 몇 가지만을 회고하여 보고자 합니다.

첫째로 기억되는 것은 1954년 여름 제주 한라산 채집이었습니다. 이 여행은 나의 2학년 때의 일로 나로서는 난생 처음 가는 장거리 채집이었습니다. 이때의 일행은 정태현교수님과 노준희교수님을 위시하여 4-5명의 학생이 같이 갔던 것으로 기억됩니다.

이때에 기억되는 것은 제주에서 서귀포로 가는 도중 금령(金寧)에 있는 뱀굴을 당시 금령중학교 교장선생님의 안내로 구경할 수 있었습니다. 이 굴은 길이는 길지 않으나 굴속의 암벽이 뱀의 비늘 같이 생기고, 마지막에는 좁아져 기어 들어가 보니 바닥에 모래가 깔린 작은 안방과 같이 생겨 있었습니다. 흥미 있는 것은 입구에 있는 작은 비석이었습니다. 그 사연은 옛날에 이 굴에는 큰 뱀이 살고 있었으며, 풍년과 마을의 평안을 빌기 위해서 매년 이 뱀에게 처녀를 하나씩 바치는 풍습이 있어, 과년한 처자가 있는 집에서는 이에 뽑히지 않으려고 무한히 애를 썼는데, 어느 원님이 이를 안타까이 여겨서 지혜를 모아 그 뱀을 처치한 공로를 기리기 위한 기념비라는 것이었습니다.

그리고 나는 그날 점심으로 먹은 빵으로 배탈이 나서 서귀포에 도착하자마자 민가를 찾아 화장실에 들어가서 설사를 하는데 밑에서 무엇이 척척 하는 소리가 나서 깜짝 놀라서 내려다 보니 꿀꿀이가 와서 나의 변을 맛있게 받아먹는 것이 아닌가. 나는 이때에 놀란 가슴은 아직도 쿵덕쿵덕 하는 것 같습니다. 그로부터 여관에서 주는 돼지고기는 도저히 먹을 수가 없었습니다.

서귀포에서 대열을 정비하여 가지고 한라산을 올랐으며 중간에 전투경찰대의 막사에서 정선생님의 1912년에 처음 채집을 오셨을 때의 경험담을 흥미롭게 경청하며 쉬었습니다. 그런데 밤사이에 폭우가 내려서 그 다음날은 산행이 불가능하여 부득이 정상을 포기하고, 돌아오는데 계곡의 물이 불어 고생을 하며 숙소인 서귀포중학교에 도착하였습니다. 밤에 우중에 조사한 표본을 정리할 때의 일이었습니다. 젖은 신문지를 숯불을 피워놓고 말리던 중 졸아서 대원 중 한사람인 고 박세욱동문이 머리를 태워 소동이 벌어져 박장대소를 하던 기억은 아직도 생생합니다.

둘째로 1961년의 울릉도 채집입니다. 이때 나는 모교에서 강사생활을 하고 있을 때이었습니다. 이때의 울릉도는 축항시설이 전혀 없어 도동의 양쪽 산에 맨 와야 줄로 배를 고정시키고 작은 뗌마로 사람이 내릴 수밖에 없었던 시절이었습니다. 우리가 가던 날에 풍랑이 있어 배가 접안을 할 수가 없어서 포항으로 되 돌아왔다가 다음날 다시 가는 진풍경이 벌어졌었습니다. 둘째 날도 가까스로 접안은 하였으나 짐은 내리지 못하고 사람만이 가벼운 집만을 가지고 내렸습니다. 우리는 다음날 성인봉을 넘어 나리동분지로 내리는 코스를 조사하고 도동으로 돌아오는 도중, 사람들이 배가 뜬다고 소리치며 달리기에 알아보니 어제 들어온 배가 곧 뜨는데 이 배가 뜨면 언제 다시 배가 들어올지 알 수 없다는 것이었습니다. 그래서 우리도 달려와 보니 여관에 짐은 내려져 있었으나, 부득이 가지고 간 쌀로 여관비를 계산하고 배를 탔으니, 울릉도 채집을 하루밖에 하지 못하고 떠날 때의 섭섭함이란 이루 말할 수 없었습니다.

그리고 끝으로 한 가지 자랑스러운 일은 고 하은 정태현교수님이 1969년에 만드신 생물학상을 모과에서 잘 이끌어 와서 오늘에 31회 시상식을 하게 되었다는 것입니다. 뿐만 아니라 시상 기금을 조성하는데 이충구 동문을 위시한 많은 동문들이 거금을 내주었고, 모교 기획실에서 이를 관리하여 상금을 만들어 생물학과로 줌으로써 계속 시상을 할 수 있게 된데 대해 재삼 감사하는 바입니다. 아울러 이번에 수상을 하시는 성신여자대학교의 오용자교수님에게 진심으로 축하드립니다.

끝으로 이 자리를 준비하기 위하여 많은 노력을 하신 이상태 학부장, 학과장 이종호교수 및 동문회장 이상복동문에게 깊은 사의를 표하는 바입니다.

* 이글은 2003년 성균관대학교 생물학과 50주년 기념식에서 필자(1회 53학번)가 한 치사이다.

격려사

나는 우리식물살리기운동의 사무국장이신 나영삼선생으로부터 "울릉도 식물자원을 어떻게 보존할 것인가"라는 주제의 워크숍을 하는데 격려사를 부탁한다는 전화를 받고 "우리식물을 살린다는 말"에 눈이 번쩍 띄어 즐거운 마음으로 이 자리에 섰습니다. 와서 보니 울릉도의 식물을 살릴 수도 있고, 죽일 수도 있는 칼자루를 쥔 분들이 모두 한자리에 모이신 것 같아서 더욱 기대가 됩니다.

나는 1961년 여름에 은사이신 정태현교수님을 모시고 울릉도식물을 조사하러 온 일이 있었습니다. 이때 울릉도에 접안시설이 거의 없어서 도동항의 양쪽 산에 로프를 매고 배를 정박시키는 실정이었습니다. 그러나 우리가 울릉도에 갔을 때는 풍랑이 심하여 접안조차 못하고 포항으로 되돌아왔다가 다음날 다시 갈 수밖에 없었지요. 역시 다음날도 파고가 높아서 가까스로 배를 댔으나 짐은 내리지 못하고 사람만이 뗌마로 하선할 수밖에 없었습니다. 다음날 우리일행은 성인봉 조사에 나서 나리분지를 거쳐 도동으로 돌아오는 도중에 사람들이 배가 뜬다고 고함을 치면서 달리는 것을 보고 그 이유를 물으니 곧 배가 출항하는데 그 배가 뜨면 언제 배가 다시 들어올지 모른다는 것이었습니다. 이 소식을 들으신 정교수님은 우리도 이 배로 나가야한다고 하시어 서둘러 여관으로 돌아와 보니 우리의 짐들은 하선되어 있었으나 우리는 그 짐을 풀지도 못하고 가지고간 쌀을 여관비로 헐값에 주고 되돌아선 일이 나의 울릉도와의 첫 인연이었습니다. 그 뒤 1981년에 한국자연보존협회가 주관하는 울릉도와 독도의 종합학술조사에 참석할 기회가 있어서 이곳의 식물자원을 소상히 조명하여 볼 수 있는 기회가 있었습니다.

나는 이 자리에 서니 불현듯 옛날 미군정시대에 산림청에서 실시하는 산림보호에 대한 모임에 참석했을 때에 정태현선생님이 하시던 아야기가 생각납니다. 말씀하시기를 "산을 보호하는 데는 사람의 발과 갈퀴가 들어가지 않으면 숲은 저절로 보호되어 산이 울창해질 것"이라고 하시었습니다. 물론 여러 가지 사정이 그때와는 다르다고는 하나 자연의 보호와 개발이란 서로 이해가 상충되며 자연의 파괴를 수반하지 않는 개발은 존재할 수 없고, 생활수준의 향상과 더불어 폭발적으로 증대되는 향락의 수요를 공급하려면 보존에만 역점을 두는 정책은 설 자리를 잃게 될 것이 자명합니다. 그래서 궁여지책으로 나온 것이 "생태관광"이라고 하여 자연을 최소한으로 파괴하고 많은 개발효과를 얻으려는 각종의 방안이 제시되고 있으나, 산 밑에까지 도로가 포장되고 레이저시설이 생기면 인근의 자연은 남아날 길이 없으나, 역시 사람의 발이 들어가지 않고 우리가 조금만 불편하게 사는 길만이 자연이 살아남을 수 있는 지름길이라는 것은 예나 지금이나 다름이 없는 것 같습니다.

그러기 위해서는 우리의 자연을 올바로 인식하고 자연을 사랑하지 않으면 우리들의 설땅이 없다는 것을 체계적으로 밑바탕에서부터 교육시키는 일을 하여야 합니다. 이러한 취지에서 중·고등학교에 "자연"이라는 과목이 생겼으나 입시정책이 국영수에 치중하다보니 그 실효를 거두지 못하고 있음은 심히 한심스러운 일입니다. 이것부터가 바로잡아져서 부모사랑, 나라사랑과 자연사랑을 하나로 묶어서 철저히 장기계획으로 추진하지 않는 한 우리 자연과 사회의 윤리가 살아날 미래는 보이지 않습니다. 동시에 자라나는 청소년들에게 이 사회의 그릇된 측면을 고발할 수 있는 정신을 적극적으로 키워줌으로써 우리 어른들의 잘못을 바로잡는 것도 대단히 중요합니다.

우리들이 울릉도의 자연자원을 잘 보호하자는 것도, 울릉도를 국립공원으로 만들어야 한다는 것도 따지고 보면 그렇게 함으로써 자연도 보존되고 그로 인하여 소득도 올려 짭짤한 재미를 보자는 것이 바탕에 깔려있음을 우리들은 부인할 수 없습니다. 그러나 우리는 먼 훗날의 이득을 추구해야지 눈앞의 이득만을 먼저 생각하고는 자연은 살아날 수가 없다는 것을 다시 한 번 강조하고 싶습니다. 그러므로 칼자루를 쥐신 여러 분들이 이러한 신념으로 아낌없이 투자하며 느긋이 이득을 기다리는 자세가 바탕이 되도록 현명한 토의를 거쳐 좋은 방안이 수렴되기를 간절히 당부 드립니다.

끝으로 당부할 것은 울릉도를 살리려면 울릉도 도민 전체가 지킴이가 되어야 하며, 울릉도 식물의 실상을 정확히 홍보하여야 하고, 여러 가지 관광상품을 개발함에 있어서는 자생하는 자원에만 의존하지 말고 대량으로 인공증식을 하여 사용하는 지혜를 살려야 한다는 말씀을 드리며 이에 가름하고자 합니다. 감사합니다.

* 이 글은 2002년 울릉도살리기운동 모임의 워크 에 격려사로 작성하여 보낸 것이나 필자가 이 워트 에 직접 참석하지는 못했다.

주례사

신랑 ㅇㅇㅇ군은 ㅇ남 ㅇ여의 다복한 가정에서 태어났으며, ㅇㅇ대학교 ㅇㅇ과를 우수한 성적으로 졸업하고 ㅇㅇ에 투신하여 일하는 성실근면하고 장래가 촉망되어 그 주위에서 칭송이 자자한 유능한 젊은이입니다.

신부 ㅇㅇㅇ양은 ㅇ남 ㅇ여의 유복한 가정에서 태어나 ㅇㅇ대학교 ㅇㅇ학과를 좋은 성적으로 졸업하고 자기의 전공분야에서 일하면서 부덕을 착실히 닦아온 모범적인 규수로 알고 있습니다.

이 두 사람은 오래 사귀어 오다가 양가 부모님의 허락을 받아, ㅇㅇ의 길일을 택하여 한 쌍의 부부로 새 출발을 하게 된 것을 진심으로 축하합니다. 아울러 두 사람의 오늘이 있기까지 심혈을 기우려 키워주시고 보살펴주신 양가의 어른들에게 참으로 수고하셨습니다, 경하합니다 라고 인사를 드리고 싶습니다.

주례는 이제 막 새 출발을 하는 신랑과 신부에게 인생의 선배로서 두어 가지 당부의 말을 하고자 합니다.

첫째, 부부란 남남이 만나는 것입니다. 이 남남을 하나로 탄탄히 묶어주는 끄나풀은 오로지 참사랑뿐인 것입니다. 이 참사랑이란 서로를 아끼고 존경하며 서로 평상시에 상대편의 어려운 점이 무엇인가를 잘 관찰하였다가 적기에 가려운 곳을 긁어 주는 해결사의 구실을 하는 것입니다. 두 분은 이 같은 참사랑의 평범한 진리를 몸에 잘 익혀 행복한 가정을 이루어 주기를 바랍니다. 그리고 행복의 길이란 가족 친지와의 화목과 형제들과의 우애가 으뜸이며 웃어른을 성심껏 공양하는 것에서부터 싹트는 것입니다.

둘째, 두 분은 이제까지는 주로 받는 입장에서 살아왔습니다. 그러나 이제 이 순간부터는 갚는 입장에 서게 되는 것입니다. 많은 은인들에게 은혜를 보답하는 방법은 여러 가지 있을 것이나 가장 좋은 방법은 두 분이 지혜를 모아 값진 인생을 살아 많은 사람의 귀감이 되어 누구의 아들, 아무개의 딸, 누구의 동생, 아무개의 제자는 참으로 훌륭하다는 칭송의 말이 바람결을 타고 은은히 들려오게 하는 것일 것입니다.

주례인 나는 이곳에 만장하신 증인여러분들과 더불어 두 분의 앞날을 지켜볼 것입니다. 바라옵건대 새로 탄생하는 새 둥지에 행복의 열매가 가득가득 채워지기를 기원하면서 주례사에 가름하고자 합니다.

ㅇㅇ년 ㅇㅇ월 ㅇㅇ일　　주례 ㅇ ㅇ ㅇ

* 이 글은 필자가 후학들의 주례시에 즐겨 사용하던 공식이다.

권두사(卷頭辭)

"한국양치식물연구회"가 식물애호가인 김정근 교수의 노력으로 생겼다는 이야기를 접하고 우리나라의 식물분류학도의 한사람으로서 무한히 고마움을 느끼면서도 어딘지 모르게 게면쩍은 느낌이 앞을 선다. 물론 창립당시에 김교수로부터 회장을 맡아달라는 권유도 받은바 있으나 나는 정중히 사양했다. 그 이유는 순수한 식물애호가들의 모임으로 잘 성장하여 가기를 바랐기 때문이다.

현대의학의 눈부신 발전으로 인류의 평균수명이 높아지고, 한편 젊은이들이 산아제한을 철저히 하여 급속히 사회가 고령화되고 있어, "인생칠십이 고래희"라는 옛말도 무색하게 되어, 노인들이 많이 모이는 장소에 가면 70대는 젊은이 취급을 받는 것이 일수이다. 그러나 직장의 정년은 예나 지금이나 같아서 일 할 수 있는 근력이 있는데도 떠밀려 나오게 되므로 유휴노령인력이 늘어나는 것은 세계적인 추세이다.

그리고 연금제도가 점차로 뿌리를 내려 노인들의 식생활은 안정되다 보니, 건강을 유지하기 위하여 취미가 같은 사람들이 모이는 자생 서클이 많이 생기고 이들이 적게는 수십명 많게는 수백명씩 모여서 여러 가지 취미에 맞는 연구 및 관찰활동을 한다. 물론 이러한 모임에는 노인뿐 아니라 취지를 같이하는 각계각층의 다양한 사람들이 모이게 된다.

나는 1984년 가을 일본에서, 당시 과학박물관에 있던 나까이게(中池) 박사의 초청으로 "일본 양치의 모임"이라는 서클에서 실시하는 산행에 동참했던 일이 있었다. 이 모임도 이러한 자생단체로 양치식물을 좋아하는 동호인들의 모임으로서 많은 사람이 활발히 활동을 하고 훌륭한 회보도 발행하는 것을 보고 많은 감명을 받은바 있다. 나까이게 박사의 설명에 의하면 일본에는 이와 같은 단체가 많이 있으며, 이들은 각 지역에 있는 "자연사박물관"을 거점으로 활동을 한다고 한다. 박물관에서는 이들이 모여 회의나 토론 및 연구를 할 수 있는 공간을 제공하고 필요한 연구기자재나 문헌정보를 무상으로 대여하며, 필요할 때, 즉 채집회나 관찰회에 지도의 요청이 있을 때는 그 분야의 연구사가 참석하여 도움을 주며, 그들은 활동한 뒤에 수집한 자료들은 과학관에 기증한다는 것이다.

우리나라에도 최근에 이 같은 자생단체들이 생겨나고 있다. 이 대표적인 것이 "한국자생식물 보존회", "한국식물연구회", "탐조회" 등을 들 수 있다. 그러나 우리나라에는 국립자연사박물관조차 없는 판이고 보니 이들의 단체들이 의지할 곳이 없는 셈이니 한심한 일이다. 그러나 국립수목원에서는 일찍이 "한국자생식물연구회"를 "사단법인 한국자생식물 보존회"로 만드는데 앞장을 섰으며, 이번에는 "한국양치식물연구회"의 산파역을 하고 물심양면으로 도움을 준다고 하니 참으로 다행스러운 일이 아닐 수 없다.

바라옵건데 이 같은 애호가들의 자생적인 모임은 너무나 학술연구단체화 하는 것은 바람직하지 않다. 학술적인 단체라면 "한국식물학회"나 "한국식물분류학회"가 있다. 이에 새로이 "한국양치식물학회" 같은 것을 만들 필요는 없다고 나는 생각한다. 왜냐하면 연구인력은 적은데 유사한 학회가 많다 보니 득보다 실이 많기 때문이다. 그러므로 이 단체는 한국식물분류학자들을 모두 회원으로 만드는 것보다는 양치식물을 사랑하는 사람들의 모임으로 건전하게 성장하기를 바란다.

* 이 글은 "한국양치식물연구회지" 제5권에 '순수 양치식물애호가들의 모임이 되길 바라며'라는 제목으로 게재된 것이다.

학창시절(學窓時節)의 회고(回顧)

성균관(成均館)이 1398년에 개관하여 605년의 역사를 자랑하나, 종합대학교로 그 참신한 면모를 들어낸 것은 지금으로부터 50년 전의 일일뿐이다. 우리대학이 심산 김창숙(金昌淑) 선생님을 초대 총장님으로 모시고 문리대(8개학과), 법정대(3개학과), 약학대(1개학과)의 3개대학, 12개 학과와 1개 대학원으로 새 출발을 한 것은 1953년 부산시 동대신동(東大新洞), 6. 25동란으로 피난 중인 가교사(假校舍)에서 있었던 일이었다.

12개학과 중 이공계통은 문리대에 생물학과와 화학과, 약학대학에 약학과의 3개학과 뿐이었다. 가교사란, 2층건물이 있고 그 양쪽으로 단층의 건물들이 있는 ㄷ자형의 천막집이었다. 2층에는 총장실과 행정실이 있었고 그 아래에는 사무실, 그리고 양옆의 단층에는 강의실이 있었다. 그리고 이때는 피란 중이므로 학생들의 편의를 위하여 부산에 올 형편이 못되는 학생들은 충남 대전에 있는 전시연합대학에서 여러 대학의 학생들이 같이 공부를 하도록 배려가 되어있었다. 따라서 생물학과도 33명이 입학하였으나 부산에서 공부를 한 학생은 20명 정도였던 것이다.

생물학과는 조복성(趙福成)교수님이 학과장이시고, 노준희(전임강사)교수님과 김윤수(조교)선생님이 지도를 해주시었고, 당시 부산대학에 계시던 박상윤교수님이 강사로 나오셨다. 부산에서 1학년을 다니고, 1954년에 서울 본교로 수복을 하였다. 1954년에 정태현교수님이 부임하셨고 그 다음 해에 이재두교수님이 부임하셨다. 당시는 대성전의 동재(東齋)를 대형강의실로 개조하여 사용하였으며, 우리 생물과는 서재의 작은 방들을 교수연구실과 생물표본실로 사용하고 그 아래에 있던 별채를 실험실로 쓰며 공부를 했다.

필자는 이 시절에 있었던 일 들 중에 기억에 남는 것들을 회고하여 보고자 한다.

우리나라 생물학의 여명기(黎明期)

우리나라의 현대적인 과학이 19세기 초부터 싹트기 시작하였다고 하나, 1915년부터 일본사람이 중심이 되어 조선박물학회(朝鮮博物學會)가 태동되어 활동을 한 것이 그 효시라고 할 수 있다. 그러다 1945년의 조국 광복과 더불어 한국 사람들이 주축이 되어 조선박물학회를 조선생물학회로 발족시키고 도봉섭교수가 초대 회장으로 선임되었으며, 그 뒤 대한민국의 수립과 더불어 조선생물학회를 대한생물학회로 재출발시키면서 우장춘박사를 초대 회장으로 추대하였고, 1957년 11월 30일에 학국생물과학협회(韓國生物科學協會)로 자리 잡음을 함으로써 우리나라 생물학의 뿌리가 확실하게 내리게 되었다.

우리나라에 생물학과가 생긴 것은 1946년에 경성대학(京城大學)을 서울대학교로 개편하면서 문리과대학에 경성대학 예과부 이을(理乙)의 학생을 중심으로 생물학과가 생긴 것이 그 처음이라고 할 수 있으며, 이어서 서울사범대학에 생물교육학과가 생겼다. 그리고 지방국립대학교에 신설로 이어졌으며, 이어서 1953년에 성균관대학과 고려대학에 생물과가 신설되었다. 당시 서울에는 생물학과가 있는 대학이 그 수가 적었고, 같은 교수님들이 서로 오가면서 강의를 하셨던 관계로 대학의 구별 없이 친하게 같이 채집을 다니곤 하였다.

이 당시 우리나라의 생물학이란 동식물학을 막론하고 분류학이 중심을 이루었다. 소위 이 때의 학계 대가들의 많은 분들이 분류학자였다. 대표적으로 정태현교수, 이덕봉교수, 박만규교수, 양인석교수가 식물분류이었으며, 조복성교수, 김창한교수, 백갑룡교수가 곤충분류, 정문기교수, 최기철교수가 동물분류학자였다.

항도(港都) 부산에서의 1년

당시 부산(釜山)의 주된 교통수단은 시내버스와 노면전철이었다. 전차는 동래에서 동대신동까지 다녔고, 중간에 경부선 부산 본역(舊本驛) 부근에서 영도로 갈라져 나갔다. 그리고 부산의 명물은 영도다리였다. 그 때도 그 다리가 낮아서 대형선박이 통과할 때는 그 다리를 들어 올려야만 통과할 수가 있었다. 또한 자갈치시장은 그 때도 빼놓을 수 없는 곳이었다.

나는 1학기에는 동대신동 산비탈에 있는 판자집에서 같은 고향에서 온 영문과의 김익배(현 모교 영문학과 명예교수)씨와 동양철학과의 정연채씨와 같이 자취를 하였으며, 2학기에는 부모님이 월래(현재 고리원자력발전소 근처)라는 곳으로 이사를 오셔서 동해남부선을 이용하여 기차통학을 하였다.

1학년 때에 전공과목으로는 조복성교수님의 일반생물학과 노준희교수님의 일반식물학, 박상윤교수님의 일반동물학 같은 것이었다. 이때는 피난 중이라 실험시설이 전무하여 실험은 전혀 하지 못했고 조복성교수님과 노준희교수님, 김윤수선생님과 같이 송도 해변에 채집을 간 것과, 노준희 교수님과 박상윤교수님, 김윤수선생님을 모시고 부산 해변에 실습이라는 명목으로 나간 것이 그 전부였다.

조복성교수님의 강의시간에는 도강생이 많아서 언제나 초만원이었다. 그 이유는 선생님이 강의 중에 그의 전공분야인 곤충채집의 여행담이 흥미진진했기 때문이다. 선생이 백묵을 반을 딱 끊어서 양손에 쥐고 날렵하게 나비를 그리는 모습은 지금도 눈에 선하다. 그 중 기억에 남는 몇 가지를 여기에 소개하고자 한다.

만주의 오료총족 : 만주 홍안령(興安嶺) 일대에 사는 오료총족은 영하 40℃가 넘나드는 강추위에도 잘 살아간다고 한다. 이들은 이 같이 강한 체력을 기르기 위하여 어린 아이가 갓 태어나서부터 아기를 밖으로 데려가서 눈(雪)으로 문질러 목욕을 시켜가며 키워 추위에

적응시킨다는 것이다. 이 말씀에서 나는 무엇이고 노력하면 가능하다는 것을 알았다.

내몽고(內蒙古) 채집(내몽고 학술조사대) : 사막의 살인적인 더위 속에서 모래먼지와 싸우면서 곤충을 채집했다고 한다. 사막에서는 덥다고 옷을 벗을 수는 없다고 한다. 왜냐 하면 모래먼지뿐 아니라 직사하는 햇빛을 오래 받은 후의 피부의 고통은 더욱 심한 것이기 때문이라고 한다. 그리고 사막에서 가장 참기 어려운 것은 물이라고 한다. 조사단원에게 주는 1일의 급수량은 1리터의 생명수였으므로, 세수도 못하고, 아무리 친한 친구에게도 한 모금의 물만은 양보할 수 없다는 것이다. 우리들에게는 이런 사막의 이야기는 신기하기만 했다. 그리고 선생의 학문에 대한 열정은 우리들에게 감명을 주기에 충분했다.

귀뚜라미 싸움 : 당시 중국에서는 소싸움과 같이 귀뚜라미를 돈을 걸고 싸움을 시키는 일이 유행이었다고 한다. 놀음판인 전문투기장은 큰 양은함지만한 크기의 높이 50cm정도인 통으로 중간에 칸을 막아 양쪽에 1마리씩의 귀뚜라미를 넣고 심판관이 싸움을 시킨다고 한다. 싸움을 시키기 위해서는 양쪽의 전문도박사인 주인이 말꼬리로 만든 작은 붓끝으로 귀뚜라미를 간질러서 흥분을 시켜야 하는 것이다. 처음에 자극을 주면 찍찍하고 좋아하나 계속 자극을 주어 약을 올리면 독이 올라 무서워진다고 한다. 이렇게 되었을 때 심판관은 중간의 칸막이를 올리고 싸우게 한다는 것이다. 판돈은 쌍방이 합의로 결정하므로 때로는 약 5분정도 걸리는 한판에 집 한 채 값이 오간다고 한다. 힘이 센 귀뚜라미를 만들려면 사람의 피를 빨아먹은 모기를 먹이로 먹여야 체력이 왕성해진다고 한다. 그래서 도박사는 웃통을 벗고 모기에게 피를 빨리고, 이 피 먹은 모기를 잡아 귀뚜라미의 먹이로 한다고 한다. 이 이야기를 들은 학생들은 돈 버는 방법도 가지가지라며 박장대소를 했다.

그리고 나는 처음부터 생물과에 진학 한 것이 1차에 실패한 의과대학으로 전과를 해야하는 징검다리로 생각했던 관계로, 이러기 위해서는 유기화학을 공부할 필요가 있다고 생각하여 약학과에 개설된 이길상교수님의 유기화학을 도강하기로 했다. 이 때 이 교수님으로부터 들은 독일 유학시절의 이야기가 감명 깊게 남아있기에 여기 소개한다.

이 교수님은 미국에서 공부를 끝내고 귀국할 때, 독일에 가서 공부를 더해보고 싶은 생각이 있어, 독일로 가서 손짓 발짓으로 한국대사관을 찾아가 도움을 요청하니 대학의 연구실을 구경시켜 주어 다니던 중, 마음에 드는 곳이 있어 그곳에서 공부를 하게 되었다고 한다. 그런데 그 실험실에서는 대학원 학생들이 돌아가면서 점심을 만들어 나누어 먹는 것이었다. 이 교수의 차례가 오니 한국음식을 먹게 되었다고 친구들이 좋아하는데, 실은 요리나 반찬을 만들어본 일이 전혀 없어서 많은 걱정을 했다고 한다. 그래서 고기밥을 만들기로 결심을 하고 스토어에서 거리를 사다가 밥을 짓고 고기와 야채를 썰어 넣고 볶아 대접을 하여 많은 칭찬을 받았다고 한다. 그런데 두 번째의 당번이 돌아왔는데 지도교수가 만나자고 하기에 혹 장학금을 주려나 하고 들어갔더니 하시는 말씀이 너의 음식솜씨가 좋다니 오늘은 나도 점심을 좀 부탁한다는 것이었다. 그래서 이번에는 거리도 넉넉히 사고 잘하려고 했는데 밥에 물을 잘 못 맞추어 밥이 곤죽이 되어버렸다. 빨리 가져오라고 친구들은 아우성인데 참으로 난감했다고 한다. 문득 떠오른 것이 이번에는 고기죽을 만들 수밖에 없다고 생각하고, 곤죽에다 고기와 야채를 넣고 푹 끓여 대접을 했더니 이번에는 더 맛이 있다고 칭찬을 받았다고 하면서 쓴웃음을 지으셨다. 이것은 너무나 우리나라 남자들에게 공감이 가는 이야기라서 나는 흥미진진하게 들었다.

그리고 독일 하숙집에서 있었다는 이야기도 흥미로웠다. 독일 사람들은 감자가 주식이어서 감자로 많은 요리를 만들어 끼니로 먹는다고 한다. 하루는 저녁에 감자볶음요리를 했는데 주인아주머니가 딴 일을 겸해서 하다가 시간을 맞추지 못하여 새까맣게 감자를 태워버렸다고 한다. 저녁시간은 되었고 외국 손님도 있는데 탄 감자요리를 내오는 부인의 모습은 몹시 불편해 보였다고 한다. 그러나 주인남자는 아무 내색도 하지 않고 여러 가지 일을 한꺼번에 하다 그리 된 것이니 다음부터는 나누어서 하라고 하며 즐거이 먹는 것을 보고 감명을 받았다는 것이었다. 그리고 이 교수가 1년간 있다가 돌아올 때 주인아주머니가 선물이라고 주는 것을 받아보니 자기가 신다가 구멍이 나서 버린 양말을 정성껏 보수하여 예쁘게 포장을 한 것이었다고 한다. 그것을 받은 선생은 그네들의 근검한 생활태도에 감명을 받았다고 하며 눈을 지그시 감으시는 것을 보고 나도 그들의 근검절약 하는 태도에 감명을 받았었다.

또 부산 시절에 기억되는 것은 산동네에서 자취를 할 때 새벽이면 "재치꾹 사이세"하고 구성지게 외쳐대는 아낙네의 소리가 하도 궁금해서 한 번 사보니 재첩(조개)의 국으로 이곳 사람들은 아침에 찬밥을 이 국을 사서 말아먹는 것을 좋아한다고 했다. 그리고 신탁통치 결사반대의 데모는 참으로 볼만했다. 대신동쪽에서는 부산대, 서울대, 성대학생이 스크럼을 짜고 구호를 외치며 내려오고, 부산진쪽에서는 동아대학 등의 학생들이 스크럼을 짜고 올라오며 목이 터지도록 외치던 함성이야말로 지금도 생생히 들려오는 것 같다.

서울로 수복(收復)

나의 서울에서의 첫 인상은 명륜동 네거리에서 학교 정문 사이에 초가집 주점이 있어 많은 사람들이 드나들었고, 이곳에서는 대학의 노교수님들도 종종 만날 수 있었다. 그리고 명륜동 뒤나 동숭동 서울문리대의 뒤는 아까시나무가 심어진 헐벗은 산이어서 시골 중소도시의 느낌이 물씬 났다. 이 때 특히 기억에 남는 일은 명륜동 뒤 산동네에서 친구들과 자취를 할 때이었다. 봄 한식날인데 건너편 돼지우리 앞에서 웬 사람들이 제사를 지내기에 이상히 생각하고 가보니, 그곳이 자기 아버지의 묘였는데 전란 중에 유실되어 어쩔 수 없이 이곳에서 제사를 올린다는 것이었다. 우리들은 같이 슬퍼하며 제사음식을 얻어먹은 일이 있었다.

수복 후 정태현(鄭台鉉)교수님을 만난 뒤부터 나의 생각에 많은 변화가 생겼다. 즉 의과대학으로 전과하려던 생각이 없어졌다. 물론 직접적인 동기를 단적으로 말하기는 몹시 어려우나 아마도 정 교수님을 도와 채집을 다니고 식물표본실에서 오래 표본작업을 하며 살다보니 선생님에게 감화된 것이 아닌가 생각된다. 물론 지금에는 의사가 되지 않은 것은 천만다행이라는 생각이 든다.

정태현교수님이 전남대학교에서 성균관대학으로 오신 직접적인 동기는, 6. 25동란 이전에 서울약대의 도봉섭교수와 같이 출판하기로 하여 만든 "한국식물도감 초본편"의 원고가, 도선생은 동란 중에 이북으로 피납 되었으나, 도선생님의 부인에 의해서 보관되어있다는 정보가 알려졌고, 전남대학교에서 그 책을 출판해주기로 하여 그 일을 하기 위해서는 서울로 오실 필요가 있었기 때문이다. 그래서 『韓國植物圖鑑』하권(초본편)은 1956년에 발간이 되었고 『韓國植物圖鑑』상권(목본편)은 정태현교수님이 1942년에 『朝鮮森林植物圖說』이라는 제목으로 일본어로 발표한 것을 번역하여 1957년에 발간이 되었다. 이 작업을 하기 위하여 성신여고에 계시던 이현순선생님이 정선생님의 조수로 부임하게 되어 나의 교실선배님이 되시었다.

나는 학부시절에는 한국의 선태식물을 공부하겠다고 열심히 문헌을 수집한 적도 있었다. 이때에 잊혀지지 않는 일은 이일구교수님으로부터 『日本產 蘚類圖說』(飯柴, 1929)이라는 책을 빌려다 보다 잃어버리고 당시는 복사기가 없어서 국립도서관에 가서 약 1주일 동안 베껴서 대신 가져다 올리던 일이나, 조복성교수님 댁에 조선박물학회지에 실린 논문을 그 댁의 거실로 며칠 나가서 베끼던 일들은 지금도 생생히 기억된다.

나의 서울에서의 학창시절 3년은 식물채집에서 시작하여 식물채집으로 끝났다고 해도 과언이 아니었다. 이 동안에 주로 많이 다닌 채집지는 경기도 광릉(光陵)과 도봉산(道峰山)이었고 여름에 장거리 채집으로는 제주도(濟州道, 1954년), 남해도(南海島, 1955년), 진도(珍島, 1956년)이었다. 당시 이정규부총장님의 적극적인 지원으로 매년 채집비를 마련하여 주시어 장거리채집은 지속될 수 있었다. 나는 늘 정박사님을 수행한 관계로 무전여행이었다. 이 채집에 얽힌 이야기들을 추억으로 엮어볼까 한다.

제주도 한라산 채집(1954년) : 이것은 나의 평생 처음의 장거리 채집여행이었다. 이때의 일행은 정태현교수님과 노준희교수님을 위시하여 동식물반의 학생이 참가했었다. 제주도는 외국에, 프랑스 하밀에 의해 파트(Quelpaert)라고 소개되어 있었으며, 프랑스 신부 따꿰(Taquet)신부가 홍로에 주재하면서 많은 식물을 채집하여 세계의 여러 학자들에게 보낸 관계로 잘 알려져 있는 곳이라고 한다. 생물학도 특히 식물을 공부하는 사람들이 제주를 많이 찾는 이유는 이곳은 평균 해발 500m이하의 저지대는 난대(暖帶)이고 500-1500m사이는 온대(溫帶)이며 1500m이상은 한대(寒帶)에 속하는 관계로 제주에서 한라산을 넘어 서귀포로 내리면서 식물을 관찰하면 부산에서 백두산까지 갔다가 오는 효과가 있기 때문이라고 한다.

나의 제주의 첫인상은 시내 가로수로 야자수가 보여 남쪽 나라 이국을 온 것 같은 기분을 느낄 수가 있었다. 그러나 우리가 제주를 찾을 당시는 6. 25동란 뒤 여수순천반란사건이 나고 그 공비의 잔당들이 한라산에 숨어있는 관계로 한라산에는 전투경찰대가 주둔하고 있어 소탕작전이 전개되고 있어 준비상의 상태였다. 그래서인지 동래마다 도로에 문이 설치되어 있었고 차량이 통과할 때는 엄격한 검문검색이 실시되고 있었다.

우리는 서귀포로 가는 도중에 뱀굴과 비자림을 보았다. 뱀굴은 김령(金寧)에 있었으며 이곳 중학교 교장선생님이 우리를 안내하여 주었다. 동굴 앞에는 작은 비석이 하나 서있었다, 교장선생의 설명에 의하면 옛날에는 이 굴에 큰 뱀이 살고 있었으며 1년에 한번씩 처녀를 갖다 바쳐야 하는 풍습이 있었다고 한다. 그래야 풍년이 들고 마을이 평안하기 때문이었다고 한다. 이로 인하여 과년한 처자가 있는 집에서는 해마다 이에 뽑히지나 않을까 마음을 졸였다고 한다. 이를 본 신임사또가 지혜를 내서 이 뱀을 처치한 공로로 세워진 공적비라는 것이다. 굴 안의 벽은 마치 뱀 비늘과 같이 생겼고 천정에서 물방울이 뚝뚝 떨어지며, 굴속은 공기가 희박하여 두 개의 플래시의 초점을 맞추어야 겨우 보일 정도였다. 들어가니 끝이 좁아져 겨우 한 사람이 들어갈 정도의 구멍이 있는데 기어 들어가 보니 백색 모래가 깔린 아늑한 방같이 생겼었다.

비자림은 큰길에서 약 2km정도 들어가야 하는 곳에 있었다. 우리가 이곳을 찾은 것은 비자나무에는 풍란이라고 하는 귀한 식물이 기생하고 있기 때문이었다. 물론 이때는 남획으로 거의 없어져 볼 수는 없었다. 비자림에 들어가는 도중 밭에서 일하는 농부들은 모두 지게에 소주병을 하나씩 달고 있었다. 그래 우리는 처음에 이곳은 바다에서 생선도 잡고 농사도 짓고 하니 생활수준이 높아서 일하러 올 때는 늘 술을 가지고 오는 줄만 알았다. 그러나 알고 보니 그것은 술병이 아니라 물병이었다. 왜냐 하면 이곳은 화산섬이라 비가 많이 와도 오자마자 깊이 스며드는 관계로 물이 몹시 귀하기 때문이라고 한다.

나는 점심으로 먹은 빵이 좋지 않았던지 저녁때에 설사가 나서 서귀포에 도착하자마자 민가로 뛰어들어 화장실을 물으니 말이 통하지 않아 손짓발짓하여 찾아 들어가 앉자마자 설사를 하는데 밑에서 척척하는 소리가 들려서 소스라쳐 내려다보니 돼지가 와서 변을 받아먹는 것이 아닌가. 나는 질색 팔색 할 수밖에 없었다. 알고 보니 이 고장에서는 똥돼지를 키운다는 것이다. 나는 이로부터 음식점에서 주는 돼지고기는 구역질이 나서 도저히 먹을 수가 없어 한동안 고생을 하였다.

우리는 3일째에 전열을 정비하여 가지고 서귀포에서 정상정복에 나서 중간에 전투경찰대의 막사에서 신세를 지며 선생님이 1912년에 첫 번째의 한라산 등반시의 경험담을 재미있게 들으면서 밤을 보냈다. 그러나 밤사이에 비가 억수같이 오고 다음날에도 계속되어 부득이 산행을 포기하고 일행은 올라간 계곡 물이 범람하여 필사적으로 도하작전을 감행하며 밤에

서귀포 중학교에 도착을 했다. 우리는 도착하자마자 우중에 채집한 채집품을 정리하기에 바빴고 전날에 채집한 것의 신문 교체작업도 해야만 했다. 이 때 같이 간 동물반의 박세욱동문이 졸면서 모닥불에 신문지를 말리다 머리를 까슬려 소동이 일어나 모두들 박장대소를 하던 기억은 잊혀지지 않는다(정선생의 경험담은 필자의 퇴임기념물 “야책을 메고 50년”, 2001을 참조하시기 바란다).

나는 돌아와서 채집품을 정리하고 “제주도 채집기”를 써서 당시 학생회에서 발간한 『成均』5호(1954년)에 발표했으며, 그 원고료로 받은 돈은 기념으로 도장을 만들어 오래 사용하였다.

남해도 채집(1955년) : 이것은 나의 두 번째 장거리 채집이었다. 이때는 학생은 나만이 참가했고, 교수님으로 생물과 이외에 약학과의 생약학교실의 유승조교수외 2명의 교수님이 동행을 한 것으로 기억된다. 이때의 기억은 남해도 금산의 채집에서 가파른 언덕을 오르느라 고생을 하던 기억과 정상에서의 남해안의 절경을 내려다보며 그 아름다움에 감탄하던 기억이 있을 뿐이다. 이때에 몸집이 풍만한 약대의 홍사욱교수님이 힘들어하시던 모습은 지금도 선하다.

진도 채집(1956년) : 이 여행에는 생물과의 식구만이 갔는데, 현지에서 경북대학의 양인석교수님 일행과 합류하게 되었다. 이 때 진도여관에서 양교수님이 주연을 베풀어주시어서 남도의 창을 들으며 밤 한때 즐거운 시간을 보낸 기억이 난다.

당시 여행에서는 희귀식물인 붓순나무와 제지원료식물인 산닥나무를 채집하게 되어 선생님이 흐뭇해하시던 기억이 아직도 생생하다. 그리고 돌아올 때에 나루터에서 정기여객선이 연착이 되어 예정된 시간에 도착을 하지 않아 그 자투리 시간을 이용한다고 혼자서 주변 산에 갔다가 배를 놓치고 고생을 하던 일은 지금도 잊혀지지 않는다.

도봉산 채집(1954-1956년) : 도봉산의 식물조사는 나의 학사학위논문(學士學位論文)으로 실시하게 된 것이다. 그래서 2학년 때부터 제목을 받아 가지고 1954년에 2회에 걸쳐 예비답사를 했고, 1955년에 8회에 걸쳐 본조사를 했으며, 1956년에 2회에 걸쳐서 보충조사를 하여 완성을 하였다. 그런 관계로 나는 학부시절에 도봉산을 많이 간 관계로 친구들에게 도봉산빨치산이라는 별명을 얻었다. 1955년에는 거의 매월 채집을 갔으며 거의 나 혼자 채집통을 메고 통모자를 쓰고 다녔다. 그러다 보니 도봉산 유원지에 놀러온 아이들에게 아이스케이크 장사로 오인을 받고 쓴웃음을 지은 적도 한 두 번이 아니었다.

이렇게 수집한 식물표본은 1956년 가을에 열린 성균관대학교 제1회 표본전시회에 별도 코너를 만들어 전시하기도 했으며, 같은 해에 고려대학교에서 개최한 제1회 전국학생논문발표회에 나가서 영예의 특상을 받은 일도 있었다. 이것은 나의 최초의 논문으로 『成均生物』창간호(1957년)에 발표한 바 있다. 이런 것들이 나의 학문의 주춧돌이 되었던 것이다.

* 이 글은 『성균관대학교 생명과학 50년』(2003)에 투고했던 것이다.

한국식물분류학의 어제와 오늘

한국식물분류학회의 40돌을 학생시절에 자주 식물채집을 왔던 광릉에서 맞이하니 더욱 감개무량하다. 필자가 한국식물분류학회 창립준비위원의 한사람으로 1968년 12월 13일에 이화여자대학교에서 고 정태현선생님을 명예회장으로, 고 박만규교수님과 이영노교수님을 초대 정부회장으로 모시고 학회의 출발을 한지도 어언 40년이 흘러, 강산이 네 번이나 바뀌었다.

한국식물분류학회는 40년전에 28명의 회원으로 출발하여 오늘에 단체회원을 포함하여 300여명의 회원학회로 발전하였으며, 이사진도 초대에는 8명의 이사로 출발하였으나 오늘에는 68명으로 크게 보강 되었다.

학회의 얼굴인 한국식물분류학회지는 학회창립 후 6개월만인 1969년 6월 10일에 창간호를 냈으나, 1974년, 1977년에 학회지를 내지 못하는 불행한 역사가 있어, 현재 38권 1호(2008년 3월)가 발간되기에 이르렀다.

필자는 그간에 한국식물분류학이 겪어 온 일들을 더듬어 보고자 한다.

과거에는 생물학 중에 식물분류학은 식물을 채집하여 정확히 감정하며 표본을 제작하고 소산목록을 작성하며, 그러는 동안에 새로이 알려진 미기록 식물이나 신식물을 기재하여 발표하는 식물상(flora)적 연구나, 지역적인 모노그라프(monograph)적 연구로 비교적 하기 쉬운 분야였으나, 오늘의 분류학은 위와 같은 연구뿐 아니라 식물의 유연관계를 확인하여 계통수를 결정하기 위한 분자생물학적인 연구까지 해야 하는 생물학 중의 가장 어렵고 하기 힘든 분야로 바뀌어졌다. 그러므로 종전에는 "한국산 초롱꽃과 식물의 분류학적 연구", "한국산 용담과 식물의 분류학적 연구"라는 제목으로 학위를 줄 수가 있었으나, 오늘에는 이와 같은 제목의 연구만으로는 학위를 줄 수가 없고, 연구 분야를 좁혀서라도 코스모폴리턴한 연구로 유연관계를 규명하는 연구여야 학위를 줄 수 있어 몹시 어려워졌다.

과거의 많은 분류학자들은 후로라적 연구를 했던 관계로 자기가 전공으로 표방하는 과(科) 이외에도 비교적 부로드하게 공부를 했으나, 최근에는 모노그라프적 연구를 하는 쪽으로 발전함에 따라 과별전문성이 높아져 생물의 다양성을 정확히 처리하는 데는 많은 도움이 된다. 뿐만 아니라 분류인구가 많아 다양한 과별전문가가 있을 경우는 서로 과별로 협조연구를 함으로써 좋은 결과를 낼 수가 있다. 그러나 우리나라와 같이 분류인구가 적은 곳에서는 다양한 과별전문가도 없고 부로드하게 공부하는 사람도 줄어 혼란을 야기하는 수가 많아 특히 대학의 교육현장에서 어려움이 많다.

한편 어떠한 생명현상을 해명하기 위해서는 오늘의 세분화된 한 분과의 연구만으로는 그 신비의 비밀을 파헤치는 것이 불가능하므로 여러 가지 유연분과들이 코웍을 통하여 힘을 합쳐야하는 시대가 되었다. 그런 관계로 연구비를 신청하는데도 단독의 과제보다는 여럿이 공동으로 연구하는 대형과제가 유리한 시대가 되었다. 우리분야에 있어 이러한 좋은 예는 "식물의 생활사" 연구이다. 이 분야는 순수분류학자들의 연구만으로는 문제의 해결이 어렵다. 즉 식물분류학자들이 해야 할 유연관계를 규명하여 계통해석을 하는 연구 외에도, 그 식물과 환경의 관계를 연구하는 식물생태학적 과제, 종족을 유지하기 위한 집단유전학적 연구, 생식의 방식이나 종자가 발아하여 성체가 되기까지의 발생과정을 통한 생활사적 연구 및 식물과 매개동물(개미, 나비, 등의 곤충, 새 및 박쥐 등)과의 생물사회적인 연구 등의 많은 과제들이 있기 때문이다. 이런 점에서 최근에 S. Kawano가 중심이 되어 펴내고 있는 『植物生活史圖鑑』이 관심을 끄는 것도 이러한 까닭이다.

기계문명의 발달로 세계가 일일생활권으로 되고, 경제적 여유가 생겨 사람들의 욕구가 다양화됨에 따라 식물의 타의적인 이동이 많아져, 지역적인 식물사회의 고유성이 극심한 위협에 직면하게 되었다. 과거에 귀화식물은 재배식물의 일출이나, 각종 재배식물 종자를 수입할 때에 섞여서 들어오거나, 국제간의 물자수송 시에 부착하여 들어오는 것이 대부분이었으나, 최근에는 세계 각지에서 허브식물로 많은 것이 무작위적으로 도입되어 재배되다가 경제성이 없는 것은 그대로 방치하여 귀화식물이 생기는 수가 많다. 이와 같은 인간들의 무책임한 행동으로 생겨난 귀화종들이 환경에 피해를 준다고 하여 환경위해식물로 지정하는 사례가 있으나, 그 후속 대책은 전무하다. 그 대표적인 것이 단풍잎돼지풀(*Ambrosia trifida*)과 돼지풀(*Ambrosia artemisifolia* var. *elatior*)이다. 그 중에서도 북미원산으로 6. 25동란시 군수물자에 붙어서 들어와서 퍼져나간 북한강 주변에 형성된 높이 3m이상의 단풍잎돼지풀의 숲이 자생식물에게 주는 피해는 지대하다. 그러나 일단 귀화하여 정착한 귀화식물을 근절시킨다는 것은 몹시 어렵다. 그러므로 이들을 미워하기에 앞서 그들이 가지고 있는 특성을 잘 연구하여 활용할 수 있는 방안을 찾는 길이 빠를 것이다.

과거의 우리나라 대학의 생물학과는 천편일률적으로 교과과정이 같았었으나, 최근에 농과대학의 농생물학과, 임과대학의 녹지조경학과, 사범대학의 과학교육과가 생김에 따라서 생물학과 졸업생의 진로가 많이 차단되어 살아남기 위한 궁여지책으로 생물학과가 거의 변질되었다. 그렇다고 하여 졸업생의 취업문이 확 열린 것도 아니고 전문성만을 떨어트리고 말았다. 그래서 최근에는 순수한 식물분류학의 전공자를 찾기가 어려운 지경에 이르렀다. 뿐 아니라 옛날에는 생물학과의 이수학점이 180학점이어서 주요 기간과목들이 대부분 전후학기에 개설되었으나, 최근에는 이수학점이 140학점으로 낮아짐에 따라 거의 대부분의 기간과목들이 3학점 한 학기제로 바뀌고, 계통생물학과 같은 것이 분류학의 선수과목으로 개설되는 동시에 식물분류학과 동물분류학은 선택과목으로 되어 식물분류학을 수강하지 않고도 생물학과를 졸업할 수 있게 되었다. 이러한 관계로 최근에는 선택과목인 식물분류학의 수강학생 수가 적어, 학교당국에서 2년에 1회씩 개설하라는 학교도 있다고 하니 우려되는 바 크다.

특히 대학에서 졸업생들의 진로를 넓힌다는 뜻에서 학부제를 도입하고 복수전공제를 허용하며, 취득학점수를 줄여 타이트한 학사운영으로 실효를 높이겠다고 하나, 이 또한 학생들의 질만을 낮추는 결과를 가져왔다. 그 까닭은 학생들의 선택의 폭이 넓어져 타이트하게 학사운영을 하는 과목은 수강생이 없어 폐강에 직면하게 되므로 교수가 학생에게 아브 해야 하는 사태가 벌어지고 말았다. 필자는 1975년에 강원대학교에 부임한 이래 20년 이상을 식물분류학 실험을 토요일에 넣고 3시간짜리를 하루 종일 학생들과 춘천 주변의 산들을 다니며 공부했다. 물론 이것이 전공필수인 관계로 잘 진행이 되었다. 그러나 선택과목으로 된 뒤에는 토요일에 시간을 배정하면 학생들이 수강신청을 하지 않는다고 하여 주중에 개설하다 보니 야외관찰은 거의 어렵게 되고 말았다.

우리나라 자연자원에 관한 업무는 문체부의 국립자연사박물관을 두어 생물다양성 연구를 하고, 농림부의 농업과학연구원에서 응용분야를 관장하며, 환경부의 국립생물자원관에서 유전자원에 대한 것을 다루는 기본계획은 오래전에 서있었으나, 자연사박물관은 언제 만들어질지 기약이 없다. 농림부 산림국 산하에 중앙임업시험장이 발전된 국립수목원만이 일찍이 문을 열고 일해 왔으며, 최근 환경부의 국립생물자원관이 문을 열어 국립자연사박물관의 몫까지를 나누어 수행하고 있어 분류학의 막힌 숨통을 약간 틔웠다. 하루 속히 국립자연사박물관이 용산 민속박물관과 나란히 세워져 문을 여는 날이 오기를 고대한다.

만일 어느 학위논문의 제목으로 "개나리(*Forsythia koreana*) 종자의 성분분류학적 연구"라는 것이 있다면 여러분은 어떻게 생각합니까. 이는 어불성설이겠지요, 개나리는 종자가 거의 생기지 않는데 그 어디서 종자를 가져다 연구했다는 말인가? 물론 이것은 식물분류학을 모르는 무지의 소치일 것입니다. 아마도 이런 논문이 있다면 한약방에서 연교(連翹)를 사다가 연구하고서 제목을 붙이기 위하여 시료를 사온 약방에 연교가 무엇이냐고 하니 개나리의 열매라고 하여 이런 낭패가 생겼을 것이다. 연교는 중국에 나는 약개나리(의성개나리)의 열매이다. 한국식물분류학이 현재와 같은 상황이 오래 지속된다면 생물학과 졸업생 중에서도 이러한 오류를 범할 사람이 없을 것이라고 단정할 수는 없을 것이다.

끝으로 회원 여러분에게 당부하고자 하는 것은 하루속히 우리학회지를 전면 영문판으로 만들어 국제공인 학회지로 격상시켜주시기를 당부한다. 다시 말하지만 좋은 논문을 외국 유명잡지에 게재 하는 것도 중요하지만 영문으로 만들어 우리학회지에 많이 실어달라는 것이다. 그리고 회원의 저변확대를 위하여 반드시 국문초록을 붙이는 것이 좋다.

* 이 글은 광릉 국립수목원에서 있던 한국식물분류학회 40주년 기념식(2008)에서 필자가 한 격려사이다.

원기재문 모음집 발간에 즈음하여

식물의 원기재문(original description)이란 식물의 신종을 발표할 때 라틴어로 작성한 설명문을 말한다. 그러므로 식물분류 학도들에는 더없이 중요한 자료인 것이다. 우리나라에 자라는 관속식물(농작물은 제외)은 필자의 『한국식물명고』(1996)에 의하면 4,071분류군이 있다. 이 책에서 취급한 학명은 18,800여 개이므로 한 분류군에 작성된 원기재문은 평균 4.6개가 있는 것이 된다. 각각의 분류군을 정의하는 것은 학자의 견해에 따라 다양할 수 있으나, 그 분류군의 정확한 정체를 밝히기 위해서는 이들의 기재문들을 종합적으로 검토하는 동시에 그들의 기준표본(type specimen)들을 소상히 연구하여야 한다.

우리나라의 식물들은 19세기 중반에서 20세기 초에 걸쳐서 외국의 전속채집인이나 식물애호가들에 의해서 수집되어 외국학자들에게 보내져서 연구되어진 관계로 그 원기재문들은 주로 외국의 학회지에 수록되었으며, 그 기준표본 또한 외국의 표본관에 소장되어 있어 이들을 구독하고 연구하는 데는 어려움이 많다. 뿐만 아니라 이들은 모두 오래된 문헌인지라 소장도서관에서 진고본(眞古本)으로 분류되어 파손에 우려가 있다고 하여 대출이나 복사는 거의 불가능하다.

이러한 현실을 감안하여 필자가 평생 모아서 사용하던 원기재문의 자료들을 좀 더 후학들에게 널리 활용할 수 있는 방법이 없을까 생각해오던 중, 국립수목원에서 연구자료집 출간의 일환으로 식물기재문 자료모음집을 출간할 뜻이 있다고 하기에 나는 이에 동참하기로 하였다. 그래서 이미 T. Nakai가 일본식물학회지(B. M. T.)에 48회에 걸쳐 시리즈로 발표한 “Notulae ad Plantas Japoniae & Koreae"를 모음집 I~II(2005)로 출판했고, 또 같은 저자가 일본식물연구잡지(J. J. B.)에 35회에 걸쳐 발표한 ”Natulae ad Plantas Asiae Orientalis"를 모음집 III(2006)으로 발간했으며, T. Makino가 일본식물학회지와 일본식물연구잡지에 시리즈로 연재한 "Observations on the Flora of Japan"과 “A Contribution to the Knowledge of the Flora of Japan"이 준비되어 있다(뒤에 모음집 IV~VI로 2008~2010에 발표됨).

이번에 발간되는 원기재문 모음집은 필자가 소장하고 있는 학회지들과 단행본들 중에서 주로 우리들이 접하기 어려운 외국문헌 속에서 발취한 우리나라 관속식물에 관한 원기재문 5,164건을 원전출처를 밝히는 동시에 그 말미에 필자의 의견을 달아 정리한 것이다. 이는 우리나라 관속식물에 관계되는 전체 학명의 27.3%에 불과하나, 이 중에는 우리나라에 나는 식물의 51.5%(2,098분류군)의 원기재문과 일부 동종이명들의 원기재문들이 포함되어 있으며, 이 밖에 동종이명의 일부만이 다루어진 것 20.6%(839분류군)가 추가되어 있다.

그리고 필자는 좀 더 많은 원전을 수집하기 위하여 현재 미수집된 학명들의 출전의 출처를 분석하여 "식물학명의 원전 수집자료"를 만들어 우리나라 식물분류학자들에게 보내서 각자가 소장한 자료 중에서 해당 원전이 있으면 분양하여 줄 것을 간곡히 부탁하여 보았으나 거의 응답이 없었다. 단 충북대학교의 오병운교수만이 자신이 가지고 있는 귀중한 문헌들을 복사하여 보내주었으므로 이 자리를 빌어 사의를 표하는 바이다. 일후의 나머지 수집작업은 필자가 작성한 수집자료를 국립수목원의 이유미박사에게 넘겼으니 점진적으로 추진될 것으로 안다.

우리나라의 식물을 정확히 알기 위해서는 우리나라 식물에 관한 원전자료만으로는 불충분하며, 인접한 이웃나라에 나는 유연식물군에 관한 정보 또한 몹시 중요하다. 물론 이 자료의 출처는 "Index Kewensis"를 조사하면 알 수 있으나 그 원전을 얻기는 또한 쉽지 않다. 필자가 위의 원전을 발취한 자료문헌들에는 우리나라 식물 이외의 다른 자료도 많이 수록되어 있으므로 이를 필요로 하는 연구자는 하시라도 방문하여주면 분양하여 드릴 것을 약속하며, E-mail: jukpa@jukpa. com으로 문의하여 주면 성심성의껏 답할 것이다(현재는 이 자료들이 전부 생물자원관 도서실로 이관되었음).

끝으로 이 자료가 빛을 보기까지 많은 노고를 아끼지 않은 국립수목원의 관계자 여러분들에게 진심으로 감사한다.

* 이 글은 필자가 편저한『한반도 관속식물 원기재문(Original Descriptions of Koreana Vascular Plants) I』(2008, 국립수목원)의 서문이다.

기준표본(Type specimen) 사진자료의 정보

우리나라에 분포하는 관속식물은 4,071종류(귀화식물 포함)로 알려져 있다(이우철, 1996). 그러나 안타깝게도 우리나라 식물은 초기에 주로 식물애호가나 외국의 전속채집인에 의하여 수집되어 외국의 학자들에게 보내져서 연구된 관계로 국내에는 기준포본이 소장된 곳이 거의 없다. 뿐만 아니라 6. 25전쟁으로 과거에 수집된 표본도 거의 소실되었고, 남북한으로 갈라지게 되어 북한지역의 자료를 구입할 방볍이 없게 되었다. 필자는 우리나라 식물을 재검토하기 위하여 1984년 9월부터 1985년 8월까지 1년에 걸쳐 일본의 동경대학, 일본과학박물관 및 경도대학에 소장되어 있는 한국식물의 표본을 조사하여 총목록을 만드는 동시에 그곳에 소장되어 있는 한국식물의 기준포본 들과 참고 표본을 기초로 8,865매의 슬라이드를 제작하였다. 이들을 우리나라 식물의 사진기준표본(Phototype specimen)으로 삼아 재검토 작업을 수행하여 『한국식물명고』(1996)를 발간한 바 있다.

여기에 사용한 슬라이드 중 673매(연구용 17매 포함)는 총 528분류군(학명신칭 7분류군 포함)의 기준표본이다. 즉, 여기에는 기준표본(Type), 정기준표본(Holotype), 부기준표본(Isotype), 종기준표본(Paratype), 선정기준표본(Lectotype), 등가기준표본(Syntype), 부등가기준표본(Isosyntype), 산지기준표본(Topotype, 기준표본 채집지에서 채집한 표본), Co-type(Isotype, Syntype, Paratype의 대신 사용하던 이름), Lectoallotype(미상) 등이 섞여 있다. 이들은 주로 한국식물이 신식물로 발표될 때에 사용된 것들이나, 일본, 중국, 대만, 만주 식물들이 신식물로 발표된 때 사용된 것들 중에서도 우리나라에 분포하는 것이 확인된 것이 일부 포함되어 있다. 이들 중에는 기준표본이 있을 수 없는 재조합(Comb. nov.)한 학명의 표본에도 Type의 도장이 찍혀있는 것들이 일부 들어있다. 이는 아마도 문헌조사가 미비하여 생긴 결과가 안인가 사료된다.

이 책(DVD 디스켓)에서는 이 673매에 대한 정보를 재검토하여 Type들이 어떻게 변천되었는가를 기준표본 사진들과 함께 발표하고자 한다. 이는 필자가 잘못 판단하여 기준표본들이 오판되었을 가능성을 배제할 수 없으므로, 앞으로 과별전문가(科別專門家)들의 심도 있는 연구 자료로 활용되어 재평가되기를 기대하는 심정에서 이다.

여기에 사용한 기준표본들의 원기재문은 필자의 『한반도 관속식물 원기재문 I』(국립수목원, 2008)을 참고하고, 여기에 사용된 학명들의 출전은 위의 한국식물명고를 참고하기 바란다. 단, 거기에 나오지 않는 새로운 학명들은 가능한 한 원전을 조사하여 기록하였다. 그리고 원전을 밝힐 수 없는 것은 학명 말미에 미발표(ined.) 또는 라벨상의(in sched)라는 표시를 하여 두었다. 이들은 추후에 원전이 밝혀질 수도 있다.

기재의 순서는 현재 사용하는 식물명(Type의 종류), 기준표본의 채집년월일 및 채집자, 기준표본의 채집지, 슬라이드 번호(소속 과명)를 앞에 기술하고(각항의 미상이거나 불명확한 부분에는 ?표시를 했음), 그 밑에 현재 사용하는 학명(한국식물명고 기준) 및 이명을 비롯하여 기준표본에 명시된 학명을 병기하였으며, 기준표본의 학명은 고딕으로 표시하였다. Type의 종류가 다르거나, 같은 Type이라도 개체가 다른 것이 중복되어 있는 경우는 한 분류군에 대해 여러 장의 기준표본이 정리되어 있는데 이때 현재 사용하고 있는 학명은 첫 번째 기준표본 밑에만 병기하였다. 단, 여러 장의 기준표본 중 다른 것들과 별도의 변천을 보이는 학명의 경우 이명은 해당하는 기준표본 아래에 기재하였다. 그러나 별도의 변천을 보이지 않는 경우에는 첫 번째 기준표본 아래에만 이명을 제시하고, 다음부터는 기준표본에 해당하는 학명만을 제시하였다. 이 밖의 상세한 이명들은 위의 한국식물명고를 참조하기 바란다. 그리고 말미에 있는 설명들은 조사 분석 시 참고가 될 것들을 기술한 것이며, 필자의 의견이 아닌 것은 ( )속에 출처를 밝혀두었다.

* 이 글은 『한반도 관속식물의 기준표본』(1910)의 DVD 디스켓의 머리말로 사용된 것이다.

한국산 관속식물의 사진기준표본 공개에 즈음하여

사진기준표본(Phototype speciemen)이라는 말은 필자가 필요에 따라 만든 말이다. 우리나라 식물연구의 초기에는 외국의 전속채집인이나 식물애호가들이 수집한 자료가 외국의 학자들에게 보내져서 연구 발표된 관계로, 신종을 기재할 때에 사용된 기준표본(Type speciemen)들이 대부분 외국의 표본관에 소장되어 있다. 그리고 토쿄대학의 식물분류학자인 T. Nakai(1882~1952)가 한국식물조사 촉탁(1914~1942)으로 임명되어 당시 산림청에 근무하던 정태현(1882~1971)과 함께 전국방방곡곡의 식물을 조사할 때에 수집된 표본의 1부가 중앙임업시험장에 소장되어 있었으나 6. 25전란에 전부 소실되었을 뿐 아니라 남북이 분단되어 북의 식물은 전혀 입수할 수 없는 것이 현실이다.

한국산 관속식물의 사진기준표본(The Phototype speciemen of Koreana Vascular plants)이란, 필자가 한국산 관속식물을 재검토하여 『韓國植物名考(Lineamenta Florae Koreane)』(아카데미서적, 1996)를 집필할 때에 사용하기 위하여 1984~1985년에 토쿄대학(TI), 교토대학(KYO), 일본국립과학박물관(TNS)의 식물표본관에 소장되어 있는 한국식물표본 61,588매 중에서 선별하여 제작한 슬라이드 8,865매와 『原色韓國基準植物圖鑑』(아카데미서적, 1996)을 집필할 때에 부족한 것을 보완하기 위하여 1995~1996년에 국내외의 식물표본관에서 수집한 슬라이드 1,879매를 합한 10,744매의 슬라이드를 말한다.

슬라이드 중 교토대학분은 흑백슬라이드이나 나머지는 모두 칼라슬라이드이며, 종의 개체변이를 비교하기 위하여 한국산뿐 아니라 일본, 만주, 중국, 대만의 외국산 표본도 다수 포함되어 있고, 감정의 정확도를 기하기 위하여, 토쿄대학의 T. Nakai, M. Honda, H. Hara, T. Yamazaki, 교토대학의 G. Koidzumi, 일본국립과학관의 J. Ohwi, 만주 대륙과학원의 M. Kitagawa, 대만대학의 B. Hayata, 국내에서 활동하던 T. Ishidoya, H. Uyeki, T. Mori, 정태현, 박만규(朴澤茂雄), 장형두 등 저명한 분류학자의 채집품이나 그들이 감정한 표본들을 많이 찍도록 노력하였다. 그리고 한국에서 채집된 것으로 되어 있으나 우리나라에서 보고되지 않은 것이나, 미감정된 일부는 앞으로의 연구를 위하여 속까지를 감별하고 x x x속 sp.로 슬라이드를 제작하여 연구용으로 활용하도록 하였으며, 특히 필자가 관심을 가졌던 솜다리속(*Leontopodium*), 댕강나무속(*Abelia*), 제비꽃과(Violaceae) 및 백합과(Liliaceae)는 일본 3개 표본관에 있는 모든 종류의 슬라이드를 제작하였다.

이들 슬라이드 속에는 한국에 나는 식물에 관한 기준표본(Type) 즉 정기준표본(Holotype), 부기준표본(Isotype), 종기준표본(Paratype), 선정기준표본(Lectotype), 등가기준표본(Syntype),

부등가기준표본(Isosyntype), 산지기준표본(Topotype), 조기준표본(Co-type) 등의 도장이나 기재가 있는 것이 673(연구용 17매포함)매가 포함되어 있으며, 이들은 필자가 검토하여 위의 『한국식물명고』속에서 528분류군(국명신칭 7분류군 포함)으로 정리하여 발표한 바 있다. 최근 이들을 재검토하고 이들 Type들이 어떻게 정리되어 졌는가를 밝히는 동시에 그들 학명의 변천과정을 밝히고 이 Type들의 슬라이드와 같이 「한반도 관속식물의 기준표본(Type Specimen of Korean Vascular Plant)」(2010)이라는 제목의 DVD 디스켓으로 제작하여 비매품으로 배포한 바 있다.

금번에 이 사진자료를 디스켓으로 작성하여 공개하는 데는 다음과 같은 의미를 담고 있다.

1. 필자가 평생 학술활동을 하면서 수집하여 사용하던 문헌정보와 지적재산이 널리 후학들에게 활용될 수 있게 하는데 있다. 이런 취지에서 필자가 소장하고 있는 학회지와 단행본 중에서 주로 우리들이 접하기 어려운 외국문헌 속에서 발취한 우리나라 관속식물에 관한 원기재문 5,164건을 그 원전출처를 밝히는 동시에 각각 그 말미에 필자의 의견을 달아 정리하여 편집한 『한반도 관속식물 원기재문 I (Original Descriptions of Korean Vascular Plants I)』(이우철 편저, 국립수목원 발행, 2008)을 비매품으로 발행 배포한 것이 그 첫 번째이며, 위에 「한반도 관속식물의 기준표본」(이우철, 백원기, 유기억, 강원대학교 식물분류학교실, 2010)의 디스켓이 그 두 번째이고, 이번에 발표하는「한국산 관속식물의 사진기준표본(The Phtotype Speciemen of Koreana Vascular Plants)」(竹波80회기념, 아시아식물분포연구회, 2012)의 DVD 디스켓이 그 세 번째이며, 필자가 그간 식물분류학과 이에 관련이 있는 외국도서 70여 책을 번역하여 활용한 바 있다. 이들을 분야별로 정리하여 「竹波의 자료함(The Jukpa Material Box)」이라는 제목으로 USB메모리에 담아 배포할 예정이다(이는 후일에 잡음이 생길 우려가 있다는 주변의 권고로 예정을 접고 자료들은 강원대학교 분류학교실의 대학원 학생들의 참고자료로 활용되고 있음).
2. 사진기준표본(Phottype specimen)의 슬라이드들을 제작하는데 필자는 나름대로 최선을 다했으나 미비한 점이 많을 것으로 사료되어, 우리나라 식물 과별전문가들의 재검토를 거쳐 보다 정확을 기하는 동시에 일부 기준표본이 없는 분류군들의 보완을 기대하는데 있다. 그리고 우리나라 각 분야의 식물애호가들이 식물을 정확히 동정하는 등에 활용되어 주기를 기대한다. 이 자료는 비매품으로 배포하는 것이므로 누구고 자유로이 활용할 수 있다. 단 별도의 목적으로 전용할 경우는 필자의 자료를 사용했음을 꼭 명기하여 주기를 바란다. 만일 어느 과별전문가가 이 자료를 활용하여 그가 전문하는 과를 재검토하려고 한다면 나의 관찰콤멘트가 담겨있는 표본의 대장을 분양하여 드릴 수 있다.

3. 이는 필자가 집필한 『韓國植物名考(Lineamenta Florae Koreane)』(1996)와 『原色韓國基準植物圖鑑』(1996)의 교정과 증보판에 의미가 있다. 이들은 출판 전에 타인교정의 과정을 거치지 못한 관계로 오타를 완전히 바로잡지를 못했으며, 도감은 나의 은사이신 정태현박사님이 제정한 하은생물학상(霞隱生物學賞)의 기금을 확충할 목적으로 정태현의 『韓國植物圖鑑』(신지사, 1956~1957)의 증보판을 만들기 위해 필자가 만든 원고에 위의 사진기준표본 슬라이드를 접목시켜 만들다보니 2947분류군 밖에 수록하지 못했다. 물론 식물명고의 국명 이명들은 『한국 식물명의 유래』(일조각, 2005)를 통해서 바로잡았으나, 전체를 교정하는 동시에 명고에 수록한 4,071분류군 중에 사진기준표본이 만들어진 모든 것을 증보하는 신판을 집필할 예정이었으나 여의치 못하여 우선 아쉬운 대로 이를 대신하여 두 책에 인용된 슬라이드를 확인함으로써 실물을 확인하게 하고자 한다. 또 도감에 사용한 사진들은 슬라이드의 선명도와 특징 상태를 중점으로 선별하다 보니 외국 표본의 사진이 상당수 사용되었으며 또 기준표본의 슬라이드가 있으나 편집 중 부주의로 다른 사진이 사용된 경우도 있고, 사진이 작아서 보기 어렵다는 지적이 있으나, 이 문제는 금본 자료로 어느 정도 커버될 것으로 사료된다. 그리고 이들 두 책에 교정된 교정표를 부록에 첨부하니 참고하시기 바란다.

끝으로 이 자료들을 정리하여 나의 傘壽(80회) 기념의 디스켓을 제작하여 주신 아시아식물분포연구회의 고성철(한남대학교)회장과 오병운(충북대학교)교수에게 진심으로 감사하는 바이다.

* 이 글은 『한국산 관속식물의 사진기준표본』(2012) DVD 디스켓의 머리말로 사용된 원고 이다.

竹波의 재료함(材料函)

필자는 1959년 8월 31일에 성균관대학교 생물학과 조교로 발령을 받아 대학에 발을 들여 놓은 이래 2001년 8월에 강원대학교에서 정년퇴임을 하기까지 42년간 후학들과 식물분류학을 공부하는 동안에 교재연구를 하기 위하여 많은 외국서책들과 씨름을 하여왔다. 외서는 한번 읽어가지고는 잘 이해가 어려워 주로 번역을 하여 정독을 하여 왔다. 초기에는 컴퓨터가 대중화되지 않아 주로 핸드라이팅으로 하였으나, 1990년대에 들어와서부터는 내가 직접 컴퓨터를 사용하게 됨에 따라 번역을 하면 기념으로 한부씩 뽑아 제본을 하여 보관하여왔다.

현직에 있을 때는 번역물은 그때그때 교안을 보완하는 참고자료로 하였고, 퇴임 후에는 여가의 시간을 활용하기 위하여 꾸준히 식물분류학과 관련되는 여러 가지 서책을 번역하여 읽고, 그 자료가 필요할 것으로 사료되는 후학이나 제자들에게 이메일로 넘겨주곤 하여왔다. 물론 좋은 것은 번역서로 출판할 생각도 하여보았으나, 전공서적들은 독자층이 엷어서 출판사에서 손을 대려고 하지 않을 뿐 아니라 특히 번역서는 원전의 인세문제로 더더욱 어렵다.

이제 내 나이 80을 바라보다 보니 이들 자료들을 그대로 사장하는 것은 너무나도 아깝다는 생각이 들어, 이들 중 컴퓨터작업을 한 70여권(A4 용지로 8598매 분량)을 계통학, 계통학 재료, 식물의 진화, 식물생태학, 자연사 및 참고자료 등 개략적으로 분류하여 "죽파의 재료함(The Material Box of Jukpa)"라는 제목의 USB에 담아 이를 필요로 하는 후학들에게 비매품으로 배포하면 어떨까 하는 생각이다. 내가 이러한 생각을 하는 데는 나의 번역물이 대부분 일서이거나 외서를 일본어로 번역한 것들이 많고, 우리나라의 젊은 생물학도는 일서를 해독하기 어려우나 일본은 우리의 인접국인 관계로 생물의 종류조성의 공통성이 많아 필요할 수도 있다는데 있다.

나의 이와 같은 생각이 혹 지적소유권에 위배되는 것은 아닐지 우려되는 바도 있다. 그러한 관계로 필자는 참고문헌은 번역하지 않았고 그림과 표는 설명문만을 넣어 완전번역을 피하려 노력하였다. 그러므로 이를 참고로 하는 후학들은 이를 자료로 살펴보고 꼭 필요한 서책일 경우에는 서울 광화문에 있는 교보문고 일서부에 부탁하여 원본을 구입하여 참고할 것을 적극 권고하는 바이다. 단 4 『생물계통학』은 학부 2학년의 분류학 선수과목과 교육대학원 분류학의 교재로, 12 『식물관찰』은 학부 2학년의 식물분류학 실습의 참고교재로 사용했던 관계로 완전번역의 형태로 만들었으며, 8 『식물의 다양성과 계통』은 앞으로 식물분류학의 교재로 번역출판하면 어떨까를 검토하기 위하여 완전번역을 시도했으나 출판은 하지 못했다.

끝으로 덧붙여 말하고자 하는 것은 나의 지식의 한계가 있어 오역이 많을 수 있으니 그저 참고로 하시라는 점을 당부하고, 특히 동물에 관한 내용 중에서 필자가 소장하는 문헌자료의 부족으로 동물의 이름이나 학명을 정확히 밝히지 못하고 일명을 그대로 직역하여 넣은 곳이 간혹 있음을 밝혀두니 양지하여 주시기 바랍니다.

번역서의 목록

I 系統學

1 계통분류학입문

2 분자계통학

3 식물의 종분화와 분류

4 생물계통학

5 생물체계학

6 식물의 계통

7 생물의 종다양성

8 식물의 다양성과 계통

9 다양성의 식물학 (1) 식물의 세계

10 다양성의 식물학 (2) 식물의 계통

11 다양성의 식물학 (3) 식물의 종

II 系統學 재료

12 식물관찰

13 생물의 역사

14 식물의 관찰과 표본제작법

15 식물의 이름을 붙이는 방식

16 염색체의 연구

17 뿌리의 발육학

18 게놈정보 I (1) 게놈생물학

19 게놈정보 I (2) 식물[이상한 세계]

20 게놈정보 II (1) 게놈정보를 읽는다

21 게놈정보 II (2) 포스트게놈정보로의 초대

22 해독된 게놈정보를 어떻게 활용하는 가

III 植物의 進化

23 식물의 진화
24 식물의 기원과 진화
25 섬의 식물지
26 식물의 모양과 진화
27 식물의 진화형태학
28 식물의 분포와 분화
29 식물의 생활사와 진화 (1) 잡초의 개체군통계학
30 식물의 생활사와 진화 (2) 임상식물의 개체군통계학
31 식물과 균의 계통과 진화

IV 植物生態學

32 식물생태학의 관찰과 연구
33 환경식물학
34 식생분포와 환경변화
35 식물의 분포와 환경적응
36 대기환경변화와 식물의 반응
37 지형식생지
38 고산식물의 생태학
39 식물생활사도감 I 봄의 식물 1
40 식물생활사도감 II 봄의 식물 2
41 식물생활사도감 III 여름식물 1

V 自然史

42 식물자연사
43 식물의 자연사
44 숲의 자연사
45 꽃의 자연사
46 잡초의 자연사
47 고산식물의 자연사
48 재배식물의 자연사
49 잡곡의 자연사

50 야생 벼의 자연사
51 너도밤나무림의 자연사

VI 參考資料

52 지구의 기원과 역사
53 식물의 이야기
54 재미있는 식물학 이야기
55 식물 이름의 이야기
56 원예식물명의 유래
57 식물명의 유래
58 식물의 마술
59 식물의 디자인
60 초목을 응시하는 과학
61 식물이 걸어온 길
62 어떻게 하여 색깔이 보이는 것인가
63 독초의 잡학
64 북해도 · 자연의 성립과정
65 자원식물학필드노트
66 동식물의 의태
67 자연환경의 보전
68 자연사박물관
69 화생활 365일
70 쌀의 인류학
71 세계의 자연환경
72 숲의 분자생물학
73 사랑하는 식물

*이 글은 "죽파의 자료함"이라는 USB의 머리말로 사용하기 위하여 만든 것이다. 그러나 후일에 불화음의 우려가 있어 일반의 배포계획은 접고, 그 뒤에 번역한 3책(71~73)을 추가하여 내가 재직하던 강원대학교 식물분류학교실 대학원생들의 참고자료로 활용하도록 제공하였다.

Ⅲ부 단신(短信)

하루의 일과(日課)

대부분의 사람들이 젊어서는 매일 일에 파묻혀 허덕이며 하루의 일과를 보낸다. 그러나 각자가 이루어내는 결과는 다양하다. 이러다 이 고달팠던 일과에서 정년퇴임이라는 덫에 걸려 밀려나 해방이 되면 왠지 허전해진다. 더더욱 최근의 의약의 발달로 평균수명은 늘어났으나 정년은 그대로 이다 보니 그 도는 더할 것이다. 필자의 전직이 교수이다 보니 정년도 65세로 길었고 부모가 호적을 늦게 한 탓에 남보다 3년 반이나 더 늦게 퇴직했는데도 결과는 다를 바 없다.

흔히들 퇴임하면 편히 쉴 수 있어 좋을 것이라고 생각하고, 그 동안 고생 많이 하셨으니 휴식을 느긋이 즐기라고 하는 축하인사를 받는다. 그러나 실은 그렇지만은 못한 것 같다. 많은 선배(경험자)들이 말하기를 일 중에 노는 일이 가장 어렵다고 하며, 만일 매일 백만원씩 주고 모두 쓰고 들어오라고 한다면 처음 며칠은 신날지 모르나 계속하기는 아주 고민스러워 질 것이라고 하며, 먹고 놀며 자기만 하는 생활을 하다보면 빨리 늙게 된다고 충고들을 한다. 필자도 2001년 8월에 퇴임하고 15년의 세월이 흘러갔다. 그간 어떻게 하루의 일과(세월)를 낚았는가를 회상하여 보고자 한다.

필자는 위와 같은 선배들의 충고를 바탕으로 종전과 같은 건강을 유지하려면 일거리를 자꾸 만들어 부지런히 일을 해야 하겠다고 생각하게 되었으며, 하루 종일 집에 머무르면서 일하는 데는 문제가 많을 것으로 여겨져 시내에 '죽파(竹波)쉼터'라는 사무실을 열고 매일 걸어서 출퇴근을 하기로 했다. 주변에서는 사무실의 명칭을 ㅇㅇ 연구소로 하는 것 어떠냐는 권고도 있었으나 연구소라고 하면 소보를 내야하는 부담이 있어 쉼터로 한 것이다. 나의 호를 죽파라고 하게 된 것은 필자가 6. 25 직후 부산 피난 중에 있는 대학(성균관대학교)에 입학한 관계로 현재 고리원자력발전소에서 멀지 않은 곳의 대나무밭 근처 집에서 산 일이 있는데 비바람이 심하게 불 때 대나무들이 부닥치는 요란한 대나무파도의 소리가 웅장한 음악소리로 나의 귀를 즐겁게 하여 주었기 때문이다.

퇴임 후에 할 수 있는 일이란 돈이 생길 수 있는 일은 거의 없고 주로 돈을 쓰는 일 밖에 없다. 그러나 이것은 건강을 위한 투자인 것이다. 그러므로 필자가 주로 하는 일은 나의 전공분야와 관계되는 저서를 쓰는 일과 전공분야의 외국서적을 변역하는 것이 주이고, 사이사이 논문을 만드는 것이다. 그리고 대룡산 밑 고은리의 자그마한 농장(304평)에 나가 친환경 농사를 짓는 일 또한 건강을 유지하기 위한 일과이다. 물론 밭에서의 수확은 보잘 것 없으나 1주일에 한 두 번씩 땀을 흘리고 나면 새로운 힘이 솟구치는 것 같으며 내손으로 가꾼 친환경 채소를 밥상에서 대할 때는 참으로 대견하다. 또 이 밖에도 간간이 외부의 요청에 의한 야외관찰이나 특강이 있을 때는 나가서 젊은이들과 더불어 기를 충전한다.

그간 '죽파쉼터'에서는 『식물지리』(2002, 강원대학교 출판부, 공저), 『한국식물명의 유래』(2005, 일조각), 『한국식물의 고향』(2008, 일조각), 『한반도 관속식물 원기재문 I』(2008, 광릉수목원), 『관속식물의 유형분류』(1912, 수생태보권사업단, 공저), 『강원도 백두대간 식물도감』(2014, 대구학원사, 공저) 등 6권의 책을 펴냈고 『죽파낙수(竹波落穗)』가 집필중이며, 필자의 뒷자리에 부임한 유기억박사와 더불어 16편의 논문을 발표하였다. 이 결과로 2006년도와 2008년도의 2회에 걸쳐 한국식물분류학회지 우수논문상을 수상하게 되었다. 그리고 다수의 외서를 번역하였으나 출판은 하지는 않았으며 꼭 필요할 것으로 생각되는 후학들에게 메일로 넘겨주곤 하였다.

퇴임한지 2년 반 뒤부터는 '죽파쉼터'의 사무실을 새로 이사한 현재의 거처(춘천시 석사동 현진에버빌아파트, 춘천시 지석로 97 현진에버빌)로 옮겨옴에 따라 필자의 하루의 일과에는 많은 변화가 생겼다. 즉 사무실로 하던 출퇴근 대신 하루 약 만보의 걷기 운동을 하게 되었다. 필자의 운동코스는 크게 3코스이다. 1코스는 안마산(303m)을 오르는 것이고 2코스는 춘천공업단지를 1주하는 것이며 3코스는 공지천주변을 걷는 것이다. 물론 농장에 작업이 있거나 외부의 출타가 있을 때는 그로 대체하고 옥외로 나가기가 어려울 때는 머신을 타거나 아파트 계단 오르내리기로 대행한다.

그래서 현재 필자의 하루 일과는 아침 기상과 동시에 볼일을 보고 냉수로 소세를 한 다음 내자와 같이 스마일체조를 하는 것으로 시작된다. 스마일 체조란 우리 나름대로 고안한 체조로 그 내용은 준비체조, 체조1, 체조2, 마무리체조의 네 부분으로 되어있으며 15분이 소요된다. 마무리는 스마일노래로 끝낸다. 그 뒤 신문에서 세상을 잠시 엿본 다음 아침식사를 맛있게 하고 아침방송을 본 뒤 제1코스로 아침산책을 나간다.

안마산코스(1코스)는 주로 필자의 아침운동코스로 춘천 제1교회 앞에서 시작하여 하은어린이집, 스무숲성당을 거쳐 안마산 정상으로 오르며 계절에 따라 변화하는 숲의 모습과 그 속에서 피고 지는 꽃들을 감상함으로써 세월의 흐름을 음미하며 즐기는 곳이다. 정상에 올라 좌측에 삼악산, 정면에 화악산, 우측의 용화산을 바라보며 힘차게 야호를 세 번 하여 아침인사를 한 뒤 10여분 동안 운동기구들을 활용하여 운동을 하며 마음을 맑게 한다. 그 뒤 300개의 나무계단을 밟으며 영천사(靈泉寺)로 내려와 대웅전에서 온가족들의 평안을 위해 분향을 하고 기도한 뒤에 영천수를 마시고 출발점으로 돌아오는 것으로 약 1시간 20분 소요된다. 물론 필자는 독실한 유교의 가정에서 자랐으므로 불교신도는 아니다. 그러나 부처님 오신 날이 공휴일이다 보니 심심파적으로 가까운 안마산 기슭의 영천사로 산책을 하다 보니 등을 하나씩 달게 되었다. 2코스는 눈비가 와서 기상조건이 나쁠 때에 아침산책을 가는 예비코스이다.

돌아와서 오전 작업을 하고 즐거운 점심식사를 한 뒤에는 내자와 같이 3코스로 낮 산책을 나간다. 3코tm는 새순교회 옆으로 내려 극동아파트 앞 돌다리를 건너 깨끗이 단장된 강변산책로로 가다 운동기구로 간단히 몸을 풀고 거두교 밑을 거쳐 석사교 밑까지 거닐면서 최근에 잘 단장된 개울경치와 교량 밑의 벽화들을 구경하고 석사교 위로 올라 하이마트앞을 지나 안디옥교회로 돌아오는 코스이다. 이 코스는 내자가 오르막길이 힘들어 산길을 좋아하지 않아 평이한 코스를 개발한 것으로 약 40분 소요된다. 낮 산책은 흔히 하나로마트, 축협하나로마트 및 홈플러스로의 식료품쇼핑으로 대체될 경우가 있다. 늘 낮에 내자와 함께 움직이다 보니 은행, 마트에 내자가 혼자 가면 직원이나 상인들이 왜 혼자 왔느냐고 물을 정도로 비쳐지게 되고 말았다.

그 뒤에는 오후 작업을 하다 17시 10분이 되면 동물의 왕국, 강원도가 좋다, 6시내고향을 보며 눈을 쉬다 맛있는 저녁식사를 하고 21시까지 다시 작업을 하다 반신욕으로 몸을 풀고 22시에 하는 일일방송극을 보는 것으로 하루의 일과를 접고 우리부부는 '꿈나라로의 행진곡'을 부르며 편히 잠속으로 들어간다. 이와 같이 필자 하루의 일과는 여생을 즐기는 쪽으로 초점을 맞추어 왔다.

그러나 2014년 봄을 기해 내 생활에 다소의 변화가 생겼다. 4월 24일에 한국식물분류학회 사회교육위원회가 주최하는 교사와 일반인을 위한 식물분류학 공개강좌(제2회 4월분)를 서울대학교 글로벌공학교육센터 313호실에서 "한국중부의 식물상과 식생"이라는 주제로 100분에 걸친 특강을 하는 것으로 나의 학술활동은 대략 매듭을 지었다. 그리고 나의 소장 문헌정보는 "竹波(李愚喆)의 藏書, 文獻 및 資料目錄(1913)"으로 정리하여 그 일체를 국립생물자원관에 기증하였다. 물론 평생에 온갖 고난을 겪으며 모은 자료에서 너무 일찍 손을 터는 것이 아닌가 하는 감이 있으나, 나의 정보들은 한국고등식물을 재검토하기 위하여 수집된 것인 관계로 원본이 아닌 복사물이 대단히 많다. 그러나 이들은 앞으로 누군가가 다시 우리나라식물자원을 재평가하기 위해서는 꼭 필요한 것이므로 계속 자료를 보완하여 가야 할 것이므로 이런 일을 할 수 있는 가능성이 높은 집단에 기증하여 가능하다면 나의 이름의 코너를 만들어 영구보존 해야 하겠다는 생각에서 일찍이 서두른 것이다. 그러므로 최근 나의 생활도 건강에 초점을 맞추어 조절하고 있다.

유명세(有名稅)

옛말에 현인단명(賢人短命)이요 미인박복(美人薄福)이라는 말이 있다. 이는 어질어서 만인의 추앙을 받으면 일찍 죽고, 빼어난 미색으로 많은 사람의 부러움을 사면 복이 없다는 뜻이다. 아마도 조물주는 특정한 사람에게만 행운을 몰아주지 않고 공평무사하게 하기 때문일 것이다. 이와 같은 이치는 사람뿐 아니라 식물에게도 마찬가지인 듯싶다.

특산식물(特産植物)이란, 어느 지역에 국한하여 분포하는 식물을 말한다. 이와 같은 특산요소는 과거에 널리 분포하던 것들이 지사적인 원인에 의하여 그 분포범위가 축소되어 현재 국지적으로 남아 있는 잔존성인 특산식물과 어느 지역에서 잡종형성에 의하여 새로이 형성되어 아직 널리 분포하지 못하고 좁은 분포역을 가지고 있는 신특산식물로 대별할 수가 있다. 이들은 모두 한정된 지역 내에서 적응하여 살아남은 진화적 극상으로, 그 환경에서 좋은 점만을 몽땅 갈무리고 있는 일종의 진풀(gene pool)인 것이다.

이와 같은 희귀식물(稀貴植物)들은 오랜 동안 대자연의 품속에서 적자생존(適者生存)의 원리에 따라 여유자작하게 풍요로운 생활을 하여 왔다. 그런데 그들이 우연히 인간의 눈에 띄어 그 아름다운 자태가 세상에 알려져, 특산식물 또는 희귀식물이라는 딱지가 붙고, 그 중에 특이한 것들은 천연기념물(天然記念物)이라는 명패가 붙여짐에 따라 유명세가 붙게 되어 많은 사람들이 관심을 보이게 됨으로써 불행의 씨앗이 싹트게 되었다.

현재의 지구는 무작위(無作爲)한 개발로 천연자원의 바닥이 들어나게 되어 자원전쟁이 불 붙은지 오래이다. 이에 따라 각 지역에서는 희귀유전자원의 보존을 위하여 혈안이 되어있고, 그들이 조사 연구한 결과를 저마다 “레드데이터북(red data book)"이라는 아름으로 발표하고 있으나, 이것은 오히려 희귀자원을 돈벌이의 표적으로 삼고 있는 도벌꾼들에게는 안내문의 표식이 되기도 한다. 물론 레드데이터북에서는 정확한 산지를 표시하지 않으나 어느 지역에 있다는 것만 알아도 이들의 눈을 피할 수는 없다. 일본의 한 도벌꾼이 "우리는 원매자가 있는 한 캘 것이다“라고 한 말은 우리의 가슴을 서늘하게 한다.

필자는 우리나라 자생식물 중에서 이 같은 비운(悲運)의 대표적인 주인공을 여기에 두 가지 소개하고자 한다. 이 같은 비운은 희귀식물들의 경제성이나 희귀정도에 따라 그 피해 정도가 달라지는 것 같다.

그 첫째는 미선아무(*Abeliophyllum distichum*)이다. 미선나무는 물푸레나무과에 속하는 관목으로 이른 봄 잎이 나오기 전에 아름다운 꽃을 피워 관상가치가 높은 식물로서 1속 1종 4품종의 우라나라 특산속(特産屬) 식물로 대단히 학술적 가치가 있는 희귀식물이다. 이 식물은 정태현(鄭台鉉)박사와 나까이(T. Nakai)박사가 측백나무의 원산지를 조사(1917)하기 위하여 충청북도 진천군 초평면 용정리에 갔던 길에 우연히 어느 정자부근에서 최초로 발견하여 조사 연구한 결과 나까이(1919)가 향쥐똥나무에 비해 화관이 합판이고 열편은 선회상으로 배열하며 꽃밥은 외열하고 과실은 나래가 넓다는 이유로 특산속식물로 발표했던 것이다. 처음 발견한 곳이 정자부근이었던 관계로 혹 외국에서 도입한 것이 아닌가 하는 의문점이 있었으나 이는 그 뒤 이곳에서 약 100리 떨어진 충북 괴산군 장연면 송덕리에서 재발견이 됨으로써 풀렸다. 미선나무는 이창복(1976)교수가 백화품을 기본종으로 하고 분홍색 꽃이 피는 것을 분홍미선나무, 꽃받침의 색에 따라 초록색인 것을 푸른미선나무, 상아색에서 엷은 황색으로 되는 것을 상아미선나무로 세분하였다.

이와 같이 미선나무의 진가가 높이 평가됨에 따라 최초 발견지인 진천의 자생지는 천연기념물 14호(1934)로 지정되었고, 괴산의 제2자생지도 천연기념물147호(1958)로 지정되었으며 인근의 제3, 제4 자생지도 각각 천연기념물 220호와 221호(1970)로 지정되었고, 그 뒤 경기도 고양군 신도면 효자리의 제5자생지(1973), 충북 영동읍 매천리의 제6자생지(1985), 전북 부안군 변산면 청림리의 제7자생지(1990)가 발견되어 지정 보호되고 있다. 그러나 지정하고 팻말만 세웠을 뿐 보호대책이 없다보니 지금은 거의 소멸되어 버리는 수난을 겪게 되었다. 그 이유는 천연기념물로 지정된 뒤 이들의 지역은 인근의 초중고등학교 학생들의 소풍지로 되어 널리 알려짐에 따라 소위 식물애호가들에 의해 없어지게 되었다. 이와 같은 대책 없는 지정의 팻말은 희귀자원 도벌꾼의 안내판이 된 것이다. 이 결과 지정되었던 많은 것들은 지정해제의 비운을 맞이했으니, 이들이 지정한 우리 인간을 얼마나 원망했겠는가 생각해 볼 필요가 있다.

그 둘째는 망개나무(*Berchemia berchemiaefolia*)이다. 망개나무는 갈매나무과에 속하는 낙엽활엽교목으로 한국, 일본, 중국에 분포하며, 우리나라에서는 충북 속리산과 군자산, 경북 주왕산, 내연산과 보현산에 나는 희귀식물로 청사조에 비해 줄기는 직립하는 교목이며 가지는 적갈색을 띠고 탁엽은 끝이 유합하며 씨방과 핵이 2실인 점이 다르다. 망개나무는 후꾸하라씨에 의해 속리산에서 최초로 채집되어 나까이(1935)가 한국특산 *Berchemia koreana*로 발표했던 것인데 그 뒤 동아시아의 특산인 망개나무로 된 것이다.

속리산 남산 중턱에 나는 망개나무의 대목을 최기철교수가 발견하여 보고함으로써 희귀의 거목이라는 이유로 천연기념물 148호로 지정 보호되고 있어 속리산을 찾는 많은 관광객들의 볼거리가 되어왔다. 그러나 누구인가가 이 나무의 수피를 삶아 먹으면 애 못 낳는 여인이 출산 할 수 있다는 허무맹랑한 헛소문을 퍼뜨려서 무지한 사람들이 마구 껍질을 벗겨 가는 바람에 1960년에 고사하고 말았다. 필자가 속리산을 처음 조사할 때(1959)는 살아있어서, 올라가 보니 이 식물은 원래 양수(陽樹)인데 주위에 있는 참나무류들이 그 생장을 위축하고 있었으며 더욱이 수피를 마구 벗겨가서 여명이 불원함을 보고 당국의 적절한 조치를 촉구한 바 있었다. 결국 이 나무도 희귀성이 인정되어 유명해진 뒤 당국의 보호 소홀과 국민들의 무지의 소치로 현인단명의 신세가 된 제물의 하나라고 아니할 수 없다.

그러므로 희귀자원을 발굴하여 개발하는 것은 필요 불가결한 것이나, 효율적인 보호대책 없이 지정을 남발하는 것은 가급적 지양하는 것이 바람직하다. 야생으로 온 천지에 흩어져있는 자원들을 정부의 힘으로만 보호한다는 것은 사실상 역부족이니, 국민들의 자연애호정신이 뒷받침 되어야 하므로 민도(民度)를 높이는 교육이 시급하다고 하겠다.

* 이 글은 환경부의 요청에 의해 2007년 9월에 "생물자원 기고문"으로 만든 것이다.

명강의 명교수

“우리강산 사랑하여 명산대찰 오가다가 「식물도감」하은선생 만났다네 이를 위해 무쇠다리 키웠던가” 이것은 나의 정년퇴임 기념으로 출판된 『야책을 메고 50년』에서 필자가 쓴 회고록 끝 부분의 “무쇠다리”라는 시의 한 구절이다.

내가 하은(霞隱) 정태현(鄭台鉉 1883-1971)선생님을 처음 만난 것은 지금으로부터 50년 전인 모교 생물학과 2학년 1학기(1954)이었다. 의과대학으로 편입학하기 위한 징검다리로 생각하고 들어온 나를 생물학과에 눌러앉게 만들어 주신 분이 바로 은사 하은 선생님이었기에 더욱 나의 뇌리에 오래 기억된다.

선생님은 수원농림학교(서울 농대의 전신)를 졸업(1908)하고 구한국 농상공부 기수로 생물계에 투신하시어, 한국동란 이전까지 중앙임업시험장에서 식물분류학을 연구하시고, 그 풍부한 경륜을 바탕으로 전남대학을 거쳐 1954년에 성균관대학에 오셔서 해박한 명강의로 후학 양성에 전념하신 분으로 5.16민족상을 수상하신 학술원 종신회원이며, 우리나라 생물학의 초석을 다진 대표적인 개척자이시다.

이런 분이시기에 우리 후학들은 선생님이 1969년에 5.16 민족상 학술부문 본상의 상금을 기금으로 만드신 “하은생물학상”의 기금이 고갈되어 시상을 중단할 수밖에 없다는 소식에 접하자, 모교 생물학과 창립 50주년(2003)을 기념하여 기금을 모아 모교 기획실에 위탁관리토록 하여 시상이 계속되도록 한 것이다. 이때에 협조를 아끼지 않으신 많은 동문들과 특히 거금을 선뜻 내 준 이충구 동문에게 다시 한 번 감사한다.

나는 14년 동안 학생, 조교, 강사로서 선생님을 옆에서 모시고 많은 채집여행과 학술활동을 같이 하면서 선생님의 학문의 자세와 인품에서 감명을 받은 바 크다. 선생님이 80세이시던 1962년에 나는 선생님을 모시고 설악산 식물조사를 간 일이 있었다. 1주일동안 계속 험산준령을 오르며 채집을 하실 수 있는 체력에 나는 우선 놀라지 않을 수 없었다. 선생님은 산을 오르시며 계속 새로운 식물을 기재하시고, 나는 그 식물을 채집하여 안내원 겸 짐꾼에게 채집품을 지워가지고 숙소로 돌아와 밤중까지 표본정리를 했다. 그때 그 많은 식물의 종을 기록하면서, 중복되는 것이 10% 미만이라는 데서 나는 그 기억력에 놀라지 않을 수 없었으며, 연구실에 돌아와서 건조된 채집품을 일일이 감별하시는 과정에서 실물이 없는 것은 과감히 삭제하고 새로운 것은 추가하는 학문의 자세에 감명을 받은 바 크다.

선생님은 참으로 인자하시고 자상하신 분이었다. 매년 연말이면 망년회에서 얼간하게 취하시면 시계주머니에 꼬깃꼬깃 접어서 갈무려 두셨던 비상금을 꺼내어 2차를 사주시던 생각과, 선생님의 생신날에는 과의 교수와 조교들을 집으로 초대하여 융성하게 먹여주시던 기억은 잊혀지지 않는다. 그리고 선생님은 함께 택시를 타고 어디를 가다가 간혹 내가 차비를 내면, 저기까지 따라오시며 낸 차비보다 훨씬 많은 돈을 기어코 주머니에 넣어주고 가는 분이셨다.

그러면서도 선생님은 아주 근검절약 하는 분이시었다. 늘 도시락을 가지고 전차를 타고 출근을 하셨다. 언젠가는 출근 중 전차에서 만년필을 소매치기 당하시고 몹시 섭섭해 하시던 기억이 선하다. 선생님의 도시락은 토스트 두 쪽과 우유 한 컵이다. 간혹 회의나 예기치 못한 점심 약속으로 나가실 때는 "이군 도시락 먹어" 하며 나가신다. 그 때 덤으로 먹던 토스트 맛은 지금도 잊혀지지 않는다.

선생님은 한여름에도 꼭 정장하시고 우산을 단장으로 집고 다니시어, 그 별명이 명륜동의 신사로 통했고, 생전에 덕을 많이 쌓으셨으며 착실한 천주교 신자이셨으니 하늘나라에서도 상좌에 계실 것으로 믿는다.

우리나라 교육의 현주소

우리교육이 현재 정상궤도를 걸어가고 있는가? 라는 질문에 자신 있게 그렇다고 답할 수 있는 선생은 과연 몇이나 있을까. 초등학교 학생들이 외제를 선호하고 물건의 아까움을 모르며 반장 학부모는 화분을 사오고 학급의 커튼을 책임져야 하며, 중학교의 많은 학생들이 하라는 공부는 소홀히 하며 전자오락실을 기웃거리고 대학생들의 일부가 데모를 할 때에는 복면을 하고 쇠파이프와 화염병을 들고 설치는 현실이 모두 그네들의 잘못이라고 말 할 수 있는가? 아니면 오늘의 사회현실에 그 책임을 떠밀고 말 것인가?

필자는 이렇게 답하고 싶다. 우리나라는 의무교육인 초등학교 교육도 정상궤도에 오르지 못하고 있다. 그리고 그 책임의 60%는 우리 교육자들에게 있다는 말이다. 왜냐하면 자모가 촌지를 들고 왔다 가면 그 학생을 대하는 선생의 태도가 달라지고, 채택료를 챙기기 위하여 특정 참고서를 소개하며 그것에서 집중적으로 문제를 뽑아 출제하는 과거, 아니 현실 속에서 보고, 들으며 키워진 학생들이 사기꾼, 협잡배가 되지 않으리라는 보장을 할 수 없기 때문이다.

그렇다면 우리는 어떠한 형태로 책임을 져야 할 것인가? 물론 이 중에는 나는 그런 일이 결코 없었으니 나의 책임은 없다고 강변할 분도 있을 것이나 잘 생각하여 보면 형태는 다르나 이에 유사한 현실이 우리주변에 많다는 것을 부인할 수는 없을 것이다. 답은 간단하다. 그렇게 하지 않으면 된다.

우리 교육현장도 그 동안 많이 좋아졌다. 필자가 초등학교 교사자격증을 받은 1950년대 초는 선생들이 끼니도 걱정해야 했다. 그러나 현재의 교사들 대부분은 승용차를 굴린다.

물론 사회 전반적인 향상일 것이다. 문제는 옛날의 참신한 교육자상은 청빈한 백결선생으로 누더기 옷이라도 정결하게 입으면 학생들에게 존경을 받았고 개천에서 용이 난다며 가난한 학생도 공부만 열심히 하면 출세 길이 열렸으나 오늘의 현실은 전혀 그렇지 못하다는 것이다. 우리는 엄연한 현실을 무시할 수만은 없다.

따라서 현시점은 우리 교육자들이 지난날의 잘잘못을 왈가왈부하고 그 책임의 소재를 따질 때는 안인상 싶다. 과거 교육의 잘못을 참회하는 뜻에서 참교육의 선각자가 되어야 하겠다. 여기에서 참교육이란 향토사랑, 나라사랑, 자연사랑을 포함한 사랑이 담뿍 실어진 교육을 뜻한다.

필자는 언젠가 서울에서 어떤 초등학교 교사는 학부모를 위한 은행구좌를 개설하고 있다고 하는 말을 듣고 아연실색하지 않을 수 없었다. 그 선생에게 학생이 참사랑으로 비쳐질 까닭이 있겠는가. 필자는 최근 신문지상에서 어느 초등학교 선생들이 힘을 합쳐 애국심을 일깨우고 물건의 소중함을 몸소 실천하며 교육을 했더니 성과가 있더라고 하는 보도를 읽고 손벽을 치며 이것이 바로 참교육이구나 하는 생각이 들었다.

또한 언젠가 중학교 선생을 하는 우리 졸업생이 찾아와서 하는 말이 자기네들은 부부교사여서 유치원에 다니는 애기를 아침이면 가까이에 있는 할머니 댁에 실어다 주고 저녁에는 하교 길에 태워 오는데 하루는 운전 중 앞에서 아이가 자전거를 타고 알짱거려 위험을 느낀 나머지 야 이놈의 새끼하고 욕을 했더니 이것을 본 유치원생이 “엄마엄마 왜 욕해 우리 선생님이 말하는데 욕하는 사람은 속이 꺼멓대” 하더라는 것이었다. 이 말을 들은 그는 즉시 아들에게 사과 할 수밖에 없었다고 하는 말을 들은 바 있다.

이 같이 티 없이 천진난만한 어린 새싹들에게 참사랑이 담뿍 담긴 참교육을 한다면 그네들이 커서 재산을 상속해주지 않는다고 부모를 때리고 진 빚을 갚지 않으려고 채무자를 살인하며 도둑질을 하고 주인이 보는 앞에서 그 딸을 성폭행하는 잔인무도한 행동을 할 수 있겠는가.

언젠가 서울의 어느 초등학교 교장을 하는 친구의 말에 의하면 학교 예산중에 하급의 커튼을 하고 물컵이나 쟁반을 구입할 수 있는 돈은 단돈 1전도 없다는 것이다. 이거 어떻게 하라는 것인가. 교육부가 이러고도 우리나라의 의무교육이 잘 되고 있지 못하다는 자탄에 할 말이 있는가? 이 어려움을 해결하기 위하여 육성회를 조직하고 기부금을 거출하는데 교사나 교장을 인사조치 할 수 있는 정당성이 있다고 보는가? 물론 이를 빙자하여 잡음을 유발하는 데는 문제가 있다. 필자는 그 교장에게 국민이 교육세를 별도로 내는데 무슨 말이냐고 반문했더니 그는 이렇게 답했다. 과거에는 교육비를 주세로 충당했는데 교육세를 받은 뒤에는 주세는 다른 곳으로 돌리고 교육세만으로 하니 나아질 수가 없다는 것이다.

오늘의 교육을 정상화시키는데 교육현장에 있는 교사들의 참교육도 중요하나 교육당국에서 의무교육을 하는 초등학교와 중학교만이라도 이 고충을 해결해주어야 한다. 그리고 학부모는 학생을 학교에 맡긴 이상 일체 간섭을 하지 말아야 한다. 아울러서 교육부는 이 같은 참교육을 실시하는데 필요한 교육프로그램을 많이 개발하여 일선학교에 보급하고 그 실천여부를 수시로 평가하여야 한다. 이러한 노력이 적어도 18년(유치원~대학)동안은 성실히 지속되어야 이 사회의 병폐가 치료될 가능성이 있다고 필자는 보는 것이다.

이야기 방향을 좀 돌려보자. 앞으로의 과학기술교육의 방향은 실험실습위주의 교육으로 바뀌어야 한다. 이러기 위해서는 이에 필요한 실습기자재의 보완은 물론이고 우리 교사들이 공부해야 한다. 뿐만 아니라 당국에서는 실습을 위주로 하는 교사재교육의 길을 넓혀야 할 것이다. 물론 각 도의 교육청에서는 나름대로 노력을 하고 있다. 예를 들자면 강원도 교육청에서는 『강원의 자연』을 시리즈로 펴내고 있다. 1991년에는 식물편을 내놓았고 1992년에는 지질편을 준비하고 있었다. 또한 펴내는 것도 중요하지만 이것이 교육현장에서 잘 활용될 수 있도록 우선 충분한 양을 공급하고 활용여부를 지도 감독하는 것이 그에 못지않게 중요할 것이다.

필자와 같이 생물학과를 졸업한 친구 중 독일에 가서 공과대학을 다시 다니고 온 사람의 말에 의하면 독일에서는 공대에 입학원서를 내려면 구비서류 중에 공장에서 6개월간 현장실험을 한 증명서가 첨부되어야 하고, 공장실습을 나가면 풍로와 연탄을 주고 불 피우는 것부터 시작한다고 한다. 뿐만 아니라 공대가 아니라도 모든 학과의 학생들이 재학기간 중 1년에 상당하는 동안은 실제로 실무현장에 배속되어 실기실습을 거쳐야 졸업장이 나온다고 한다. 그러므로 이러한 졸업생은 졸업과 동시에 전원 취업이 된다고 한다.

이것은 산학협동이 잘 이루어진 예이다. 학교마다 모든 기자재가 다 갖추어진 학교는 세계의 어느 곳에도 없을 것이다. 기본적인 실습과 이론만을 가르치고 실제적인 실습은 생산현장이나 사업현장의 실무를 통하여 배우는 것이다. 물론 실습비를 가지고 가는 것이 아니라 보수까지 받아가며 하는 것이니 학교, 학생, 사업장 모두의 이익이 되는 것이다.

우리나라도 이 같은 산학협동체가 하루 속히 갖추어지고 이에 알맞은 교육편제가 만들어져야 할 것이며 이 길만이 살 길이 아닌가 생각한다. 현재 우리나라에서는 산학협동의 교육체제가 구비되어 있지 못하고 일반적으로 대학교육이 충분한 실험교육이 수반하지 못한 이론교육만을 하다 보니 산업현장에서 신입사원을 채용하면 많은 예산을 들여 재교육을 하지 않으면 안 되는 비합리적인 현상이 생기는 것이다.

식목의 어제와 오늘

1. 머리말

식목일을 맞아 나에게 글을 청탁하는 것은 필자가 식물학을 전공하고 있는데 연유하고 있을 것이다. 허나 엄밀한 의미에서의 식수조림은 나의 전공분야 밖의 일이다. 그러므로 내가 이러한 제목으로 긴 글을 쓰기에는 너무나 아는 바가 없다. 그러므로 식물을 사랑하고 아끼는 한 사람으로서 평소에 생각하고 있는 나무를 심는 의의와 그 발자취를 더듬어 보면서 나 나름대로 앞으로의 식목일의 갈길을 제시해 보고자 한다.

2. 식목일의 유래

식목일은 1872년 미국의 네부라스카(Nebraska)에서 처음으로 시행하였으며 개척자들에 의하여 황폐하게 된 산림을 보고 개탄했으며 당시의 한 신문인 모턴(J. S. Morton)이 이날의 제정을 강력히 주장했던 것이다. 그 뒤 코넥티컷(Connecticut)의 놀스럽(B. C. N. Northrup)이 미국 각지 및 유럽, 아시아 등지를 순회하면서 식목일의 취지를 설명함으로써 세계 각지에서 이를 채택하게 되었으며 우리나라에서는 1949년 4월 4일 대통령령 124호로서 국가공휴일로 제정됨으로써 오늘에 이르렀다.

3. 식수의 중요성

나무를 왜 심어야 하며 그 결과 우리에게 어떠한 이익이 있느냐 하는 것은 너무나 자명한 일이므로 수적 나열이란 불요불급한 일일 것이다. 다만 자연의 섭리 속에서 그 필요성을 찾아보고자 한다.

자연계의 원리란 생산자, 소비자, 분해자간의 먹고 먹히는 관계가 조화를 이룰 때 비로소 평온을 유지하는 것이다. 이 평형이 깨지면 혼란이 생기고 그 도가 심하면 전쟁이 생기며 이 결과 적당히 죽어주면 또다시 평온을 되찾게 되는 것이다. 그러므로 지구상에 생물이 생존하는 한에는 싸움은 끊일 수 없으며 전쟁이란 주기적으로 찾아오기 마련이다.

이 같은 자연의 불균형을 부채질 하는 것은 한해, 수해, 풍해, 충해, 병해 같은 자연적 재난일 것이다. 그러나 이 같은 외적요인은 각종 의약이나 농약 및 다목적댐의 건설로 어느 정도 완화되고 있으나 근본적인 불균형 시정이란 어렵다. 즉 생물의 증가와 더불어 삼림의 파괴로 인하여 생기는 1차생산자(식물)의 지위변동 결과 대기 속의 CO_2양이 증가하고 이에 따라 온도변화(상승)를 일으켜 극지방의 만년설이나 빙하가 녹아 해면수위가 높아져서 나타나는 생물 자멸의 길이란 무엇으로도 막을 수 없을 것이다.

이러한 명제에 관한 정답은 자연보존과 파괴된 자연을 갱생시키는 일인 것이다. 이 문제는 전 인류가 안고 있는 공동의 과제이므로 자연보호사업은 UN기구에서도 중요한 사업의 하나이다. 이렇게 있는 자연을 더 이상 파괴되지 않도록 보호하는 것도 중요하지만 이에 못지않게 이미 파괴된 부분을 식목으로 보완한다는 것은 더욱 뜻있는 일이 아닐 수 없다.

그러나 나무를 기른다는 일은 그리 쉬운 일이 아니다. 옛말에 아들을 잉태하기가 어려운 것이 아니라 낳기가 어렵고 낳기가 어려운 것이 아니라 기르기가 어려우며 기르기가 어려운 것이 아니라 가르치기가 어렵다고 하였듯이 나무를 심는데도 이 진리에는 변함이 없다. 나무도 하나의 생명체이므로 어버이와 같이 따스한 손길이 필요하다. 연중 까맣게 잊었다가 제삿날이 당도하면 옷깃을 여미고 경건한 마음으로 조상 앞에 서는 의례적인 연례행사와 같은 식수사업이 지양되어야 할 때기 이제 온 듯하다.

4. 식목의 어제와 오늘

해마다 맞이하는 식목일이건만 온 국민은 손길을 모아 이 강산을 푸르게 할 것을 굳게굳게 다짐한지 어언 27년(식목일을 공휴일로 한지)의 세월이 흘렀으나 아직도 여름이 되면 국회의 사당 앞에는 한해대책본부 또는 홍수대책본부라는 간판이 연중행사와 같이 나붙고 수재민을 돕자는 매스컴의 줄기찬 호소 소리가 메아리치고 있는 것을 보면 우리 국토의 73%인 임야는 아직도 헐벗고 있음이 분명하다.

우리나라의 조림사업은 1910년대 백운동(현 청와대 뒷산)의 식목이 그 효시였다고 그 당시에 조림의 주동이 되었던 고 정태현박사는 말했었다. 정박사의 말을 빌자면 그때는 전기, 석탄, 석유와 같은 문명의 혜택(화석연료)을 전연 받을 수 없었고 에너지원이라고는 오로지 산지의 나무뿐이었으므로 산림은 오늘보다도 훨씬 황폐해 있었다고 하며 서울 근처에서는 풀뿌리까지 모두 뽑아 때는 형편이었다고 한다. 이 같은 위급사태를 모면하기 위하여 일제초기에 연료림 조성용으로 도입한 것이 아까시나무인 것이다.

자고로 동서고금을 막론하고 정치를 하는 사람은 우선 치산치수에 힘을 기우렸던 것이다. 일제시대의 왜놈들도 이 문제에 대해서는 게을리 하지 않았다. 아마도 70대 이상의 사람들은 그 때에 애림계(愛林契)의 구실과 당국의 가혹한 감독을 기억하고 있을 것이다. 그러나 그때의 민도가 낮았던 우리 국민들에게는 이 모두가 식민지의 탄압으로만 받아들여져 있었던 까닭에 8. 15해방후 불과 수년 사이에 수십년간의 결과는 물거품과도 같이 살아졌으며 6. 25라는 전란도 산림황폐를 가속화시켰던 것이다. 이 같이 당국의 허술한 틈을 타서 성행되었던 화전이야 말로 그 결정타가 되었던 것은 두말할 나위도 없다. 뿐만 아니라 옛날의 식수란 형식에 그쳤고 공들여 키운 값비싼 묘목의 뭉치가 땅에 심겨지지 않고 건천에 나뒹그는 것을 흔히 목격할 수 있지 않았던가? 조림이란 양묘, 식목, 육림의 세 가지 기술과 정성이 합해져서 이루어지는 것이거늘 이러고서야 어찌 산이 푸르러지기를 바랄 소냐? 만시지탄이 있으나 그 뒤 박정희정권의 적극적인 산림정책에 힘입어 많은 화전이 정리되었고 그곳에 유용수종(주로 잣나무)이 심어졌으며 새마을사업의 일환으로 농촌의 지붕이 개량되어 볏짚이 많은 연료난을 해소시켜 주었으며 한편 자조 자립의 정신을 고취시켜 먼 안목을 가지고 하는 조림의욕을 북돋아준 것은 참으로 다행한 일이며 동시에 재빨리 연료를 화목에서 화석연료로 대체시키기 시작한 것은 선견지명이 돋보이는 일이었다.

5. 미래의 조림

식목에는 두 가지 뜻이 있다. 그 중 하나는 산을 푸르게 함으로써 토사유출을 방지하여 홍수와 한해에서 벗어나고자 하는 것이겠고 다른 하나는 유용수종을 적지에 심어서 방대한 임야를 효율적으로 개발하여 국민소득을 높이는데 있을 것이다.

누구나가 말하듯이 유용수종을 조림하기 위해서는 그 나무가 잘 자랄 수 있도록 토양비옥도를 높여 주는 일이다. 그렇다고 이 넓은 면적에도 금비를 계속 시비할 수는 없다. 그렇다면 산에 낫과 갈퀴의 출입을 금하여 자급자족하는 길 밖에 없는데 이것은 이론만으로는 불가능하다. 위에서 말한 바 있는 지붕개량이나 주택구조의 개조 및 연료를 화석연료로 대체하는 적극적인 시책에 의해 나무의 이용도를 둔화시키는 것만이 이를 가능하게 할 수 있을 것이다.

결코 황폐한 산이라도 그 곳에 종자가 없어서 풀이 못 나는 것은 아니다. 사람의 발길만 드나들지 않는다면 3년 이내에 토사유출은 자연 방지 될 수가 있다. 이렇게 보면 도시공해나 건강을 빙자하여 산을 많이들 찾는데 여기에도 문제점은 있는 것이다. 이 많은 등산인구를 다른 곳으로 흡수할 수는 없는가? 그리고 앞으로의 식목은 "식목을 국민의 생활화운동"으로부터 시작해야 할 것이다. 이와 같은 일은 운동장에 모여서 궐기대회를 하고 결의문을 채택하는 것도 중요하지만 보다 저변에서 국민에게 뿌리 깊은 나무의 엄숙한 교훈을 몸소 익히도록 하는 것이 필요할 것이다. 구체적으로 예시한다면 각급 학교의 졸업기념 식수를 권장함으로써 생생한 자기의 기록을 나무를 통해서 남기는 것을 생활화시키는 것이다. 이런 일은 출생, 결혼, 입사, 퇴임 등 여러 가지 우리 생활 속으로 침투시키는 방법이 있을 수 있다.

필자는 끝으로 우리 학교가 이 일에 앞장설 것을 제의해 본다. 첫 단계로 학교의 미화를 위해서 교내의 조경설계를 짜 놓고 졸업생의 1인 한 그루 기념식수를 하게하며 표찰을 붙여 시작해 보는 것이 바람직하다고 믿는다.

* 이 글은 강원대학보 제249호 1976년 4월10일 게재한 것이다.

장수의 비결

장수의 비결이라는 주제를 정해 놓고 보니 서울 남산, 행인의 발걸음이 잦은 길목에서 흔히 볼 수 있는 노상 관상가(?)들이 자주 내거는 표제 같아 왠지 이상하다. 그러나 우리 인간은 50고개를 넘으면 누구나 죽음에 관한 것을 한 두 번은 생각해 보기 마련이고 자기의 수명을 점쳐보며 못다 한 일을 점검해 보고 노후의 일들을 걱정한 나머지 초조해지는 것이 통례이다. 이러한 뜻에서 필자는 평소에 들은 일들을 엮어 볼가 한다.

무엇보다 분명한 사실은 모든 생물은 생(生)을 타의에 의해서 받았다가 타의에 의해서 잃는 다는 것이다. 그러므로 많은 신혼부부들이 같이 살다가 같이 죽을 것을 약속하지만 지킬 수 없는 것이다. 생물학적으로 볼 때 수명이란 물려받은 유전인자와 주어진 환경의 총화로 볼 수 있고 천수란 최적조건을 부여한다 하더라도 어느 한 개체가 그 이상 살 수 없는 최대의 연령을 말 한다. 따라서 인간의 노력이란 생의 최적조건의 근사치를 찾고자 하는 몸부림에 불과하다.

인류의 평균수명이란 시대와 나라에 따라서 다르다. 그 까닭은 여러 가지 외적요인에 의한 것이다. 주된 원인은 결혼연령과 의약발달에 비례한다. 우리나라 사람의 평균수명은 65.9세(1980년 대)라 하며 세계 각국의 수명통계에 의하면 여자가 6.4세 높은 것으로 되어있다. 그러므로 부부가 함께 살다 함께 가기를 원한다면 약 7년 내외의 연상의 여인을 구하면 좋다. 이 같은 차이를 혹자는 남성의 무절제한 성생활과 폭주에 돌리고 있으나 생물학적으로는 수명을 지배하는 유전인자가 X염색체(성염색체) 위에 있고 여자가 이것을 2개 가지고 있는 데 반하여 남자는 하나밖에 없기 때문이라고 설명한다. 아마도 이 세상에서 가장 입술에 침도 바르지 않고 하는 거짓말이 노인들의 죽고 싶다는 말일 것이다. 이것은 누구나 숨을 거둘 때에는 눈가에 눈물이 고이는 것이 잘 말해준다. 그래서 장수의 비결에 귀를 기우리나 보다. 장수의 비결에 대해서 나의 은사 고 하은 정태현박사는 "평시에 늘 배를 줄이지도 말고 불리지도 않는 것"이라고 말했다. 그리고 담배는 백해무익한 것이나 술은 멀리할 필요가 없는 음식이라고 하면서 다음과 같은 이야기를 들려주었다.

선생은 참으로 애주가였다. 그의 하루의 메뉴를 보면 아침에는 밥 한 공기와 국 한 그릇, 점심은 토스트 2쪽과 우유 한 잔 및 계란 한 개, 저녁에는 평소의 밥상에 정종 2홉이었다고 한다. 그리고 선생에게는 매월 1회씩 모이는 동갑네모임이 있었다고 한다. 여기에 모이는 친구들을 술로 분류해 보면 3가지 타입으로 유형화할 수 있었다고 하는데, 첫째는 술을 지고는 못가나 먹고는 갈 수 있다는 폭주형, 둘째는 보리밭에만 가도 취하면서 친구가 좋아서 따라 다니는 들러리형, 셋째는 어지간히 취하면 화장실 간다고 나와 슬며시 도망치는 빼소니형이다. 당시 선생의 나이 81세였는데 그 때까지 생존해 있는 회원 3명이 다 빼소니형이었다고 한다.

장수의 비결은 여러 가지 있겠으나 소식다동(小食多動)하고 안심소욕(安心小慾) 하는 것이 최상일 것 같으며 일소일소(一笑一少)하고 일노일노(一怒一老)한다고 하니 스마일생활을 몸에 익히는 것이 바람직하지 않을까?

* 이 글은 강대신문 제386 · 7호 1981년 8월 31일 「청화냉담」칼럼에 게재한 것이다.

대학박물관의 역할

필자는 전공분야가 식물분류학인 관계로 평생 동안 자연(박물) 속에서 연구대상을 찾기 위하여 많은 곳을 여행하며 식물들을 벗 삼아 살아왔고, 여기에서 얻은 결과들을 정리하여 『한국식물명고』(1996)를 펴낸 바 있다. 그리고 재직 중에 강원대학교 부속 자연사박물관 건립에 관여한 경험이 있는 관계로 이 기회에 대학박물관의 역할에 대하여 평소에 생각한 바를 피력하여 보고자 한다.

우리나라의 대학들은 대학 설치령에 박물관의 설치를 의무화하고 있는 관계로 대학교라면 어디나 박물관을 가지고 있다. 그러나 우리나라의 대학박물관들은 주로 민속적 자료들을 중심으로 다루고 있으며 극소수의 사립대학에서 자연사박물관을 가지고 있고, 국립대학으로는 서울대학이 체제상으로는 민속부와 자연부를 두고 있으며 유일하게 강원대학이 부설 자연사박물관을 가지고 있었다.

세계적으로 볼 때 대학의 박물관들은 대체로 두 가지 형태로 움직여지고 있다. 그 하나는 소규모의 기본적인 전시를 하고, 수시로 특별전을 열면서 연구중심으로 운영하는 곳과, 다른 하나는 연구 활동도 하면서 대대적인 전시를 하여 현장교육과 사회교육에 기여하는 것이다. 그러나 후자는 많은 예산이 필요한 관계로 많은 대학들이 전자의 스타일을 취하며, 학교와 그 지역사회의 연결고리를 만들 수 있는 각종 서비스를 구상하고 있는 것이 현실이다.

세계는 매우 빠른 속도로 변모하고 있으며, 특히 의약의 발달로 인류의 평균수명이 많이 연장되었고, 연금제도의 정착으로 생활의 여유가 늘어나서 다양한 욕구가 표출되고 있다. 이 결과 건강을 증진하기 위해서는 여가의 시간을 선용할 필요가 생겨서, 이들이 모여 "유적답사", "수석의 수집", "자연 생태관찰", "새의 관찰, "야생식물의 관찰" "양치식물의 관찰" 등의 서클이 수없이 생겨나고 있으나, 우리나라에서는 이들을 수용할 수 있는 시설이 거의 전무한 것이 현실이다.

외국에서는 이 같은 자생 서클들이 찾아가는 곳은 그 지역의 박물관인 것이다. 박물관에서는 각종 서클들이 공동으로 사용할 수 있는 공간을 제공하고, 활동에 필요한 기구나 도서를 대여하며, 필요시에는 분야별로 연구사가 나가서 현장 안내나 지도를 하여 줌으로써 활동을 도와준다. 그리고 각 서클에서는 연구에 사용한 자료들을 박물관에 기증함으로써 박물관 발전에 기여한다.

앞으로 멀지 않아서 대학정원보다 대학입학을 할 고교의 졸업생 수가 적어지는 시대가 올 것이라고 하며, 이렇게 되면 많은 대학에서는 학생을 유치하기 위한 치열한 경쟁이 있을 것이라고 한다. 이런 고충은 특히 자방대학에서 더욱 심할 것은 자명하다. 그러므로 대학에서는 박물관을 학교의 위상을 높일 수 있는 홍보의 장으로 최대한 활용할 필요가 있다. 그러기 위해서는 대학의 박물관이 앞장서서 그 지역사회에서 필요로 하는 각종 모임을 주도적으로 이끌고 수용할 수 있는 광장을 만들어 대중 속으로 파고 들어갈 필요가 있다.

따라서 대학박물관을 과거와 같이 민속 위주로 운영하던 것을 지양하고 민속부와 자연부를 두고, 유관학과들의 교수들로 구성되는 운영위원회를 두어, 조직적으로 국민에게 다가갈 수 있는 현실적인 프로그램을 개발하여 운영함으로써 학교의 위상을 적극적으로 홍보하는데 활용할 필요가 있다.

석란(石蘭)의 참뜻

역사에 유례없이 다사다난했던 80년을 돌아보며 그 어려웠던 속에서도 중단되었던 석란지(石蘭誌)를 다시 복간해 보겠다는 끈질긴 노력의 결정이 맺어지는 이 마당에 격려의 붓을 들고 보니 무엇보다도 초지를 굴함이 없이 동분서주하는 석란의 집 주인공(강원대학교 여학생부)들에게 찬사를 보내지 않을 수 없으며, 더욱이 어려운 여건 속에서도 물심양면의 협조와 지도편달을 아끼지 않으신 학교당국에도 경의를 표하는 바이다. 이에 필자는 석란의 참뜻을 되새겨 석란인의 나아갈 지표를 가늠해 보고자 한다.

석란이란 어떤 특정한 식물을 가리키는 고유명사는 아니다. 그저 돌 위에 나는 난초류를 총칭하는 이름이다. 우리나라에도 몇 가지 품위 있고 아름다운 석란류가 야생한다. 이 같은 석란들은 오목오목 파여진 괴석의 틈 사이에 정결하게 심어져 자연애호가들의 뜰이나 거실의 한 모퉁이에서 요염한 자태를 자랑하며 사랑을 독점하고 있다. 이러한 석란들은 현생하는 지구상의 꽃피는 식물 중에서 가장 진화된 집단의 일원인 것이다.

이 같은 석란을 심벌로 진리탐구를 하고 인격도야를 하며 새로운 꿈을 가꾸어가는 석란의 집 주인공들이여! 석란의 참뜻을 되새겨 보았는가? 어려운 역경을 디디며 되살아나는 『석란지』를 받으며 석란이 주는 교훈을 한번 생각해 봄도 뜻있는 일일 것이다.

예로부터 동양에서는 난초의 꽃을 품위가 높고 늘어진 잎의 향기가 좋으며 기품이 있어 모든 초화의 으뜸으로 여겨왔으며 군자(君子)의 덕으로 말하여져 왔다. 때문에 글이나 그림으로 많이 그려졌으며 '절개' 또는 '가인(佳人)'이라는 꽃말을 얻게 되었던 것이다. 그러므로 우리들은 석란으로부터 운치가 있고 순결한 절개와 군자의 덕을 배우며 익혀 어려운 세상을 슬기롭고 현명하게 살아갈 수 있는 지혜를 배워야 할 것이다.

그리고 석란들은 바위라는 부식토와 수분이 아주 적은 제한된 생활환경에서도 잘 살 수 있는 강인한 생활력을 지니고 있는 건생식물(乾生植物)로서 새로운 삶의 개척자인 선구식물이기도 하다. 때문에 이들은 암벽이라는 어려운 환경에 적응하기 위하여 몸속에 물을 저장할 수 있는 저수조직(貯水組織)이 잘 발달하는 동시에 수분의 손실을 최소한으로 억제할 수 있도록 식물체의 구조가 특수화 되었다.

그러므로 우리들은 석란으로부터 어려운 현실에 적응할 수 있는 강인한 체력을 배워야 할 것이며, 아울러 선구자적 정신을 본받아 새 역사창조의 길잡이가 되어야 할 것이다.

*이 글은 필자가 강원대학교 학도호국단 여학생부의 지도교수로서 기관지『石蘭』재7집[1981]에 격려사로서 작성한 것이다.

금강산의 초여름꽃

금강산의 식물

금강산의 식물이 최초로 소개된 것은 1917년 여름에 일본식물학자 나카이(T. Nakai)와 정태현(당시 중앙임업시험장 직원)의 조사로 관속식물이 823종류가 이곳에 자라고 있음이 알려짐으로써 그 전모가 소상히 들어났다(나카이 1918). 그 후 남북이 분단된 50여년간 금강산의 식물은 베일에 가려져 있다가 1998년부터 금강산관광(외금강)이 시작된 이래 그 모습의 일부를 들어내기 시작하였으며, 2007년부터는 내금강의 일부까지 공개되기 시작하였다.

금번 조사는 강원일보가 주최하는 "북 강원 금강산 생태조사"의 일환으로, 2008년 5월 29일에서 6월 1일까지 3박 4일에 걸쳐서, 현재에 공개되고 있는 6개코스 중, 구룡연 코스, 세존봉(1,132m)·동석동 코스, 수정봉(773m) 코스와 내금강 코스(현재는 만폭동 계곡의 묘길상까지 공개) 중 장안사터에서 보덕암까지의 4개 코스의 식물을 관광코스를 따라 관찰하였을 뿐으로, 금강산 전체 식물의 극히 일부를 보았음에 불과하다. 그러나 남쪽 학자로는 나카이가 발표한 뒤 90년만에 조사하는 것이니 그 의미가 지대하다.

식물의 계절변화

지구의 역사 46억년 중에 생명의 탄생은 40억 년 전이며, 식물과 동물이 분화한 것은 12억 년전이고, 식물이 바다에서 육지로 올라온 것은 4억 2천만 년 전이라고 한다. 당시의 지구는 전체가 온난했던 관계로 모든 식물이 무럭무럭 자라 전체가 목본식물이었다고 한다. 그러다 지각의 변동으로 대륙이 분리되고 기후의 변동으로 계절적 변화가 생겨 추운 곳과 더운 곳이 생김에 따라 이에 적응하기 위하여 초본식물(풀)이 생겨났으며, 식물들은 유리한 환경을 차지하기 위하여 오랜 동안 피나는 경쟁을 하여 오늘의 생태적인 지위를 차지하게 된 것이다. 따라서 50만종으로 추산되는 식물들은 열대, 난대, 온대, 한대에 따라 투쟁하여 얻은 알맞은 계절에 적당한 공간을 활용하여 꽃을 피우며 살고 있는 것이다.

전형적인 온대인 우리나라에서는 봄에 꽃이 가장 많은 것같이 보이는 것은 벗나무, 개나리, 진달래와 같은 목본성인 식물들이 잎이 나오기 전에 일제히 꽃을 피우기 때문인 것이다. 그러나 꽃이 피는 종류수로 본다면 여름, 봄, 가을의 순서로 꽃이 많다. 특히 여름에 많은 종류의 꽃이 피지만 수가 적게 느껴지는 것은 무성한 잎에 가리어서 잘 보이지 않기 때문이다.

초여름의 꽃

우리나라에서 봄을 3~5월, 여름을 6~8월, 가을을 9~11월, 겨울을 12~2월로 본다면 초여름의 꽃이라면 주로 6월에 피는 꽃을 지칭하는 것이다. 그러나 우리가 금강산을 찾은 시기로 보아 늦은 봄과 초여름에 걸쳐서 피는 함박꽃나무, 아까시나무, 참조팝나무, 괴불나무, 흰정향나무, 쪽동백, 물참대, 마가목, 국수나무, 감나무 등의 목본식물이 주축을 이루며, 마타리, 좀씀바귀, 각시둥굴레, 용둥굴레, 붓꽃 같은 초본식물 들이 피고 있다.

늦은 봄(5월)에 피는 식물로 아직 남아 있는 것으로는 층층나무와 같은 큰키나무와 백당나무, 철쭉나무, 산조팝나무, 찔레나무, 붉은병꽃나무, 향선나무, 노린재나무와 같은 관목성인 식물과 벌깨덩굴과 같은 초본식물이 보인다. 초여름(6월)에 피는 식물로는 부게꽃나무와 같은 목본식물이 있고 초본식물로는 금강봄맞이, 연잎꿩의다리, 큰원추리, 도깨비부채와 같은 것들이 피기 시작한다.

이 밖에도 봄에서 가을까지 꽃을 볼 수 있는 서양민들레, 고들빼기와 전형적인 봄식물로 심산이나 높은 지대에 아직 남아 있는 것으로는 철쭉나무, 고광나무, 각시붓꽃, 산괴불주머니, 은방울꽃, 꽃다지 같은 것들이 드물게 보이며, 늦은 봄에서 한여름까지 볼 수 있는 것은 개쑥갓, 주름잎, 쥐손이풀, 민백미꽃, 씀바귀, 개소시랑개비, 산앵도나무, 종덩굴 등이 평지나 숲 언저리에 나타나고, 여름동안 죽 보이는 것으로는 꽃개회나무, 멍덕딸기 같은 관목성인 식물과 매발톱꽃, 선백미꽃, 바위솜나물, 눈개승마, 둥근잎천남성, 둥굴레, 개망초 같은 초본식물이 산과 들에 널려있다. 그리고 여름에서 가을까지 꽃을 피우는 지느러미엉겅퀴도 볼 수 있다.

대표적인 초여름의 꽃들

금강봄맞이(*Androsace cortusaefolia*)는 앵초과에 속하는 다년생 초본식물로 1917년에 나카이가 종다리꽃속(종다리꽃은 1,300m이상의 고산에 난다) 식물에 유사한 잎을 가진 봄맞이꽃이라는 뜻의 학명을 붙여 발표한 우리나라 특산식물로 설악산과 금강산의 응달 암벽에서 자란다. 이 식물은 줄기가 없고 잎은 둥근 신장형으로 7~11개로 갈라지며 뒷면이 연하거나 흰빛이 돌고 잎자루는 3~6cm이며, 꽃은 6월에 백색으로 피고 7~12cm의 꽃대 끝에 7~17개의 꽃으로 된 산형화서가 달리는 아름다운 꽃이다. 이는 얼른 보기에는 잎이 금마타리에 유사하나 보다 소형이고 꽃이 백색인 점이 다르다. 이번 관찰에서는 구룡연 코스와 세존봉 코스, 수정봉 코스에서 많이 발견되었다.

연잎꿩의다리(*Thalictrum coreanum*)는 미나리아재비과에 속하는 다년생 초본으로 1902년에 프랑스의 식물학자 레베이레가 한국에 나는 꿩의다리라는 뜻의 학명을 붙여 발표한 우리나라 특산식물로 경북, 충북, 강원의 백두대간 심산 숲 속의 건조한 곳에 자란다. 이 식물은 높이 60cm에 달하며 잎은 1~2회 3출하고 작은 잎은 둥글며 잎자루가 밑에서부터 1/4정도 올라가 달리므로 방패와 같으며 그 모양이 연꽃의 잎에 유사하다고 하여 연잎꿩의다리라는 국명을 얻었다. 꽃은 6월에 연한 자주색으로 피며, 원줄기 끝에서 발달하는 원추화서에 작은 꽃이 모여서 피는 아름다운 식물이다. 이 식물은 한때 설악산 지역에서 삼지구엽초(음양각)로 오인되어 약재로 수집되어 판매된 일이 있으나 삼지구엽초와는 과가 다른 전혀 별개의 식물이다. 이는 비전문성인 채약사가 들은 풍월로 잘못 알고 있는데서 기인한 것이다. 이번 관찰에서는 세존봉 코스와 수정봉 코스에서 보였다.

큰원추리(*Hemerocallis middendorffii*)는 백합과에 속하는 다년생 초본식물로 1856년에 러시아의 식물학자 트라우트베터와 메이여가 미덴돌후(식물학자)의 업적을 기념하기 위하여 미덴돌후의 원추리라는 뜻의 학명을 붙여서 발표한 식물로 동아지방에 널리 분포하는 식물이다. 이 식물은 산지에 나며 줄기가 없고 잎은 길이 40~60cm이며, 꽃은 6월에 등황색으로 피고 40~70cm의 꽃대 끝에 매우 짧고 큰 포 속에 2~4개의 꽃이 달리는 아름다운 식물로 포의 끝이 꼬리모양으로 긴 것이 특색이다. 이번 조사에서는 수정봉 코스의 소나무 숲 속에서 발견되었다.

부게꽃나무(*Acer ukurunduense*)는 단풍과에 속하는 교목성인 나무로 1856년에 러시아의 식물학자 트라우트베터와 메이여에 의해서 우쿠룬두(Ukurundu)지방에 나는 단풍이라는 뜻의 이름으로 발표된 고산지대에 자라는 식물로 극동지방에 나며 우리나라에서는 심산에서 드물게 보인다. 이 식물은 키가 14m에 달하는 것도 있으나 보통 5m정도의 것이 많으며 잎은 넓은 난형으로 5개로 갈라지고 결각에 예리한 톱니가 있는 장상엽으로 긴 잎자루가 있다. 꽃은 6월에 황색으로 피며 가지 끝에 20여개의 꽃이 총상화서로 모여 달려 화려하게 보이는 아름다운 식물이다. 이번에는 구룡연 위쪽 세존봉의 급한 경사면에서 볼 수가 있었다.

꽃개회나무(*Syringa wolfii*)는 물푸레나무과에 속하는 낙엽관목으로 1910년에 식물학자 슈네이더가 월후(독일의 식물학자)의 업적을 기념하기 위하여 월후의 라일락이라는 학명을 붙여 발표한 식물로 경상도, 강원도 이북에 나며 만주에 분포한다. 이 식물은 높이 4~6m이고 잎은 타원형으로 마주나며, 꽃은 6~7월에 보라색으로 피고 새가지 끝에20~30cm의 원추화서로 달리는 아름다운 식물로 고산 정상부근에서 많이 볼 수 있다. 이 나무는 유사종인 털개회나무에 비해 화서가 새가지 끝에 달리는 것이 특색이다. 이번에는 세존봉의 정상에서 볼 수가 있었다.

바위솜나물(*Senecio phaeanthus*)은 국화과에 속하는 다년생 초본식물로 1917년에 일본 식물학자 나카이가 백두산의 고산지대(2200~2400m)에서 최초로 채집하여 신종으로 기재한 솜나물속의 식물로 우리나라 강원 이북에 나며 만주에 분포한다. 이 식물은 높이 15~30cm이며 전체에 백색 누운 털이 밀생하고 밑의 잎은 난형 내지 타원형으로 길이 6~10cm이고 위로 갈수록 작아지며, 꽃은 6~8월에 황색으로 피며 줄기 끝에 두상화서가 1~3개 달리는 아름다운 식물이다. 이번 관찰에서는 세존봉의 중턱 이상의 길가의 양지에서 드물게 발견되었다.

눈개승마(*Aruncus dioicus* var. *kamtchaticus*)는 장미과에 속하는 고산지대에 자라는 다년생 초본식물로 1897년에 러시아의 식물학자 막시모비치가 캄차카에 나는 눈개승마속 식물이라는 뜻의 학명을 붙여 발표한 것으로 우리나라 백두대간의 높은 곳에서 흔히 볼 수 있으며 북반구 온대에 분포한다. 이 식물은 높이 30~100cm이며 잎은 2~3회 우상복엽이고 소엽은 난상원형으로 끝이 뾰족하며 길이 3~10cm로 가장자리에 예리한 톱니가 있고 흔히 윤채가 난다. 꽃은 6~8월에 황록색으로 피며 줄기 끝에 10~30cm의 원추화서에 작은 꽃이 많이 모여 달리는 아름다운 식물이다. 이번 조사에서는 특히 세존봉 코스에서 많이 볼 수 있었다.

금마타리(*Patrinia saniculaefolia*)는 마타리과에 속하는 다년생 초본식물로 1886년에 영국 식물학자 헴스리가 참반디속(산형과의 식물)의 잎에 유사한 마타리라는 뜻의 학명을 붙여 발표한 우리나라 특산식물로 우리나라 거의 전도의 산지 능선을 따라 바위틈에서 흔히 볼 수 있다. 이 식물은 높이 30cm에 달하고 마주나는 잎 사이에 털이 밀생한 줄이 있으며 뿌리짬에서 나는 잎은 둥글고 5~7개로 갈라지는 손바닥모양으로 잎자루가 기나 줄기에 나는 잎은 마주나고 소형이며 잎자루가 아주 짧다. 꽃은 5~6월에 황색으로 피며 원줄기 끝에 산방화서로 달리는 아름다운 식물이다. 이 식물은 금강봄맞이와 비슷한 조건에 나며 얼른 보아 유사하나 좀 크고 꽃이 황색이어서 구별된다.

흰정향나무(*Syringa velutina* var. kamibayashii for. *lactea*)는 물푸레나무과에 속하는 낙엽관목성인 식물로 1914년에 나카이가 정향나무류의 백색변품인 한국특산식물로 발표된 것이다. 그 뒤에 정향나무의 흰꽃이 피는 품종으로 다시 정리된 식물로 지리산, 강원도, 황해도의 심산 숲 속에 난다. 이 식물은 높이 1.5m에 달하고 잎은 대생하며 아원형이고 작은 가지와 화서에 보통 털이 있다. 모변종인 정향나무는 5월에 보라색 꽃이 피나 흰정향나무는 5~6월에 백색꽃이 피는 점이 다르다. 이번 관찰에서는 내금강 코스 만폭동계곡의 암벽 위에서 아름다운 자태를 자랑하고 있었다.

함박꽃나무(*Magnolia sieboldii*)는 목련과에 속하는 낙엽관목으로 1853년 독일의 식물학자 코흐가 일본식물 연구에 공로가 많은 네덜란드의 식물학자 시볼드를 기념하기 위하여 시볼드의 목련이라는 뜻의 학명을 붙여서 발표한 식물로 우리나라 거의 전도에 나며 일본, 만주에 분포한다. 이 식물은 높이 7m에 달하고 잎은 어긋나며 넓은 타원형으로 가죽질이고 길이 6~15cm이며, 꽃은 5~6월에 지름 7~10cm의 향기로운 백색 꽃이 피어 늦은 봄과 이른 여름의 온 산을 아름답게 물들이는 식물이다. 이 식물은 산목련이라고도 부르며 봄에 일찍 우리의 정원에서 피는 목련이나 백목련에 유사하나 꽃이 잎이 나온 뒤에 늦게 피고 잎에 털이 없는 점으로 구별되고 북한에서는 목란이라고 부르며 이북의 국화라고 한다.

꽃아까시나무(*Robinia hispida*)는 콩과에 속하는 낙엽관목으로 1767년에 스웨덴의 식물학자 린네가 강한 털이 있는 아까시나무라는 뜻의 학명을 붙여 발표한 북아메리카원산의 식물로 아까시나무에 비해서 잔가지와 꽃대 축에 바늘 같은 잔가시가 밀생하고 꽃이 붉은 점이 다르다. 역시 북아메리카의 원산인 아까시나무(*Robinia pseudo-acacia*)는 구한국 말에 산림이 황폐하여 부족한 연료를 보충하기 위하여 도입하여 대용연료림을 조성한 관계로 우리나라 전역에 널리 보급되어 있으나 꿀을 치는 밀원식물로 가치가 높은 식물이다. 그 뒤 꽃아까시나무와 민둥아까시나무가 도입되었으나 남쪽에서는 꽃아까시나무는 많이 보급되지 않았으나 이북에서는 널리 재배되고 있는 것 같다. 이번에 내금강 코스를 가는 길가 부락 근처에 아름다운 붉은 꽃이 피어있는 것을 볼 수가 있었다. 이들은 5~6월에 꽃이 피고 이북에서는 장미색아카시아나무 또는 분홍아카시아나무라고 부르나 아카시아나무속 식물은 열대에 나는 별도의 다른 속 식물이다. 그리고 민둥아까시나무는 꽃이 피지 않으나 가로수로 활용되고 있다.

*이 글은 2008년에 필자와 국립수목원의 이정희박사가 공동으로 '강원일보'에 투고했던 것이다.

봄에 피는 꽃들

식물의 계절적인 변화란 자연사의 기록인 것이다. 그런고로 우리들은 달력이 없더라도 개나리꽃이나 진달래꽃이 피면 봄이 온 것을 느낄 수 있고 녹음이 우거지면 여름이 왔음을 알 수 있으며 국화꽃 향기가 짙어지면 가을이 왔음을 알 수가 있는 것이다. 계절에 따른 꽃의 변화란 일조시간의 장단의 차이가 심한 온대지방에서 현저히 볼 수 있는 특이한 현상이라고 할 수 있다. 봄이란 기후적인 제한요소로부터 식물이 해소되는 계절이라고 한다면 가장 먼저 겨울잠을 깨어난 식물들이 봄철 식물이라 할 수 있을 것이다.

4계절 중에 봄철에 피는 꽃이 가장 화려하며 이들은 모두 많은 일조시간을 필요로 하는 장일성 식물로서 전년도에 뿌리나 줄기에 저장하였던 양분을 이용하여 꽃이 피고 잎이 나온다. 이들을 대별하면 첫째 꽃이 먼저 피고 잎이 나오는 것, 둘째 꽃과 잎이 동시에 나오는 식물, 셋째 잎이 먼저 나오고 다음에 꽃이 피는 식물로 나눌 수 있다. 그 첫째에 속하는 것으로는 미선나무, 진달래, 개나리, 생강나무, 산수유나무, 살구나무, 꽃벚나무, 발강올벚나무, 복사나무, 사과나무, 배나무, 네군도단풍, 산당화, 박태기나무, 목련, 버들 등등 목본식물이 많고 노루귀 같은 초본식물도 있다. 둘째에 속하는 것으로는 현호색, 대잎현호색, 복수초, 할미꽃, 양지꽃, 태백제비꽃 고깔제비꽃, 남산제비꽃, 앵초, 구화바람꽃, 들바람꽃, 홀애비바람꽃, 꿩의바람꽃, 개구리발톱, 연복초, 애기중의무릇, 중의무릇, 산자고, 얼레지 등등 초본식물이 많고 병꽃나무, 때죽나무와 같은 목본식물도 있으며 이 중에서도 순장일성식물인 현호색류, 복수초, 바람꽃류, 연복초, 중의무릇류 산자고 같은 것은 이른 봄에 개화결실하고 5월 말경이면 그 자취를 감추게 되므로 봄철이 아니면 채집할 수 없는 식물들이다. 이런 것들은 조춘식물이라고 한다. 셋째에 속하는 것으로는 늦은 봄으로부터 여름 가을에 걸쳐서 피는 그 밖에 많은 꽃들이 있다.

꽃이란 영양조건과 기후조건이 구비되면 1년에도 수회씩 필 수가 있는 것이다. 우리는 흔히 가을에 개나리꽃을 볼 수 있는 것도 이러한 까닭이다. 필자는 지난해에 제주도 동계답사 때에 봄철의 꽃인 낚시제비꽃이 서리 밭에 피어 있는 것을 보았고 여름철의 식물인 패랭이꽃과 자란초가 철도 없이 피는 것을 보았다. 같은 속의 식물도 종류에 따라 개화 시기가 조금씩 다르다. 제비꽃류의 경우를 보면 태백제비꽃, 단풍제베꽃, 제비꽃, 서울제비꽃, 고깔제비꽃 같은 무경성(줄기가 없는)인 것은 일반적으로 개화기가 빠르고 졸방제비꽃, 긴잎제비꽃, 선제비꽃, 섬제비꽃 같은 유경성인 것은 개화 시기가 늦은 경향이 있으며 장백제비꽃, 구름제비꽃 같은 고산성인 것은 꽃이 늦게 피는 경향이 있고 금강제비꽃, 노랑제비꽃 같은 산지성인 것은 중일성인 경향이 있는 것을 볼 수가 있다. 그와 같은 것도 종의 속성과 기후적 환경조건의 종합적인 표현이라고 불수가 있는 것이다.

위에서 총괄적으로 열거한 봄철에 피는 꽃들 중에서 우리들의 눈길을 많이 끄는 식물에 대하여 소개하여 보기로 한다.

(1) 미선나무(*Abeliophyllum distichum*)

미선나무는 물푸레나무과에 속하는 소관목성인 식물로서 1속 1종의 우리나라 특산속 식물이다. 이 식물은 산록에 나는 식물로서 개나리보다도 일찍이 백색의 꽃이 피며 그 향기가 대단히 좋다. 이 꽃이 널리 알려지지 않은 까닭은 그 산지가 충북지방을 중심으로 국한되어 있는 까닭이다. 미선나무는 휘어무지가 잘 되므로 번식이 용이하다. 앞으로 식물애호가들의 손이 미치면 화훼식물로서 충분한 가치가 있다.

미선나무란 이름은 과실의 모양이 미선과 같이 생겼다는 데서 얻어진 것이며 *Abeliophyllum* 이란 속명은 댕강나무(*Abelia*)에 유사한 잎을 가지고 있다는 데서 붙여진 것이다. 미선나무는 1917년 정태현과 나카이(일본식물학자)가 충북 진천군 초평면 용정리의 측백나무 원산지 조사시에 최초로 발견되어 1919년에 전기 나카이에 의해 특산식물로서 발표되었다. 그 뒤 모리(일본식물학자)에 의해 천연기념물로 천거되어 제14호로 지정 되었으나 당시에는 원산지에 대한 여러 가지 물의가 있었는데 1956년에 충북 괴산군 장연면 송덕리에서 황병옥(초등학교 교사)에 의하여 제2자생지가 발견됨으로써 학계의 숙제가 풀렸던 것이다. 이는 그 뒤 정태현과 최기철의 현지조사에 의해 천연기념물 147호로 지정되었다.

그 뒤 1960년에 필자가 충북식물을 조사 할 때에 돌아보니 제1차생지에는 거의 없어졌고 기념 팻말이 꽂인 곳의 철조망 안에 몇 그루가 보존되어 있을 뿐이었고 제2자생지에는 갑자기 유명해지고 보니 인근학생들의 봄 · 가을 소풍지로 되어 점차 멸종되어 가므로 당국에서는 기념패를 빼서 감추는 현실이었다. 여기에서도 현인단명(賢人短命)이라는 옛말이 적용되는 듯싶다. 이러한 까닭으로 필자가 발견한 제3, 제4의 자생지는 천연기념물로 지정하지 않는 편이 본래의 보존 목적에 가까워질 수 있을 것 같다.

(2) 진달래나무(*Rhododendron macronulatum*)

우리나라의 봄철의 꽃 하면 진달래를 들만치 봄이면 3천리강토를 붉게 물들여주고 있다. 그러므로 예로부터 진달래류를 총칭하여 “참꽃나무”라고 불렀던 것이다. 자고로 봄이면 문인들은 참꽃을 따서 화전을 부쳐 놓고 술잔을 기울이며 시흥에 취했던 것이다. 필자는 우리나라 국화로는 여러 가지 점에서 무궁화보다는 진달래나무가 더 좋다고 생각한다.

진달래나무는 철쭉과에 속하는 낙엽활엽관목으로 이른 봄 잎이 나오기 전에 가장자리가 다섯갈래로 째진 누두상의 적자색 꽃이 핀다. 붉은 꽃이 피는 나무라는 뜻에서 *Rhododendron*이라는 속명을 얻었다. 우리나라에 자생하는 철쭉속에는 12종 9변종 2품종이 알려져 있다. 철쭉도 이 중에 한 종인데 개화기가 좀 늦으며 꽃색이 약간 엷고 유독성의 점액이 분비하므로 끈적끈적하며 식용이 불가하다. 또 잎이 넓고 둥글며 1개의 꽃눈에서 수개의 꽃이 피는 것이 특징이다. 영산홍도 본 속에 속하는 식물로서 꽃색의 변이(적, 황, 백 등)가 많은 원예종으로 어린 가지에 갈색 융털이 많은 것이 그 특징이다.

(3) 개나리(*Forsythia koreana*)

개나리는 물푸레나무과에 속하는 관목으로 우리나라 중부 이남의 뜰에 많이 심는 꽃나무로서 잎이 나오기 전에 황색의 꽃을 피워 정원을 온통 꽃밭으로 만들어준다. 나리(백합)와 같이 통상의 꽃이라는 의미에서 개나리의 이름을 얻은듯하며 속명 *Forsythia*는 영국의 식물학자를 기념하기 위하여 붙여진 것이라고 한다. 우리나라의 개나리는 1900년 파리빈(J. Palibin)이 최초로 기재하였고 그간의 연구결과 개나리, 산개나리, 장수개나리, 만리화 등 4종의 야생종이 알려져 있으며 일본개나리, 당개나리, 의성개나리 등 3종의 외국종이 들어와 있다. 그런데 우리나라의 특산인 개나리가 야생으로 찾아 볼 수 없는 것은 무슨 까닭인지는 알 수 없으나 꽃이 아름다워서 모두 캐어 들인 것이 아닌가 여겨진다.

개나리류에는 종자가 맺는 것과 맺지 않는 것이 있다. 결실하지 않는 개나리는 암술이 짧고 수술이 길며 결실하는 산개나리는 반대로 암술이 길고 수술이 짧다. 개나리가 결실하지 않는 데는 여러 가지 설이 있으나 인공수정 결과 어느 것이나 결실율이 좋은 것으로 보아 1종의 진화현상이라 볼 수 있으며 자웅이주라는 옛날 학설은 믿을 수 없는 것이다. 그런데 개나리의 과실은 연교(連翹)라고 하여 한약재로 사용하고 있다. 우리나라에서 사용되는 한약 연교는 주로 경북 의성에서 생산되고 있었다. 해방 전에는 연교의 시가가 높았음으로 전답 둑에 많이 재배하여 연간 4만근 정도 생산하였으나 현재에는 신약의 영향으로 시세가 없어 생산이 감소되어 생산의 부족을 느낀다고 한다. 생약 연교의 원식물에 대하여는 여러 가지 설이 있다. 도상학은 여러 가지 조사결과 의성산 연교의 원식물은 산개나리(*F. saxatilis*)라고 발표했으나(안덕균의 『한국본초도감』) 필자의 식재관찰 결과 본종은 수피가 녹색을 띠며 줄기가 현저히 네모가 지는 점으로 보아 산개나리가 아니고 중국원산인 *F. viridissima*라고 생각하여 국명을 '의성개나리'라고 하여 발표한 일이 있다.

마키노(牧野富太郎)의 주장에 의하면 연교가 本草綱目 草之五濕草類에 속해있고 고추나물(*Hypericum ascyron*)에 대하여 호남연교(湖南連翹)라는 말이 사용되는 것으로 보아 연교는 물푸레나무과에 속하는 목본식물인 개나리가 아니라 물레나물과에 속하는 초본식물인 *Hypericum*속의 식물인데 유사한 삭과를 가진 *Forsythia supensa*로 와전된 것이라고 하며 고노(小野蘭山)는 연교는 개나리에 사용하고 고추나물에는 小連翹를 적용하고 있으나 오카무라(岡村尙謙)는 연교합체(連翹合體)를 고추나물에 사용할 것을 주장하고 있다. 그리고 대만에서 출판한 中國本草圖錄에는 *Hypericum erectum*에 小連翹를 사용하고 *Forsythia viridissima*에는 금종화(金鐘花)를 사용하였다. 그 약명은 여하간 약성으로 보아 본초강목의 진품에 어느 것이 더 가까우며 이들을 혼용해도 좋은가에 대한 성분학적인 연구가 필요할 것으로 본다. 전기 마키노에 의하면 연교의 連이란 과실이 모여서 房과 같은 모양을 만드는 것을 형용하고 翹란 줄기(물레나물)가 세장하여 여러 초본류 사이에 우뚝 솟아있는 것을 의미한다고 한다.

(4) 왕벚나무(사구라나무, *Prunus yedoensis*)

봄이면 고궁이 벚꽃놀이로 분비는 것이 현실이다. 우리나라에서 꽃놀이가 진달래에서 벚꽃으로 바뀐 것은 1910년 이후 일본사람이 정책적으로 일본의 국화인 사구라나무를 전국에 퍼트렸으며 특히 서울의 창경원을 비롯한 우이동, 청량리 임업시험장, 그리고 우리나라에서 제일 따뜻하고 중요한 군항인 진해에 대량 식재한 이후이다. 이는 그들의 식민지정책의 일환이었다.

벚꽃(사구라나무)이 일본의 국화라고 해서 우리의 국민감정이 좋지 못한듯하나 왕벚나무(사구라나무)의 고향(원산지)이 우리나라 제주도 한라산이고 일본으로 건너가서 그들에게 총애를 받고 있다가 본토로 되돌아온 것이라고 한다면 그 무엇이 이상할 것인가? 사구라(染井吉野)라는 말은 1900년 도노(藤野寄命)가 『우에노공원 벚꽃의 종류』의 보고서 중에서 최초로 사용되었으며 1901년 마쓰무라(松村任三, 동경대학 교수)에 의해 *Prunus yedoensis*라는 이름을 얻게 되었다. 그러나 그 원산지를 알지 못했으나 1913년 고이즈미(小泉源一, 경도대학 교수)가 아오모리에 있는 호리(U. Foaurie)신부의 식물표본을 조사하다가 제주도에서 채집된 사구라의 표본을 발견한 이후 일본국화인 사구라가 제주도가 원산지가 아닌가 생각하게 되었으며 그는 이를 확인하기 위하여 1932년 4월에 제주도에 와서 조사한 결과 한라산 남측 600m지점(마라리네 계곡)에서 왕벚나무(*P. yedoensis*)와 제주벚나무(*P. yedoensis* var. *nudiflora*)의 자생지를 발견하고 선원에 의해 일본으로 건너갔으며 이를 에도(동경)에 있는 원예사에 의해서 널리 보급된 것이라는 결론을 내림으로써 학계의 오래동안의 숙제이었던 일본 국화인 사구리의 원산지가 제주도라는 것이 확정되었다.

그러나 이 원산지문제에 대해서는 윌슨(Wilson, 미국 아놀드 식물원장, 벚나무속 전문가)의 교잡종설(올벚나무×외첩벚나무)을 지지하는 학자도 있다. 최근(1962)에 다케나카(竹中要)의 보고에 의하면 세포유전학적인 연구결과 왕벚나무가 잡종이라는 사실을 재확인하고 있는가 하면 박만규(국립과학관장)는 1962년 4월에 국립과학관 주최로 제주도 자원식물조사단의 단장으로 본도에 도래하여 조사한 결과 한라산의 남쪽 600m지점의 혼휴림 속에서 왕벗나무의 자생지를 재발견하였다고 보고함으로써 1912년의 퀘후네(E. Koehne)와 1932년 고이즈미의 이론을 재확인하고 이를 천연기념물(제156호)로 지정 공포하였다. 한편 정태현은 전기 박만규의 표본을 감정한 결과 그것은 빨강올벚나무이었다고 하여 좀더 조사함이 좋을 것이라는 신중론을 주장하며 한창열(육종학자)은 육종학적인 연구계획을 발표하고 있으므로 韓(한창열)·竹中의 연구결과가 주목되는 바이다.

(5) 버들(*Salix*)

버들(柳)이란 버드나무과에 속하는 식물들을 총칭하는 대명사이다. 이 과에는 버드나무속(*Salix*), 사시나무속(*Populus*), 새양버들속(*Chosenia*) 등의 3속이 우리나라에 야생하고 있으며 이들은 모두 자웅이주로 수나무와 암나무의 구별이 되며 이른 봄에 꽃이 핀다. 우리들이 축축 늘어진 꽃 이삭을 볼 수 있는 것은 모두 수꽃이다. 생물은 일반적으로 암컷보다 수컷이 더 아름다운 것이다(사람은 예외?). 이곳에서도 이 진리에는 변함이 없다.

버들은 자고로 풍치목으로서 총애를 받아왔으며 그 중에서도 수양버들이나 능수버들은 여인의 두발 같이 축축 늘어진 가지는 더욱 운치가 있어 우리 조상들에게 많은 사랑을 받아왔으며 수많은 전설과 일화를 지니고 있는 것이다. 뿐만 아니라 이들은 우리 일상생활에 필요한 여러 가지 자료를 제공하여 주고 있는 것이다. 근래에 우리의 정원에 많이 심어져 있는 운룡버들은 가지가 꼬불꼬불하여 일층 묘미가 있다. 이는 중국원산으로 1912년에 안동(安東)으로부터 들여온 것인데 당시에 수나무만을 가져다 무성증식을 시킨 것임으로 오늘날까지 홀아비생활을 하고 있다. 이 고독한 생활을 면하도록 짝을 채워줄 독지가는 없으실지!

*Salix*라는 말은 Saeyein(동요하다)이란 말에서 유래한 것으로 가지가 연하고 움직이기 쉬운데서 얻어진 것이라고도 하고 켈트어의 Sal(가깝다)과 Lis(물)의 합성어에서 온 것으로 이들 식물의 많은 것이 수습한 땅을 좋아하는 습성에서 얻어진 것이라고도 한다. 버들이 물가(수변)를 좋아하게 된 이유는 버들의 종자는 어린 싹을 생육시키는데 필요한 배유(씨젖)를 가지고 있지 않으므로 종자가 비산된 뒤 24시간 이내에 발아하기에 알맞은 수습한 곳을 찾지 못하면 발아능력을 상실하는 딱한 사정이 있기 때문인 것이다. 이와 같은 결함을 메꾸기 위하여 꺾꽂이(삽목)나 휘어무지와 같은 무성생식기능이 발달하게 된 것이다.

(6) 수수꽃다리(*Syringa dilatata*)

수수꽃다리는 물푸레나무과에 속하는 관목으로 우리나라 특산식물이며 봄철에 우미(優美)한 향기를 뿜는 보라색 꽃이 피는 식물이다. 우리가 보통 '라이락'이라고 부르는 것은 이와 유사한 외래식물로서 백색 꽃이 피는 종류이다. 수수꽃다리는 원래 황해도 서흥이 고향인데 1914년에 처음으로 임업시험장에서 채종 증식하여 선전한 이래 오늘에는 적국 각지에 퍼지게 되었다. 우리나라에는 송충과 인삼만이 있는 줄로 알았던 어느 외국인에게 한국에도 라이락의 야생종이 수십종 있음을 설명했더니 허리를 굽히며 크게 놀라더라는 이야기도 있다. 우리나라에서도 중부이북의 산에서는 봄철이면 라이락 향기로 가득 차게 된다고 한다.

*Syringa*라는 이름은 syinx(管)에서 유래한 것인데 이는 서구에서 이 나뭇가지로 퉁수와 담뱃대를 만들었던 일이 있고 꽃의 모양이 관모양을 하고 있는 까닭이라고 한다. 그리고 라이락이라는 말은 아라비아어의 laylak이라는 말에서 온 것이라고 한다. 오늘에도 서구에서는 라이락이 많은 사랑을 받고 있다고 하니 우리나라의 특산인 수수꽃다리를 널리 선전하여 그 품위를 겨루어 보는 것도 좋을 듯싶다.

(7) 제비꽃(*Viola mandshurica*)

제비꽃은 제비꽃과에 속하는 다년생 초본으로서 이른 봄부터 산야를 수놓아준다. 제비꽃과에는 전 세계에 16속 800종이 온대, 열대에 분포하며 이 중 제비꽃속에 400여종 있다. 우리나라에는 제비꽃속만이 있고 이에는 40여종이 야생하며 꽃 색은 백색, 자색, 홍자색, 황색 등 변화가 많고 예쁜 꽃부리를 가지고 있는 것이 특징이다.

제비꽃이라는 이름은 꽃의 모양에서 얻어진 것이며 이 이외에도 오랑캐꽃, 씨름꽃, 장수꽃, 앉은뱅이꽃, 병아리꽃, 외나물 등 여러 가지 이름이 있다. 연약하고 아름다운 꽃에 이같은 무시무시한 이름들로 불리어진 까닭은 알 수 없는 일이나 아마도 꽃의 모양에서 온 것 같다. 한자명으로는 근근채(菫菫菜), 자화지정(紫花地丁), 지정(地丁) 등 여러 가지가 있으나 중국 고문에 나오는 菫이란 제비꽃류가 아니며 미나리류이고 본초강목에 나오는 자화지정도 *Gueldentedtia, Polygala*, 또는 *Colydalis*에 속하는 것이었으며 한황본초의 그림에 나오는 근근채가 올바른 것이라고 한다. *Viola*라는 속명은 그리스의 고명 제비꽃(ion)에서 온 것이며 영명의 Violet은 꽃의 색깔에서 얻어진 것이고 제비꽃은 고대 희랍의 국화로서 많은 전설과 꽃말을 가지고 있다.

(8) 할미꽃(*Pursantilla koreana*)

자고로 봄철의 꽃 하면 할미꽃을 빼놓을 수 없다. 할미꽃은 미나리아재비과에 속하는 다년초로 이른 봄 양지바른 곳에 아름답게 핀다. 이른 봄 농촌 아이들의 꼭두각시놀이를 하는 것이 이 꽃이다. 아이들은 적자색의 꽃을 따서 새색시가 시집갈 때 쓰는 족도리를 만드는 것이다. 할미꽃이라는 말은 꽃줄기가 꼬부랑 할머니와 같이 구부러진다고 하여 붙여진 것이며 꽃 모양이 작은 종과 같다는 의미에서 *Pursantilla*라는 속명을 얻게 된 것이다.

할미꽃의 뿌리는 백두옹(白頭翁)이라 하여 한약재로 사용되는데 백두옹이라는 말은 과실(수과)이 모여서 구형을 이루며 이들 각각에 털과 같은 긴 암술머리가 있다. 이것이 마치

백발노인의 머리와 같다는 데서 얻어진 것이다.

(9) **현호색(*Corydalis turtschaninovii*)**

현호색은 양귀비과에 속하는 다년초로서 이른 봄의 산야에 자색 또는 홍자색의 꽃이 피는 연약한 식물로 잎에 변화가 많고 둥근 괴근은 약재로 사용한다. *Corydalis*라는 속명은 Corys (종다리)에서 유래한 것으로 꽃의 모양이 종다리가 달고 있는 것과 유사하다는데서 얻어진 것이다. 현호색(玄胡索)이란 말은 원래 연호색(延胡索)이던 것이 중국 당나라 6대왕현종의 칭호를 따서 현호색으로 고친 것이라고 한다.

(10) **앵초(*Primula sieboldii*)**

앵초는 앵초과에 속하는 다년초로서 봄에 홍자색의 꽃이 핀다. 우리들이 화원에서 흔히 볼 수 있는 프리뮬라에 못지 않게 아름답다.

*이 글은 필자가 1965에 성대신문 358~360호에 게제했던 것을 정리한 것이다.

우리나라의 겨울꽃

우리나라는 남북으로 길게 뻗어 있고 또한 동서남부가 바다에 면하여 난류와 한류의 영향을 받으며 북쪽도 중국대륙과 시베리아대륙에 면하여 그 영향 또한 커서 비교적 높은 산맥이 발달하여 참으로 식물이 자라는데 다양한 기후가 작용하는 식물생활환경의 복잡성을 엿볼 수가 있다. 따라서 난온대식물 종류에서 한온대식물까지 종류가 참으로 많다.

한국식물은 개화기로 조사한 결과를 보면 겨울에 피는 식물은 0.2%로 적은 수가 피고 거의 전부 난온대성 식물임으로 중부지방에 속하는 강원도에서는 겨울에 꽃피는 식물이 없다고 말 할 수 있으나 간혹 야외에서 겨울에 꽃이 피는 식물을 관찰할 수 있는 것은 지역적으로 이상기온에 의해 나타날 수 있다고 할 수 있다.

한편 여름에 피는 식물이 가장 많아서 전체의 70%를 차지하고 봄에 피는 식물은 38%, 가을에 피는 것이 14.5%의 순이다(전체가 100%가 넘는 이유는 2계절에 걸쳐 피는 식물이 있기 때문이다). 이런 현상은 우리나라의 기온과 우량이 여름, 봄, 가을, 겨울의 순서로 된 점과 일치함을 알 수 있어 우리나라 야생식물의 개화에 기온과 우량이 직접 또는 간접적으로 작용하는 것을 알 수 있다. 그러나 우리는 우리나라의 봄에 꽃피는 식물이 많을 것이라고 생각하는 수가 있으나 이는 봄에 피는 식물 중에는 개나리, 진달래, 벚나무 같이 잎이 나오기 전에 화려한 꽃이 먼저 피는 것이 있기 때문일 것이다.

우리나라에 나는 목본은 봄에 피는 꽃이 59.3%로 가장 많고 여름에 44.7%, 가을에 27%의 순으로 피나 초본에 비해서 봄, 여름 꽃의 비율이 정반대 현상을 이루고 있는 것을 볼 수 있다. 따라서 한국의 식물은 꽃피는 것으로 보아서 여름꽃식물이 가장 많으나 꽃이 작고 무성한 잎에 가리어서 적게 느껴지는 것이다. 우리나라의 대표적인 겨울꽃들은 다음과 같다.

1. 동백꽃

우리나라에서 동백나무는 남부의 도서지방 및 제주도와 서해안의 난류의 영향을 받는 황해도 대청도까지에서 자라는 차나무과에 속하는 늘푸른나무이다. 나무의 줄기는 높이 7m정도의 상록소교목으로 관목상으로 되는 것이 많고 잎은 매우 두터운 편이고 앞면은 사계절 내내 윤기가 흐른다. 꽃은 2월에 남쪽에서부터 피기 시작하여 점차 북상하여 4월쯤에는 중부지방에도 꽃이 피기 시작한다. 꽃은 갈래꽃으로 매우 색깔이 짙은 붉은 색이며 수술이 아주 많은데 그 끝에는 노란색의 꽃밥이 달려있다. 동백꽃에는 그 꿀을 빨아먹고 사는 동박새가 있어 꿀을 빨아먹으며 꽃가루를 이꽃 저꽃에 옮겨 준다. 그래서 동백꽃은 조매화로 새들에 의하여 수정되는 대표적인 꽃이다. 향기로운 이 꽃이 지고 나면 열매가 자라기 시작하여 그해 11월쯤 되면 호두알 크기의 열매가 익는다. 다 익은 열매는 벌어져 씨가 땅으로 떨어지는데 이 동백 씨앗은 기름을 짜서 식용, 공업용, 약용, 머릿기름 등에 쓰인다. 줄기는 그 질이 매우 견고하고 단단하기 때문에 숯, 악기, 농기구, 가내세공품의 재료로 사용된다. 특히 동백나무 숯은 불이 오래 유지되기 때문에 숯 중에 최상품으로 취급된다.

옛날 남국의 청년 한사람이 두메산골에 살고 있었는데 그 마을의 어느 소녀 하나를 알게 되어 서로 사랑을 나누고 장래를 약속하기에 이르렀다. 그러나 얼마 가지 않아서 이 청년이 멀리 떠나야 했기 때문에 둘은 헤어질 수밖에 없었다. 헤어지기 전날 소녀는 청년의 옷깃을 잡고 슬픔을 억누르면서 말했다. "당신에게 부탁이 하나 있습니다. 당신의 고향은 남쪽나라 따뜻한 곳이라고 알고 있는데 이다음 오실 때는 동백나무 열매를 꼭 갖다 주세요. 그 나무의 열매기름으로 머리를 예쁘게 치장하여 당신에게 보여드리고 싶습니다" 그러자 그 청년은 그렇게 하겠다고 굳게 약속을 하고 바다 건너 멀리 남쪽나라로 떠나버렸다. 소녀는 한숨과 눈물로 세월을 보냈다. 손꼽아 헤아려 보니 떠난지 어느새 만 1년이 지나고 있었다. 그러나 떠나간 임은 소식조차 없는 것이었다. 소녀는 청년을 그리워 하다가 마침내 숨을 거두고 말았다. 얼마 지나지 않아 소녀가 죽은 줄도 모르고 청년은 그리움에 부푼 가슴을 안고 이 산골로 소녀를 찾아왔다. 소녀의 죽음을 알게 된 청년은 미친 듯이 소녀의 무덤 앞으로 달려가 땅을 치고 통곡을 했다. 그러나 한번 간 소녀는 대답이 없었다. 청년은 소녀를 위해 갖고 온 동백나무 열매를 무덤 주위에 뿌리고 떠나버렸다. 그 후 동백나무 열매는 싹을 티워 마침내 꽃이 펴 열매를 맺었다. 죽은 소녀의 넋이 한이 되어 그 한이라도 푸는 듯이 봄이면 동백꽃으로 동산을 붉게 물들이는 것이었다.

2. 팔손이

우리나라 남부지방 거제도의 해변 산간이 원산지인 오갈피나무과의 상록관목으로 높이 2.5m정도의 늘푸른나무로 관상용 식물이며 잎은 어긋나고 일곱 내지 아홉 개로 갈라져서 손바닥 모양으로 되며 표면은 짙은 녹색이고 윤기가 나며 잎 뒷면은 황록색이고 가장자리는 톱니모양이다. 꽃은 산형화서로 가지 끝에 모여서 원추화서로 피며 길이는 20~40cm정도로 아주 작은 꽃이 많이 모여 핀다. 꽃은 늦가을이나 초겨울에 황색으로 핀다. 다음해 4~5월에 둥근 열매가 익는다. 열매는 포도송이처럼 많이 달리는데 지름은 0.5cm정도로 검은색으로 익는다.

우리나라 경남 통영군 한산면 비진리에 팔손이의 자생지가 있다. 이곳은 천연기념물 제63호로 지정되어 보호받고 있다. 남부지방에서는 정원수로 많이 식재하고 중부이북에서는 온실에서 꽃을 볼 수 있다.

3. 백서향

거제도 및 제주도에서 자라는 상록관목으로 높이 1m에 달한다. 잎은 어긋나고 좁은 타원형이며 가장자리는 밋밋하다. 꽃은 암수딴그루로 2~3월에 피고 백색이며 붉은 가지 끝에 모여 달리며 열매는 구형에 가깝고 주홍색이며 길이 8mm정도이고 5~6월에 익으며 독이 있다. 이 시기에 피는 식물로 백서향과 유사한 서향이 있는데 이는 중국원산으로 남부지방에서 재배한다.

4. 차나무

중국이 원산인 나무로 전남과 경남지방에서 대량으로 재배되고 있는 차나무과에 속하는 상록활엽관목이다. 잎은 두껍고 긴타원형으로 어긋나며 꽃은 10~12월 초에 흰꽃이 핀다. 잎은 연 4회 따서 녹차, 홍차, 우롱차 등을 만든다.

5. 수선화

중국에서 들여온 관상용 재배식물로 여러해살이풀이다. 수선화라는 이름이 붙여진 것은 이 식물이 자라기 위해서는 다른 식물보다 물이 많이 필요하기 때문이다. 하지만 물속에서 자라는 것은 아니고 어느 정도의 습기만 있으면 잘 자란다. 뿌리줄기는 양파모양이고 잎은 가늘고 길며 난초잎 같이 날렵하고 뿌리줄기에서 모여난다. 1~2월에 잎 사이에서 20~30cm 정도의 꽃대가 나와 그 끝에 순적색의 꽃이 핀다. 동절기에 우리나라에서 꽃을 볼 수 있는 초본(풀)은 오로지 수선화뿐이다.

*이 글은 어린이강원 제909~915호 1992년 12월 24일에 게재된 것이다.

祝 雲月 學兄의 八旬

雲月 禹洪基 學兄과 筆者는 忠北 槐山郡 七星面의 槐江을 사이에 두고 우형은 江南인 君子山의 품안에서, 필자는 江北에서 군자산을 바라보며 어린 시절을 보냈고, 槐山中高等學校에서 젊은 꿈을 같이 키워왔다.

君子山(948m)은 우리고장의 심벌이며 轉石地가 많은 險峻한 石山으로 山麓에 기름진 칠성벌이 펼쳐져 있다. 군자산은 그 산기슭에 우리나라 特産屬(한국에만 나는 식물의 성씨) 植物인 미선나무(*Abeliophyllum distihum*)가 자라고 있으며 산 중턱에는 두메닥나무(*Daphne pseudo-mezereum* var. *koreana*)와 망개나무(*Berchemia berchemiaefolia*)와 같은 稀貴植物이 자라고 있는 靈山이다.

自古로 人生 70이 古來稀라고 했는데 雲月은 當年이 八旬으로, 그보다도 江山이 한 번 더 변하였으니 이야말로 九九八八(99세까지 팔팔하게)을 외치며 乾杯를 들어야 할 것이다. 이는 근래 醫藥의 發達로 當然視 할 수도 있으나, 이 경우는 雲月이 태어난 靈山과 禹門의 孝行이 큰 몫을 한 것이 아닌가 思料된다.

예로부터 우리 민족은 孝는 百行之源이라고 하며, 父母를 至極精誠으로 섬기고 祖上을 誠心誠意 껏 받드는 美風良俗을 지니고 있었으나, 최근에 西風의 影響이 많아 그 根本이 흔들리기 시작한지 오래이며, 뿐만 아니라 家族制度가 뿌리째로 요동치고 있음은 심히 유감스러운 일이다. 이런 때에 丹陽禹門은 妙洞谷에 追慕苑을 지어 入鄕祖를 모시고 孝行亭을 세워 後孫을 일깨우는 일을 雲月이 陣頭指揮하여 이루어 낸 孝行이야 말로 높이 評價되어야 할 것이다. 뿐만 아니라 그는 孝行奬學會를 만들어 우리고장의 불우한 젊은이들을 훌륭한 棟樑으로 키워내는 일에 온 힘을 기우려왔으며, 고장의 各樣 各色의 哀慶事는 빠짐없이 찾아다니며 돕는 일을 게을리 하지 않는 마당발이고 보면, 오늘의 慶事는 지극히 당연한 것이 아니겠는가.

元來 좋은 일은 끝도 한도 없는 것이며, 잘하다 한번만 실수하면 물거품이 되는 것이다. 그러나 雲月 禹兄은 오늘에도 每日 골프로 몸매를 다듬어 健康을 챙기며, 많은 일들의 中道를 찾고 있으니, 이 뿌리는 더욱더 굳은 땅에 깊게 내릴 것이 분명하다.

그럼으로 다시 한 번 구구팔팔로 八旬을 慶賀한다.

*이 글은『雲月自敍』(2009)에 투고한 것이다.

나의 바램

누구에게나 바램 즉 소망이나 희망이 있다. 이 바램은 성장과 더불어 변해간다. 필자는 충주의 선대 묘막에서 태어나 강보에 싸여 괴산군 칠성면 갈읍리로 와서 외가와 진외가의 그늘에서 어린 시절을 보낸 관계로 주변에서 특별한 자극을 받지 못하고 자란 탓인지 유년기에는 별다른 바램을 가져본 기억이 없다. 필자가 최초로 바램을 가져본 것은 초등학교 5학년 시절이었을 것이다. 그림 그리는 사람(화가)이 되고 싶다는 생각이 들어 인물화를 자주 그려보았다. 당시 아버님은 외가댁에서 하는 산판의 관리업무를 보신 관계로 우리 집에는 산판에 관계하는 인부나 목재를 운반하는 운전사들의 출입이 빈번했다. 어느 기사분이 내가 인물화를 그리는 것을 보고 '야 너 환쟁이가 되고 싶으냐 그것 밥 굶기 딱 알맞은 직업이다' 하며 픽 웃는 것이 아닌가. 어린마음에 섭한 기분이 들었다.

초등학교 6학년 국어교과서에 대동여지도를 그린 김정호에 대한 단원이 있었다. 그것을 배운 뒤 김정호는 우리나라의 지도를 만들기 위해서 도보로 전국방방곡곡을 다녔다는데 나는 내가 사는 고장의 산도 다 다녀보지 못하면 좀 남우새스럽지않나 하는 생각이 들어 틈틈이 주변의 산들을 홀로 올라 눈 아래 전개되는 넓은 들판을 바라보며 흐뭇한 기분을 느껴보곤 했다.

필자는 집에서 약 20리나 되는 연풍국민학교를 졸업하고 군청소재인 괴산에 있는 중학교로 진학을 하여 작은 외가댁에서 학교를 다니게 되었다. 당시 외삼촌은 괴산양조주식회사의 전무인지라 그곳의 유지이신 관계로 그 댁에는 지방유지들의 출입이 많았다. 중학교에 진학한 뒤에는 글 쓰는 사람이 되고자(문학가) 문예반에 들어가서 특별활동으로 교지편찬에 참여하였다. 당시 괴산에는 산중에 살면서 생식을 하며 도를 닦는 동씨라는 도인이 있어 그를 탐방하여 기사도 만들어 교지에 실었고 간간히 자작으로 제목을 정하여 글을 써보곤 하였다. 하루는 "어머니"라는 제목으로 글을 쓰고 있는데 어느 손님이 오셔서 나를 보시고 '너 소설가가 되고 싶구나 그거 밥 굶기 딱 알맞은 직업이다'라고 하지 않는가. 나는 다시 한 번 충격을 받았다.

필자는 그 뒤부터는 정치하는 사람이 되어 보겠다는 바램을 가지게 되었고 그러자면 말을 잘해야 한다는 생각이 들어 웅변 반에 들어가서 웅변을 하기 시작했다. 처음 학급대항 웅변대회로 단상에 오르니 긴장이 되어 밑에 앉아있는 친구들의 얼굴이 잘 보이지 않더니 좀 익숙해지니 또렷 또렷이 눈에 들어오기 시작했다. 그 당시 반공웅변대회가 자주 열려 나는 학교대표로 나가서 책상을 꽝꽝 치며 연설을 하여 수상하기도 하였다.

한편 중학교 4학년 때 필자를 특별히 사랑해 주시던 물리선생님의 권고로 나의 재산목록 1호였던 탁상시계를 활용하여 자명종시계를 말들었고, 또 생물선생님의 권유로 봄철에 피는 식물표본을 20여장 제작하여 이 두 가지 작품을 제1회 전국과학전람회 충청북도 예선에 출품하게 되었다. 그 뒤 바로 6. 25 전란이 터져서 작품들은 어떻게 되었는지도 알 길이 없다. 그러나 이로 인해 나는 아끼던 탁상시계는 잃게 되었으나 우리 주변에는 다양한 식물들이 있음을 알게 되었다. 특히 그 시절에 채집한 상록성인 풀은 노루발풀이라는 것을 뒤에 알게 되어 나의 기억을 새롭게 하였다.

그 뒤 학제의 개편으로 고등학교가 생겨 필자는 고등학교 2학년에 편입학이 되어 괴산고등학교를 2회로 졸업하고 대학을 진학할 때, 외삼촌이 '너는 가정 형편이 좋지 못하니 의과대학으로 진학하여 의사가 되는 것이 좋겠다' 는 권고를 받아들여 서울의대를 응시했으나 실패하고 앞으로 의대로 전과하겠다는 목표로 2차로 선택한 것이 생물학과였고 오늘의 나를 만들었으니, 나의 어린 시절의 바램과는 전혀 무관한 현실이 되어버린 것이다. 이와 같이 바램이란 현실과는 상당한 괴리가 있는 것이 사실이다.

물론 오늘에 생각하면 어릴 때의 바램이었던 미술, 문학, 정치학, 의학의 어느 분야로 진출했어도 열심히 노력했다면 어디에서나 성공할 수는 있었을 것이다. 그러나 운명의 여신은 나의 운명을 예견하고 산에 오르게 하여 체력을 단련시키고 식물을 사랑할 수 있는 계기를 만들어 주어 식물분류학자로 키워준 것이 아닌가 생각된다.

대학생활 이후의 바램은 한국식물의 재검토라는 일관적인 생각으로 연구 활동을 하여 140여편의 논문을 작성하였으며 『한국식물명고』(1996)와 『원색한국기준식물도감』(1996)으로 일단 매듭을 지었고 이를 바탕으로 『식물지리』(2002) 등 3권의 책을 저술하였다. 그리고 현재의 바램은 필자가 가지고 있는 모든 지적 재산을 후학들에게 골고루 나누어주고자 하는 것이다. 그 첫 번째 일로 필자가 가지고 있는 원기재문들을 모아서 만든 『한반도 관속식물 원기재문I』(2008)을 필두로 네 가지의 방법으로 진행 중에 있다.

필자의 미래의 바램은 「죽파식물학상」제도를 만들어 내가 평생 이사로 활동하던 한국식물학회, 한국식물분류학회, 한국생태학회의 후학들을 격려하고 싶으며, 오이(오경옥 · 이우철) 장학회를 만들어 내가 평생 몸담고 있던 강원대학교 생물학과의 후학들을 키우는데 기여하고 싶고, 죽파쉼터의 공간을 만들어 나의 자료들을 잘 보관하여 후학들이 참고하도록 하면 좋겠다는 것이다. 물론 이 같은 바램은 필자의 노력만으로 될 수 있는 것이 아니고 많은 기금을 필요로 하는 과제이므로 가능성은 희박하다. 물론 내가 앞으로 10년간만 건강하게 버틸 수 있다면 불가능한 것만도 아니므로 희망을 가져본다.

나는 위와 같은 바램을 위해 1차로 죽파식물학상의 기금 3억원을 목표로 모으기 시작했다. 이 목표를 세울 당시는 시중은행의 보통예금 금리가 년4%이었으므로 년 시상 상금을 1000만으로 하려면 3억이 필요하다는 계산에서였다. 그러나 목표가 거의 달성된 현재에는 금리가 년2%아래가 되고 보니 그 기금으로는 택도 없다는 결론에 이르러 참으로 난감해졌다. 물론 전재산을 정리한다면 될지도 모르나 이는 가정 현실이 여의치 못하다. 그래 우리 부부는 여러 가지 상의 끝에 이는 일후의 희망사항으로 남길 수밖에 없다는 결론을 내리게 되었다.

竹波가든(가족묘원)

매년 묘지로서 파괴되는 국토면적이 지대하므로 이 피해를 줄이기 위한 방안으로 생겨난 것이 공원묘원이다. 즉 일정한 기간 매장하였다가 분묘를 정리함으로써 그 피해를 줄이자는 것이다. 이것이 발전한 것으로 각종 영원과 수목장제도가 등장하였으나 많은 비용이 걸림돌이 되고 있다.

이러한 시대적 요구나 각지에 산재하여 있는 조상들의 묘소관리에 난점을 극복하기 위하여 최근에는 각 씨족이 계파별로 산소들을 한곳으로 모아 집단묘역을 조성하거나 납골당식 묘원 또는 수목장지를 만드는 것이 유행을 이루고 있다.

필자는 벽진(碧珍) 이씨(李氏)의 32세손이다. 벽진이라는 지역은 경북 성주군 벽진면 수촌(樹村)으로 이곳에 벽진이씨의 시조이신 벽진장군 총언(忩言) 할아버지의 묘역이 있다. 그리고 계파별로 본다면 나의 10대조이신 충강공파(忠剛公派)이다. 충강공이라는 시호(諡號)를 받으신 10대조는 병조참지(兵曹參知)를 지내신 상급(尙伋)할아버지로 전란에 임금을 따라 강도절사하신 공로가 인정되어 위와 같은 시호를 받으셨고 그 묘소는 충북 충주시 주덕면 엄동(奄洞)에 있다.

필자의 5대조이신 수보(秀普)할아버지 이후 3대가 독자로 이어지다 2대조이신 승구(承龜) 할아버지대에 와서 손이 형제가 되었다. 이분들이 바로 나의 큰아버지(致和)와 아버지(達和)이시다. 그리고 보니 우리 소계파(小系波)가 관리해야할 5대조에서 2대조까지(벽진이씨 27세~30세)는 충북 괴산군 문광면 이탄리(梨灘里) 선산에 집단묘역이 형성되어 관리되고 있다. 이곳의 종손은 34세손인 李鍾武이다. 그리고 내가 관리해야할 아버지 내외분은 강원 춘천시 춘천공원묘원에 안치되어 있다. 그 옆에 같이 모셔져 있는 할머니 여흥민씨(驪興閔氏)는 아들을 못잊어 따라 오신 것이다.

이승구(李承龜) 할아버지는 유인석(柳麟錫) 의병의 군자금을 지원하신 공로가 인정되어 우리나라 건국사업에 이바지한 바가 확인되어 건국포장(1995년 8월 15일)이 추서되었으나 이로 인해 충주에서 땅 부자이던 재력가의 가세가 몰락하는 집안의 막내로 태어난 아버지 월초(月樵) 선생(1905. 6. 28~1977. 4. 15)은 14세에 연일정씨인 정운사(鄭雲四 1904. 12. 8~1981. 10. 9)와 결혼하여 1남(愚喆) 1녀(愚玉)를 두었다.

필자(1933. 1. 21~; 호적상 1936. 6. 2~)는 성균관대학교 생물학과를 졸업하고 동국대학교에서 이학박사 학위를 수여하고 강원대학교 생물학과에서 교수로 근무하다 정년퇴임했다. 30세에 동복오씨(同福吳氏) 오경옥(吳慶玉 1935. 3. 15~)선생과 결혼하여 1남(萬基 1965.

2. 4~) 1녀(先基 1963 12. 19~)를 두었다.

필자는 퇴임 후 대룡산 아래(춘천 동내면 고은 1리 61-20) 304평의 농원을 만들어 소일하며 지내고 있다. 물론 이 땅은 노년을 위한 주택을 지으려는 것이었으나 맹지인 땅을 잘못 구입하여 농지로 활용하며 죽파가든으로 조성할 계획이다. 이런 생각의 발단은 춘천공원묘원의 부모님 산소가 2017년까지 예약이 되었고 그 뒤 다시 5년을 연장할 수 있으나 그 뒤는 이장을 해야 하며, 그 뒤에 자손들이 보살피지 않으면 무연고 묘지로 처리될 위기에 놓이게 될 것이다. 그러므로 내 생전에 이곳을 수목장묘지로 조성하여 옮겨 모시고 우리 부부도 이곳에 안치되며 자손들도 이곳으로 모이기를 바라기 때문이다.

죽파가든 입구 양쪽에 모감주나무(중국 고사에 이 나무는 학자의 묘역에 식재)를 심고 진입로 양변에 개느삼으로 장식하며 진입로변에 있는 컨테이너박스는 잘 수리하여 죽파쉼터로 활용하며, 가든 안에는 모감주나무, 엄나무, 대추나무를 상층수목으로 하고 가시오갈피와 개느삼을 하층수목으로 균형 있게 가꾸고자 한다. 그리고 춘천공원묘원에 있는 비석과 상석을 적소에 옮겨 분위기를 잡고자 한다. 그리고 그 밑의 전지(田地)에는 두릅나무, 왕매실, 왕대추를 위시한 각종 과수들을 2~3그루씩 심어 실용과수원을 조성하여 잘 가꿈으로써 일후에 묘역 보호의 구실이 되기를 희망한다. 그러나 나의 이런 생각은 후일의 관리상의 문제로 춘천공원묘역에 "이우철 가족묘원"을 만드는 편이 좋다는 가족들의 의견이 있어 재고의 여지가 있다.

竹波가든 찾아가는 길(약도)

[주] A코스:아스팔트 포장, 승용차통행
B코스: 비포장, 경사길, 소형트럭통행

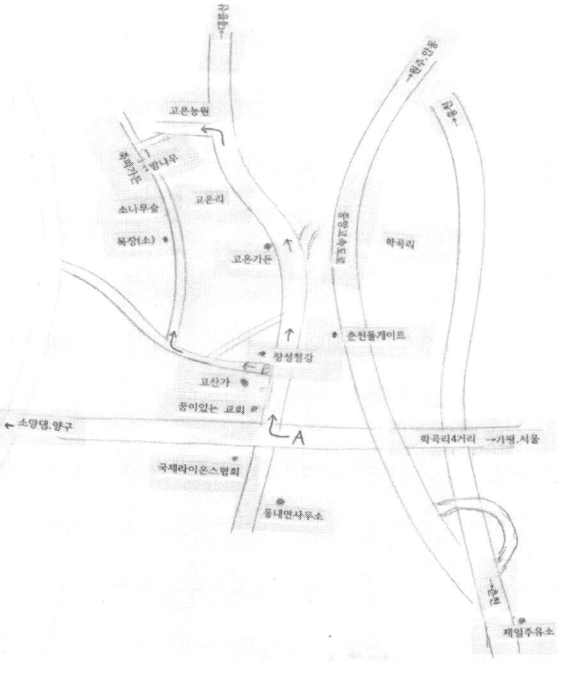

北韓産 植物을 日本으로 採集하러 가다

필자는 식물분류학회로부터 새로 발간할 예정인 소식지에 실을 회고록에 관한 글을 써달라는 청탁을 받았다. 나의 연구는 주로 한국의 식물상(Flora)적 조사였던 관계로 식물채집에서 시작하여 식물채집으로 끝났다고 해야 할 것이다. 그 최종목표는 우리나라에 나는 관속식물을 재평가하여 정리하고자 하는데 있었다. 그러나 이 땅에는 마의 휴전선이 있어 한반도 북부에 나는 식물을 수집할 길이 막혀있다. 오랜 고민 끝에 일본의 식물표본관들에 소장되어 있는 한국식물의 표본을 조사하기 위하여 정부로부터 해외파견연구비를 받아 1년간(1984. 9. 1 ~ 1985. 8. 30) 일본에서 연구활동을 한 일이 있어 이를 회고하고 그 결과 이루어진 일들을 회상하여 보고자 한다(야책을 메고 50년 -竹波 이우철교수 정년퇴임기념집, 2001 참조).

1985년 경도대학에서
표본연구를 하는 광경
(필자와 내자 오경옥)

이 같은 계획의 동기는 우리나라의 관속식물에 관한 학술적인 연구가 미 (F. A. W. Miquel, 1865)이 최초로 슈리펜바흐(B. A. Schlippwnbach)의 채집품을 이용하여 발표한 이래 국내외의 많은 학자들에 의하여 조사연구 되어 왔다. 그리고 한반도의 식물이 본격적으로 조사 연구되기 시작한 것은 1913년에 동경대학 교수 나까이(T. Nakai) 박사가 당시 조선총독부로부터 한국식물조사를 위촉 받고 그 때 산림국 산림과에 근무하던 정태현(鄭台鉉) 선생과 같이 전국방방곡곡의 식물을 조사하기 시작한 때부터라고 할 수 있다. 이때 각 지역에서 식물을 채집할 때는 반드시 같은 장소에서 동일 식물을 2매 이상 수집하여 그중 확실히 감정된 것의 1매는 청량리에 있던 중앙임업시험장(오늘의 국립수목원)에 두고 미감정분을 포함한 나머지 표본들은 전부 동경대학으로 가져갔었다. 이렇게 수집되어 모여진 식물표본이 10여만점이 넘었는데 불행히도 한국동란에 폭격으로 전부 소실되었으나 일본으로 가져간 것들은 현재에도 동경대 표본실에 잘 보존 되어 있기 때문이다.

나까이는 44년간(1909~1953)에 걸쳐 한국식물을 연구하여 나름대로 독자적인 분류체계를 수립(A Synoptical of Korean Flora, 1952)하였으나 지나치게 세분하였다는 평을 받아 전 세계에서 아무도 그 체계를 받아들이고 있지를 않았으나 한국에서만 정태현(1956~1957) 박사가 받아들임에 따라 약 30년 동안 사용되어왔다. 그래서 오래 전부터 새로운 체계정립의 필요성을 느껴왔으나 한반도에는 태평양전쟁 이후 타의에 의하여 마의 38선이 생겼고 한국동란으로 휴전선이 그어져 북한의 식물자료를 입수할 수 있는 길이 막혀 이를 실현하지 못하였다. 오래 전부터 이 작업을 하기 위해서는 일본에 소장되어있는 북한의 식물표본을 조사하는 수밖에 없다는 생각을 해왔다. 그래서 필자가 성균관대학교에 있을 때 일본에서 제3회 태평양과학자회의(1963)가 열려 정태현박사의 "한국 야생 경제식물의 연구"라는 발표를 준비하면서 같이 가서 나는 동경대의 식물표본을 조사할 계획을 수립하였으나 일이 여의치 못해서 가지 못했었다. 그로부터 20여년이 지나서야 그 꿈이 현실화 된 것이다.

필자는 해외파견이 결정된 뒤 나의 내자(吳慶玉)와 같이 출국하기로 하고 일본 동경대학 이와즈키(K. Iwatsuki) 교수에게 편지를 내서 초청장을 받는 동시에 외국어대학에서 일본어 시험을 보고 일본대사관에서 면접을 거쳐 입국비자를 발급받았다. 그리고 당시 이와즈키 교수 밑에서 학위과정을 하고 있던 건국대학 출신인 임형탁(현 전남대학교 교수) 선생을 통하여 거처할 집을 마련하였다. 이같이 급히 진행되다 보니 내자는 휴직처리를 받지 못하고 28년간 교직생활로 힘들게 이룩한 남춘천여자중학교의 교감직을 접는 쪽으로 가닥을 잡은 것은 아쉽기 그지 없었다.

8월 31일 김포공항 출구 근처에 있는 김포장에서 1박하고 9월 1일 밤새 내린 비로 물바다가 된 길을 뚫고 떠나 일본의 관문인 나리타공항에 도착하니 임형탁 선생이 마중 나와 있었다. 동경으로 들어가다가 점심으로 먹은 초밥은 참으로 일미여서 우리를 반겨주는 듯했다. 그리고 우리는 미리 마련된 동경도 문경구 백산 4정목 36~3에 있는 모리다씨의 집으로 들어갈 수가 있었다. 다음날은 일요일이라 임 선생의 안내로 내가 일할 동경대 부속 고이시까와(小石川) 식물원을 구경하는 것으로 일본의 생활을 시작했다. 9월 4일에 식물원에 들러서 사무장을 만나 도착을 알리고 영사관에 들렸다 대사관에 가서 신고를 했으며 오는 길에 동경타워를 구경했다. 6일에야 식물원 원장이며 나를 초청해준 이와즈키 박사를 만나 방과 책상을 배정받았다. 이 방에는 오짜와미스대학의 명예교수인 쓰야마(津山) 박사와 쓰야마 선생의 제자인 여자가 한사람 있었다. 나는 주로 2층의 식물표본실에서 작업을 하는 관계로 그 방은 실제로는 사용하지를 않았다. 7일에는 나를 환영하는 조촐한 파티가 있었고 8일에 동경대학의 터줏대감이며 명예교수인 하라(H. Hara) 선생을 홍고에 있는 본교로 심방하고 10일에는 동경대 퇴임교수로 식물원에 나오는 야마자끼(T. Yamazaki)를 만났다.

과거 일본 식물분류학계는 동경대학파와 경도대학파로 크게 나뉘어져 치열한 경쟁을 하고 있었다. 동경대파는 명치유신 이후 마쓰무라(Matsumura), 하야타(Hayata), 나까이, 하라, 야마자끼 교수로 이어지는 기라성 같은 분류학자들이 포진하고 있었으며, 경도대파는 고이즈미(G. Koidzumi), 기다무라(S. Kitamura), 이와즈키로 이어지다가 가와노(S. Kawano)로 넘어갔다. 이 두 그룹 중 후자는 아종(亞種)을 즐겨 쓰는 반면에 전자는 이를 인정하지 않고 변종을 주로 사용하는 특색이 있다. 그러나 현재는 경도대학에 있던 이와즈키 교수가 동경대학으로 옴으로써 이런 관계가 많이 해소되었다.

일본의 대학은 교실제도가 철저히 시행되고 학교마다 특색이 있어 같은 명칭의 학과도 천편일률적으로 교과과정이 똑 같지를 않다. 그리고 한 학과는 5~6개의 교실로 구성되어 있으며 각 교실은 교수, 조교수 각 1명과 2명의 조교로 구성되고 있어 진급이 몹시 어려우며 교수가 절대적인 권한을 가지고 있다. 그런고로 교수와 나이의 차가 거의 없는 조교수는 만년 조교수를 면하기가 어렵다. 또한 교수가 정년이 되었다 해도 선거를 통해 후임을 공모하므로 반드시 그 밑에 있던 조교수가 승진하는 것은 아니다. 이런 연유로 하라 교수 밑에 조교수로 있던 오하시(H. Ohashi) 박사는 그의 모교인 동북대학으로 갔다. 또 교수와 전공이 다른 조교수는 그 교실의 교수로 승진할 수가 없고 퇴임하는 교수와 전공이 같은 사람이 반드시 그 자리를 이어받는다. 그러므로 그 교실의 전통이 쭉 이어질 수 있는 특색은 참 좋은 제도의 특징이라고 할 수 있다. 그리고 명예교수가 되려면 교수생활을 10년 이상하고 그 기간에 학부장(학장)이상의 보직을 거쳐야만 한다. 이런 관계로 야마자끼 교수는 명예교수가 될 수 없었던 것이다. 그리고 조교는 일단 임명되면 사표를 내지 않는 한 퇴임 할 때까지도 계속할 수가 있다. 그러므로 대학을 졸업하지 않고 조교가 된 사림이 조교로 퇴임하는 경우가 많다. 이 좋은 예가 경도대학의 무라타(G. Murata) 선생이다. 물론 현재에는 대학이 대학원중심대학으로 발전함에 따라 교수의 수가 많이 늘었다고 한다.

고이시까와식물원은 1684년에 고이시까와어약원(小石川御藥園)으로 설치되었으며 약 150년 전에 동경대학 부속 식물원으로 되었다고 한다. 식물원은 161,588m^{2}의 부지와 350여년의 역사를 자랑하는 일본 식물학 발전의 산실이기도 하다. 세계최초(1963)로 나자식물의 정자를 발견한 은행나무(*Ginkgo biloba*)의 거목(수고 25m, DBH 1.5m), 살아있는 화석으로서 중국에서 발견되어 일본으로 처음 들어왔다는 메타쎄콰야(*Metasequoia glyptostoboides*), 천년 전의 지층에서 나온 종자를 발아시켰다는 연꽃(*Nelumbo nucifera*)과 같은 것들이 이를 잘 대변해주고 있었다. 이곳에 전 세계에서 수집된 약 4,000종(열대식물 1,100종은 온실)이 재배되고 있으며 이곳에서 재배하기 어려운 고산식물이나 냉온대성 식물은 고지인 하꼬네(箱根)에 104,805m^{2}의 닛고(日光)분원을 설치하고 약 2,200여종의 식물을 재배하고 있다. 나는 본원에 우리나라 특산속 식물인 개느삼이 심어져 있고 분원에 울릉도에만 나는 너도밤나무의 대목이 자라는 것을 보고 놀라지 않을 수 없었다. 우리는 숙소가 식물원 근처에 있으므로 아침 일찍 이곳에서 배드민턴으로 몸을 풀고 일을 시작했으며 기회가 있을 때마다 식재된 식물들을 돌아다니며 공부하였다.

이때 이미 동대는 식물분류학 교실이 없어졌고 이를 커버하기 위하여 식물원 원장자리에 식물분류학을 하는 이와즈키 교수를 두고 그 밑에 경도대학에서 데리고 온 가또(M. Kado) 조교수를 닛고분원장으로 배치하였으며 동대출신인 무라타(Murata)와 경도대 출신인 야하라(Yahara)를 조수로 거느리고 있었던 관계로 동경대학에서 식물분류학을 전공하는 대학원생들은 모두 식물원에 와서 연구를 하고 있었다. 그러나 식물원장은 반드시 식물분류학을 전공하는 사람만이 하는 것이 아니므로 그 뒤는 보장되어있지 않다. 일본에서도 명예교수는 보통 명함 한 통 만들어 주면 끝인데 하라 교수는 일본의 작위를 가지고 있는 귀족출신으로 특별히 우대하여 퇴임 후에도 종합시료관에 자리가 마련되어 있었다. 그러나 일단 퇴임하면 어쩌다 외국에서 온 학자들이 심방할 뿐 학생들도 얼씬하지 않는다고 한다. 야마자끼 교수는 객원연구원의 신분으로 1주일에 3일정도 나와서 미정리된 대만 식물표본을 정리하고 있었다.

일본의 대학원교육은 두 가지 형태가 있다. 하나는 우리나라와 같은 일정한 교육과정이 있어 수업을 하는 방식이며 동경대학이 이런 형태이다. 다른 하나는 특정한 교육프로그램이 없이 1주일에 한 번씩 전공세미나를 종일 하고 필요에 따라 학생이 선별 수강하면서 교수의 지도하에 연구하는 방식으로 경도대학이 이런 형태이다. 이는 각각의 장단점이 있으나 후자의 경우가 오히려 연구에는 더 편리하여 보였다.

나의 조사 작업은 1984년 9월 6일~1985년 3월 13일까지 동경대학을 끝냈고 1985년 3월 15일~4월 23일 까지는 과학박물관에서 일을 했으며 1985년 5월 1일에서 8월 10일까지는 경도대학에서 일을 함으로써 매듭을 지었다. 필자는 동경대학과 경도대학에서는 각각 객원교수의 자격으로 대우를 받았으며 과학박물관에서는 방문연구의 형식으로 일을 했다. 당시 동경대학 식물표본실(TI)에는 1,414,300점, 경도대학 식물표본실(KYO)에는 1,030,300점, 국립과학박물관 식물표본실(TNS)에는 677,594점의 소장품이 있었다. 물론 이는 영국의 왕립식물원의 5,000,000점과 프랑스의 국립자연사박물관의 6,000,000점에 비하면 적은 수이나 나의 입은 딱 벌어질 수밖에 없었다. 그리고 일본의 22개 대학에 보관되어 있는 기준식물표본(Type Specimens)만도 23,714매이고 그 중 58.3%가 동경대학에 있으며 35.1%가 경도대학에 있다고 한다. 필자는 이 많은 표본 중에 섞여 있는 우리나라 식물을 골라내서 비교 검토하여 종별대장(전표본)을 만드는 동시에 기준표본이 있는 것은 물론이고 없는 것도 그에 버금가는 식물의 원색(동경대학과 과학박물관) 및 흑백(경도대학) 슬라이드를 제작하였다. 이런 방대한 일을 1년에 하겠다는 내 생각은 큰 무리였으나 유능한 조교(내자)의 날샌 기재솜씨에 힘입어 기간 내에 일을 마무리 할 수 있었던 것은 참으로 다행스럽고 고마운 일이었다.

동경대학 표본의 반은 식물원 2층에 소장되어 있고 나머지 반은 홍고(本鄕) 본교의 종합자료관(과학박물관) 5층에 보관되어 있었다. 식물원에서는 주로 야마자끼 교수의 도움을 받았고 자료관에서는 하라 교수와 오바(H. Ohba) 박사의 도움을 받았으며 국립과학박물관에서는 하라의 제자인 가나이(H. Kanai) 박사와 나까이게(T. Nakaike) 박사의 도움을 받았으며 경도대학에서는 다무라(M. Tamura) 선생과 고야마(H. Koyama) 박사의 도움을 많이 받았다. 동대의 표본은 종별로 지역마다 다른 색깔의 표식이 붙어 있어서 한국과 만주의 표본만을 빼다가 보아 시간을 절약할 수가 있었고 기준표본들은 비닐봉지 속에 넣어 함께 들어있었다. 그러나 자료관의 표본실은 공간이 비좁아서 어려움이 많았다. 동대의 표본 전체를 보지 못한 것은 일정관계였다. 과학박물관의 기준표본은 따로 모아서 캐비닛에 보관되어 있어 보기가 용이했다. 그러나 경도대학 표본실의 일부는 한 층을 아래위로 칸을 막아 허리를 펼 수조차 없어 그 고생이 형언할 수 없었으며 또 한국표본들이 무작위로 섞여 있어 하나하나 찾아야 하므로 더욱 시간이 걸렸다. 그 뒤에 들으니 건물을 새로 짓고 모비랙으로 현대식의 표본관이 되었다고 한다. 그리고 3개 표본관의 표본배열 방식이 제각기 달라서 표본대장의 기재카드를 찾는데도 시간이 걸렸다. 대장에 기록할 때 동경대는 흑색, 과학박물관은 남색, 경도대학은 청색의 볼펜을 사용함으로써 표본의 소재를 구별하여 일후에 표본 재확인의 편리를 도모하였다.

동경에서 일이 대충 마무리가 되었는데 동대의 소장품 중 미나리아재비과 투구꽃속(*Aconitum*) 식물만이 국립과학박물관 쓰꾸바(筑波)식물원에 있는 가또다(Y. Kadota) 박사가 대출해간 관계로 보지 못했다. 언제 반납이 되느냐고 하니 연구가 끝나야하므로 언제 돌아올지 알 수 없다는 것이었다. 나는 부득이 그것을 보기 위하여 1985년 4월 20일에 식물원을 심방하기로 했다. 나는 그곳에서 벼과식물의 대가 다데오카(T. Tateoka) 박사를 만날 수 있었으며 숙직실을 깨끗이 비워주어 편히 쉬며 표본을 보고 원장인 구로가와(S. Kurokawa) 박사의 안내로 식물원을 돌며 견학할 수가 있었다. 그리고 이 식물원은 다른 곳과는 달리 생육지별로 특수한 환경을 인공적으로 조성하고 식물을 식재하여 관리하는 점이 특이했다. 다시 말하면 식물원을 산지초원, 사지(沙地)식물, 저목림, 암석지식물, 상록활엽수림, 온대성침엽수림, 난온대낙엽활엽수림, 냉온대낙엽활엽수림, 소나무림, 습지식물, 수변식물, 수중식물로 구별하여 옥외에서 실험 관리하며 별도로 열대강우림 온실을 만들어 열대지방에 야생하는 식물이나 열대과수를 키워서 관람을 시키는 것이었다.

결과적으로 일본에 소장되어 있는 한국식물표본은 동경대학에 32,693매로 3,397종류, 경도대학에 21,003매로 2,664종류, 국립과학박물관에 7,897매로 1,915종류로 총 61,588매 4,011종류로 밝혀졌다. 이 중 북한에서 채집된 것은 2,721종류로 집계되었고 종전 후에는 북의 표본은 단 한 장도 들어오지 않았다고 한다. 들리는 바에 의하면 최근에 동경도립대학교수가 북의 표본을 채집해왔다고 한다. 금번에 조사된 내용을 살펴보면 동경대의 것은 주로 나까이의 채품(실은 정태현 교수의 채품)이고 후루사와(I. Hurusawa), 혼다(I. Honda), 야마자끼 등 역대 교수들과 모리(T. Mori), 포리(P. U. Faurie), 타크(E. J. Taquet)신부, 전석규, 이영노, 이창복 교수 등의 채집품이 들어 있었으며 경도대에는 당시 경도대학 지리산연습림에 있던 오카모도(S. Okamoto)의 채품이 주종을 이루고 고이즈미, 기타무라 등 역대교수와 오이(J. Ohwi), 이시도야(J. Ishidoya), 사이도(R. Saido), 고지마(K. Kojima), 노무라(N. Nomura), 장형두, 박만규 교수 등의 채품이 들어있었다. 그리고 과학박물관에는 전 식물부 부장이던 오쿠야마(S. Okuyama)의 채품과 오이가 일본식물지를 쓰기 위하여 경도대학에서 가져온 것들이 주축을 이루었고 도야마(R. Toyama), 이노쿠마(Y. Inokuma), 이마이(H. Imai), 장형두, 박만규 교수의 채집품들이 있었다. 결국 나는 1년간의 일본 출장을 통하여 4,011분류군 61,588매의 한국산 식물분포대장과 8.865매의 표본슬라이드(원색 6,183매, 흑백 2,682매)를 연구자료로 얻었고 이 결과를 정리하여 귀국보고(1985)를 했다. 슬라이드가 제작된 표본들은 표본대장에 *표를 하였다. 위의 식물분포대장과 표본슬라이드 중에는 필자가 평소에 관심을 가지고 다루어 온 제비꽃과의 제비꽃속(*Viola*), 국화과의 부추속(*Allium*) 및 인동과의 댕강나무속(*Abelia*)은 일본 3개 표본관에 소장되어 있는 모든 종류가 포함되어 있다. 이는 일후의 후속연구에 참고하기 위함이었다.

그 밖에 이번 여행에서 얻은 것은 많은 문헌자료의 수집이다. 물론 많은 것은 기증을 받거나 고서점을 돌면서 구입하였으나 이것이 가능했던 것은 1984년 말에 일본에서 새로 생긴 복사기 제조회사에서 신제품을 선전하기 위하여 서비스하는 기회가 있어, 이 복사기를 활용하여 식물원 지하 1층에 저장되어 있는 많은 관련 자료 중에서 내가 필요로 하는 연구서적과 세계 각국에서 출판된 잡지들에 수록되어 있는 한국식물분류연구에 관련된 논문들을 얻을수 있었기 때문이다. 이것은 원장인 이와즈키 교수의 특별한 배려가 있었기에 가능했다.

우리는 일본체류기간 중 주중에는 밤 10시까지 작업을 했으나 주말에는 열심히 구경을 다녔으며 틈틈이 식물채집을 하였다. 필름을 현상하고 필요한 물품들은 주로 이께부꾸로(池袋)에서 했다. 이곳은 한국사람들이 많이 찾아 구내방송을 한국말로 하는 곳도 있었다. 그리고 싼 찬거리를 사기 위하여 아메야요코조에도 자주 갔다. 이렇게 바쁜 일정을 소화하다보니 이웃 가게에서 쌀을 살수가 없었다. 왜냐하면 저녁 8시가 넘으면 모든 가게가 문을 닫기 때문이다. 일본사람들은 생활형편이 나아져서 여유시간을 즐기겠다는 것이다. 그래서 일요일에는 24시간 영업점 이외에는 거의 문을 열지 않고 꼭 필요한 것들은 자판기에서 구입하도록 되어 있었다. 그러나 일본의 경제정책은 국가는 부를 누리나 개인 봉급생활자는 그렇지를 못했다. 그래서인지 일본에 있는 동안 야마자끼, 이와즈키, 고야마 교수 집에 초대를 받아서 가보니 궁색하지는 않은 것 같으나 집은 협소했다. 그리고 그네들의 음식문화는 검소

하여 그릇은 크나 그 위에 놓아지는 음식은 아주 소량이다. 그래도 꼭꼭 저축하여 1년에 한두 번씩 해외여행을 한다고 한다. 반면에 사회복지시설은 아주 잘 되어있었다. 탁아소에서도 부부학생은 우선적이고 염가로 아이를 맡아주고 문턱이 높은 재래식 우편국에는 입구벽에 벨이 설치되어 있어 휠체어를 탄 지체 부자유자가 벨을 누르면 직원이 나와서 일을 대행하여 주는 것을 보았다.

일본의 대학들은 구내의 식당, 서점, 상가 등 없는 것이 없이 있고 학생, 교수, 직원 할 것 없이 전 구성원들이 회원제로 운영되는 관계로 회원이 되면 모든 것이 시세의 10% 활인이 된다. 출자금액은 자유여서 우리도 3,000엔을 내고 회원이 되어 많은 혜택을 보았으며 올 때에는 그 돈의 이자까지 보태서 주는 것이 아닌가. 우리가 결혼기념으로 이즈한도(伊豆半島)에 있는 동경대의 요(수련원)에 갔을 때는 비수기인데도 불구하고 깨끗이 청소를 하여 온천을 할 수 있게 하여주었고, 수예(樹藝)연구소에 있는 사카이씨의 친절한 안내로 그 주변에 있는 열대식물원의 정글파크와 양란센터를 관람할 수 있었다. 필자는 이때 열대식물원에서 열대에 나는 큰가시연꽃(*Victoria regia*)을 위시한 많은 열대식물을 볼 수가 있었고 양란센터에서 세포배양으로 많은 종류의 양란을 생산하는 현장을 견학하고 참으로 감회가 깊었다. 이 센터는 1970년에 만들어졌으며 감상온실 7동, 생산온실 23동으로 되어있고 400속 840종을 관리하고 있다고 한다. 감상온실에는 항시 3,000개의 개화된 양란을 전시하여 4계절 관람할 수 있고, 생산온실에서는 생장점배양을 하여 신품종들을 개발하며 이를 실수요자들에게 공급한다는 것이었다.

흔히들 일본을 선진국이라고 한다. 필자가 1년간 일본에 있으면서 그네들과 생활을 하는 동안에 왜 일본사람들이 선진인가를 면밀히 살펴보았다. 그런데 단적으로 말하기는 어렵지만 신칸센을 타고 여행을 하면서 보니 그네들도 찻간에서 군것질을 많이 하는데 역에서 내릴 때는 오물을 깨끗이 봉지에 담아 가지고 내려가다 열차 승강구 앞에 있는 쓰레기통에 넣고 가는 것을 보고 아! 이것이 다른 점이라고 생각하였다. 그네들은 이때 벌써 가정쓰레기를 완전히 분리하여 요일별로 내놓았으며 인구 100만이 사는 교또(京都)시 복판에 흐르는 강에서 초등학교 학생들이 수영강습회를 하는 것을 보고는 놀라지 않을 수 없었다. 그런데 일본사람들이 한국 사람을 보는 견해는 두 가지였다. 그 중 하나는 과거 36년 동안 있었던 일을 몹시 부끄러워하며 고개를 조아리는 사람이 있는가 하면 당연하다고 여기는 사람들이 있었다. 동대의 하라 교수 같은 사람은 후자로 분류된다. 물론 오늘의 아베정권의 주축을 이루는 극우파들이 이에 속한다. 그러나 일본사람들의 학문에 대한 자세는 배워야 할 점이 많다. 내가 하라 교수에게 한국에서 가지고 간 표본의 감정을 부탁하니 표본실에 들어가서 여려가지 기준표본을 가지고 와서 하나하나 대조하면서 설명 하였고, 그가 얼마 전에 중국에서 채집해온 표본을 어디로 보내기 위해서 표장을 하기에 물어보니 각각 과별전문가에게 보내서 정확한 감정을 하기 위해서라고 하며, 그 결과 새로운 식물이 나올 때는 공동으로 발표하며 중복되는 표본들은 서로 나누어서 보관한다는 것이었다. 그리고 일본의 모든 교수연구실은 간단한 취사를 할 수 있도록 시설이 되어있으며 교수들의 90%이상이 점심도시락을 지참한다. 그래서 코너 마다 모여서 식사를 하는 장소가 정해져 있고 이때에 서로의 정보를 교환하는 것이었다. 하라 교수의 연구실도 그런 곳의 하나였다.

우리들이 돌아본 명소들 중에 기억에 남는 곳은 우선 신주쿠(新宿)에 있는 어원(御苑)이다. 이곳에는 수예(樹藝)학적으로 묘하게 만들어 놓은 플라타너스 가로수와 그 밑에 잘 손질되어 있는 향나무가 우리의 눈길을 끌었다. 그리고 청소년교우협회가 만들어 놓은 "그린어드벤처"라는 프로그램이 나의 마음에 쏙 들었다. 그린어드벤처란 관람객들의 자연 사랑정신을 고취시키는 동시에 식물의 관찰을 통하여 식물의 이름과 그 특성을 암기시킴으로써 식물을 생활문화공간으로 이끌어 가는데 그 목적이 있었다. 각지에서 수집하여 어원에 심어 놓은 모든 수목에 표찰을 붙이고 중간 중간에 명칭이 없이 번호만이 붙어 있는 것들이 있어 관람객들은 명칭이 붙은 것들을 잘 숙지한 다음에 답안작성 요령에 따라 자기 수준에 맞는 코스를 골라 답안을 작성하여 입구에 있는 게시판의 정답표를 보고 스스로 채점을 하여 그 결과에 따라 간단한 상품을 받는 것이다. 코스에는 초급, 중급, 고급이 있는데, 초급은 초등학교 교과서에서 나오는 정도의 20문항, 중급은 중고등학교 교과서에 쓰여지는 정도의 40문항, 고급은 식물을 공부하는 사람들이 할 수 있는 50문항으로 되어있었다. 우리나라에도 이런 시설은 꼭 필요하다. 그러나 오늘의 각급 학교의 생물교과서에서 다루는 내용 중에 우리나라에 야생하는 생물을 다루는 단원조차 없다는 점이 참으로 한심스러운 현실이다.

식물채집은 동경에서는 야마자키 교수 내외와 같이 오다게야마(大岳山)와 하꼬네(箱根)에 채집을 간 일이 있었다. 특히 하꼬네는 화산지대이어서 화산이 토해내는 유황수에 달걀을 익혀먹던 일이 기억되며 교수와 같이 식물을 채집하다 뒤에서 사람들이 오는 인기척이 나니 손에 들었던 식물을 얼른 호주머니 속으로 감추는 것을 보고 그 이유를 무르니 자기는 채집을 하도록 허락을 받았으나 관광객이 보는 앞에서는 채집을 하면 안되기 때문이라는 것이 아닌가! 그리고 야마자끼 부인은 참으로 많은 식물을 알고 있었다. 그 이유는 처녀시절에 고이시까와식물원의 가드너로 일했고 남편과 같이 채집여행을 많이 했기 때문이라고 한다. 경도에서는 다무라 선생과 같이 2회에 걸쳐 히에이산(日叡山) 채집을 가서 많은 식물을 채집하였으며 상호 표본교류를 약속했으나 이를 지키지 못한 점이 유감스럽다. 이때 나는 덩굴옻나무(*Rhus ambigua*)를 처음 보았다. 이 식물은 그 뒤 전남 거문도의 하백도에서 전남대학교 이정석 교수가 보고한 일이 있다.

그리고 가와노 교수와 같이 교또에서 연구를 끝내는 기념으로 간 후야마껜(富山縣)에 있는 기다알프스의 명산인 다데야마(立山, 3004m)의 채집은 참으로 인상적이었다. 우리 일행은 해발 1,000m지점까지는 노면전철로 올라가서 2,600m지점의 베이스캠프(숙소)까지는 버스를 이용했고 정상까지는 걸어서 올라갔다. 버스로 오를 때 안내양이 그곳의 생물을 예로 들어가며 안내하는 것을 보고 관광가이드 교육에 필요성을 절실히 느꼈으며 오르는 길가에 여기저기에 긴 바지랑대가 놓여있는 것을 보고 그 용도를 물으니 이곳은 겨울에 눈이 많이 오므로 동절에 등산로 표식을 할 때에 세우는 것이라고 한다. 이곳에 눈이 얼마나 많이 오는가는 관광용으로 파는 판넬이 잘 설명하고 있다. 이는 4~5월에 깊이 20m가 넘는 눈을 제설한 도로 위에 버스가 가는 모습이 담긴 것인데 버스는 성냥갑 크기로 보였다. 필자가 간 것이 8월 14일인데 정상부근에는 아직 잔설이 쌓여있고 어느 사람이 스키를 메고 올라가는 것을 보고 나는 이곳이 고산임을 실감했다. 숙소주변에는 덴구(天狗)라고 불리는 크고 작은 못이 있는 습원이 형성되어 있고 이곳에는 목교(나무다리)가 설치되어 있어 이를 오가면서 관찰하게 되어있다. 내가 희귀한 고산식물들을 채집하려고 애를 쓰는 것을 본 가와노 교수는 채집을 하려면 뽑지를 말고 앞만을 따라는 충고를 하지 않는가! 그러나 나의 욕심은 그렇지를 못했다. 정상에 오르는 길목에서는 산행의 안전을 기원하는 작은 성황당(속에는 아기부처가 모셔져있다)이 눈길을 끌었고 정상에는 초미니 신사(神社)가 있으며 입장료를 내고 들어가면 스님이 북을 치며 기원을 해주고 극소량의 정종을 준다. 이 또한 진풍경이었다. 거기에서 나는 식물의 사진을 찍느라 근처에 있는 풀 몇 포기를 밟았는데 그곳에서 쉬던 관광객들이 큰 소리로 잘못을 지적하는 것이 아닌가! 필자는 이를 보고 자연을 사랑하는 이 나라의 수준 높은 민도에 다시 한 번 놀라지 않을 수 없었다. 정상부근에는 지표식물인 눈잣나무 숲이 널려 있고 그 속에는 고산식물인 기생꽃(*Trientalis europaea* var. *arctica*)이 아름답게 피어있으며 나뭇가지 위에는 이곳의 명물인 뇌조라는 작은 새가 앉아서 나를 반기는 듯 지저귀고 있는 것은 참으로 어여쁜 한 폭의 그림이었다.

위의 결과물을 바탕으로 이루어진 후속연구의 개요를 요약하면 다음과 같다.

(1) 『原色韓國基準植物圖鑑(Standard Illustrations of Korean Plants)』 아카데미서적(이우철, 1996)

이 저서는 정태현 박사님이 1969년에 제정하신 하은생물학상(霞隱生物學賞)의 기금을 확충하기 위한 사업의 일환으로 시행하는 정 선생님의 『韓國植物圖鑑』 신지사(1956~1957)의 천연색 증보판을 만들어 기금 천만원을 마련하는 일을, 하은생물학상 이사회로부터 이사이면서 정교수님의 제자라는 이유로 필자에게 지시가 떨어져 실행하던 중, 2,979종류의 증보판 원고는 작성하였으나 계약된 출판사인 아카데미서적의 부도라는 사고로 사진이 만들어지지 못하여 중단된 것을, 필자가 1985년에 일본파견연구로 많은 식물 슬라이드를 제작하여 가지고 돌아오니 부도에서 재기한 아카데미서적의 주성필 사장이 와서 보고 그 슬라이드를 활용하여 이미 만들어진 도감원고와 짜집기를 하여 도감을 만들자는 제의를 하였다. 필자는 하은 생물학상의 기금문제로 빚을 지고 있는 터이라 수락을 할 수밖에 없었다.

그러나 이 슬라이드는 도감을 만들기 위한 것이 아니고 한국식물명고를 만드는데 사용하기 위한 것이었기 때문에 흔히 많은 것은 슬라이드를 만들지 않은 것도 있고, 한국식물 표본만을 사용한 관계로 표본이 불충분한 것들이 섞여 있어 불가피하게 추가로 좋은 슬라이드를 보충할 필요가 있어 필자는 동경대학의 가또(M. Kado) 교수에게 편지를 내서 초청장을 받아 가지고 10년 만에 다시 일본으로 2차(1995. 12. 26~1996. 2. 27) 식물채집(식물표본연구)을 떠나게 되었다. 이번에는 도꾜 히가시이께부꾸로(東池袋) 스토쿠콘도 603호에 짐을 풀고 작업을 시작하였다. 이번 작업에서는 동경대학과 동경도립대학에서 한국표본 이외의 다른 표본들 중에서 좋은 것을 골라 1,719매의 표본슬라이드(흑백)를 새로 제작하였다. 그러나 부족한 것이 있어 국내의 성균관대학교, 서울대학교(자연대와 농대), 고려대학교, 강원대학교의 식물표본관에서 160매를 보충함으로써 1,879매의 슬라이드를 만들었으나 그래도 좋은 사진을 구하지 못한 32종류를 제외한 2,947종류만으로 도감을 제작하게 되었다.

이 도감은 오래된 표본관에서 철저히 고증되었다고 생각되는 식물표본의 사진을 재료로 컴퓨터공학의 기술을 이용하여 식물의 나벨과 부착용으로 사용한 종이테이프나 실밥을 제거하는 동시에 여러 개체가 들어가 있는 것 중에서는 불완전한 것은 삭제하고 꽃이나 과실의 생식기관이 하나밖에 없는 것은 2매의 슬라이드를 배합하는 형식으로 재조합하고 그에 사용한 슬라이드의 번호를 설명문의 말미에 기재했고 이들의 슬라이드들은 『한국산 관속식물의 사진기준표본(The Phototype Specimens of Korean Vascular Plants)』 아시아식물분포연구회 & 국립수목원(2012) 이라는 디스켓으로 제작되어 무료로 개방 되었다. 그리고 기재문의 끝에는 그 분류군과 가장 가까운 것과의 비교 검색문장을 넣어 활용의 편의를 도모하도록 했다. 이러한 형식의 식물도감은 전 세계에서 하나밖에 없을 것이다. 이를 혹자는 식물사진첩이라고 하는 사람도 있으나 식물을 감정하는 데는 이 이상 좋은 것이 없을 것이다.

(2) 『韓國植物名考(Lineamenta Florae Koreae)』 아카데미서적(이우철, 1996)

이 책은 위에서 얻은 정보를 바탕으로 우리나라에 나는 모든 고등식물(양치식물 이상)과 농작물, 과수, 주요원예식물로 재배되고 있는 식물의 학명(學名)과 국명(國名)을 원전(原典)을 밝혀 정리하고 그들의 국내외 본포, 생활형, 염색체정보를 수록하는 동시에 연구에 사용한 사진기준표본 슬라이드번호를 병기하였고 각 분류군은 가장 유사한 식물과의 차이점을 기록함으로써 식물에 관련된 모든 분야에 종사하는 사람들이 식물동정에 참고할 수 있도록 하였으며 학자들의 견해차이가 있는 것들은 이를 밝힘으로써 야외에서의 연구활동에 도움이 되도록 하였다. 학명은 필자가 소장하고 있는 모든 학술잡지와 식물지, 도감류에서 가장 일반적으로 채용되고 있는 것을 정명(正名)으로 하고 그 외의 동종이명들은 발표순서대로 정리하였다. 국명은 조선식물향명집(정태현 등, 1937), 한국식물도감(정태현, 1956~1957)에 기준을 두고, 여기에 없는 것은 우리나라식물명감(박만규, 1937), 우리나라의 식물자원(이창복, 1969)의 것을 표준명으로 하였으며 그 후에 나온 것은 연대가 빠른 것을 채택하였으나 때로는 이름의 중복이나 혼용을 피하기 위하여 그렇지 못한 것도 있다. 그리고 북한에서 펴낸 식물원색도감(1988)과 중국의 한조식물명칭사전(1982)도 인용하였으며 남에서 아직 제정하지 못한 것은 그를 인정하여 받아들였다. 그리고도 안되는 것들은 새로 제정하였으며 이들의 이명들도 발표연도별로 병기하였으며 학명과 국명의 정명들은 고딕으로 하여 구별하였다. 그리고 생활형은 일본식물생태도감 1~2(1969, 1970)와 신판 일본원색잡초도감(1987)의 것을 인용하였으며 이에 없는 것들은 그네들이 정한 기준에 따라 새로 만들어 사용하였다. 염색체에 관한 정보는 현화식물의 염색체수(1969)와 Index to Plant Chromosome Number(1965~1989) 잡지에서 발췌하는 동시에 모든 출전을 뽑아 부록으로 수록하였다.

결과적으로 한국식물명고에서는 190과 1,079속 3,129종 8아종 627변종 1아변종 306품종으로 총 4,071분류군이 다루어졌으며 이에는 3,640종류의 자생종(귀화식물 포함)이 포함되었고 이의 15.82%에 상당하는 576분류군이 한국특산요소이다. 물론 이밖에도 누락한 것이 있을 것이나 앞으로 추가되어야 할 것이다. 최근에 허브식물 또는 유용식물로 통제됨이 없이 들여와서 널리 퍼지고 있는 국적미상의 식물이 무수히 많은 것이 현실이다. 이 책에서 사용된 분류체계는 엥글러(A. Engler)의 후계자들이 Ranales theory를 받아들여 새로이 많은 Syllabus der Phlanzenfamilien I~II(1954, 1964)에 준하였으나 양치식물의 부분은 너무나 포괄적이므로 Flora of Japan(1978)에서 사용하고 있는 오이(J. Ohwi)의 체계에 따라서 수정하여 새로이 만든 것이다. 과명과 속명의 국명은 한국식물분류학회에서 김윤식, 오용자, 이상태 교수와 필자가 공동으로 만든 통일명(미발표)에 가급적 일치시키려고 노력하였으나 부분적으로 학명(속명)의 통폐합이나 분리 또는 출전상의 이유로 받아들일 수 없는 것은 나의 의견에 따랐다.

(3) 『植物地理(Plant Geography)』 강원대학교출판부(이우철, 임양재, 2002)

이 연구는 이 책의 부록에 수록되어 있는 한반도의 남단 제주 마라도(33°06'N~126°16'E)에서 맨 북단 함경북도 증산(42°54'N~129°57'E)에 이르기까지 377개소의 식물상을 종합 기재한 "한국의 관속식물 분포목록"을 바탕으로 한 한국식물의 구계구분(區系區分)에 관한 분석자료를 바탕으로 만들어진 것이다. 이 분포목록은 필자들이 37년 전 "한반도 관속식물의 분포에 관한 연구(1978)"를 하기 위하여 그때까지 알려진 113개 산지의 지역식물상을 종합하여 만든 분포표(미발표)를 바탕으로 하여 그 뒤 1999년까지 기록된 것과 1984~5년에 필자(이우철)가 일본 동경대학, 일본과학박물관 및 경도대학 식물표본관에 소장된 한국산식물표본대장에 기록된 4,011분류군, 61,588매의 표본을 기초로 북부에 새로운 지역분포상을 정리하고 남쪽의 지역 식물상을 보완하여 새로운 지역목록을 작성한 것이다. 물론 남쪽지역보다 북쪽이 조사지역이 적고 불충분 한 것은 북에 대한 문헌정보를 입수할 방법이 없기 때문이다. 앞으로 남북의 왕래가 활발해지면 보완할 수 있을 것으로 기대된다. 본연구의 궁극적인 목적은 구계구분의 경계를 분명히 밝힐 수 있는 남부아구와 남해안아구의 경계를 이루는 상록수의 분포 같은 식물의 분포근거를 찾는 것이나 이는 앞으로의 연구에 기대할 수밖에 없다.

그리고 이 책은 출판부의 예산사정으로 300부밖에 출판되지 못해서 널리 보급되지 못한 점이 매우 유감스럽다. 앞으로 이런 연구에 관심이 있어 꼭 필요한 분은 국립생물자원관에 필자가 기증한 "죽파(이우철)의 장서, 문헌 및 자료"의 자료 중에 식물지리 출판에 사용된 디스켓의 원본이 넘어가 있으니 생물자원관(〈404-708〉 인천시 서구 환경로 42-경서동 종합환경단지-, Tel. 032-590-7454: 홈페이지 http://www.nibr.go.kr) 도서관에 문의하거나 도서관을 방문하면 필자의 서가나 자료저장고를 열람하면 분양을 받을 수 있을 것이니 참고하시기 바란다.

(4) 『한반도 관속식물 원기재문 I(Original Descriptions of Korean Vascular Plants I)』 국립수목원(이우철 역편, 2008)

원기재문이란 식물의 신종을 발표할 때에 라틴어로 작성한 설명문을 말한다. 그러므로 분류학자들에게는 매우 중요한 자료이다. 우리나라에 나는 관속식물은 필자의 한국식물명고(1996)에 의하면 4,071분류군인데 이 책에서 다루어진 학명은 18,000여개이므로 한 분류군에 작성된 원기재문은 평균 4.6개가 있다. 한 분류군에 기재문이 이렇게 많은 것은 같은 분류군이 학자들의 의견 차이에 의해서 여러 가지 다른 분류군으로 인식되었다가 후세에 종합적으로 조사 연구한 결과 같은 분류군으로 통폐합되었기 때문이다. 우리나라의 식물은 19~20세기에 걸쳐서 주로 외국학자들에 의하여 많이 연구된 관계로 그 원기재문과 그에 사용된 여러 가지 기준표본을 입수하는데 많은 시간과 비용이 필요하다. 물론 최근에는 이런 자료들이 수록된 세계 각국의 잡지들을 인터넷으로 자유롭게 다운받아 볼 수가 있는 시대가 점차로 열려가고 있기는 하다.

이 책은 이런 불편한 현실을 감안하여 필자가 그간 수집한 자료 중에서 주로 우리들이 접하기 어려운 외국문헌 속에서 발췌한 우리나라 관속식물에 관한 원기재문 5,111건을 원전

출처를 밝히는 동시에 그 말미에 필자의 소견을 달아 정리한 것이다. 이는 우리나라 관속식물에 관계되는 학명의 약 27%정도에 불과하나 이 중에는 우리나라에 나는 식물의 약 52%(2,098분류군)의 원기재문과 일부 동종이명들의 원기재문들이 포함되어 있으며, 이 밖에 동종이명의 일부만이 다루어진 것이 20.6%(839분류군)가 추가되어 있다. 이들 자료를 발췌한 논문들의 전체를 복사하여 국립수목원에 기증하여 도서실에 보관되어 있으니 많이 활용되기를 바란다. 그리고 이 작업에 충북대학교의 오병운 교수가 많은 도움을 준데 대하여 이 자리를 빌어 감사한다.

그리고 이 일의 후속연구를 위하여 미수집된 원기재문에 관한 정보자료를 정리하여 국립수목원 이유미 원장에게 넘겼고 그 후속연구를 서울대학교 농과대학의 장진성 교수팀에게 용역을 주어 『A Catalogue of Vascular Plant Type Specimens from Korea』 국립수목원(장진성 등, 1914)과 『한반도 식물 지명사전(Botanical Gazetteer for Korean Peninsula Flora)』 국립수목원(장진성 등, 2015)의 두 책이 발표 되었으나 이것은 원기재문과 그에 대한 소견이 없이 채집장소와 기재문과 기준표본의 보관 장소만을 밝힌데 불과하므로 본 주제의 후속연구라고 보기는 어렵다. 아마도 용역작업지시서의 하자가 있지 않았나 싶다(이는 원장의 말에 근거한 것이나 실무직원의 말은 이와 다른 듯하다).

(5) 식물기재문 자료모음집 I~VI+특간 국립수목원(이우철 자료제공, 2005~2010)

I(2005) : Notulae ad Plantas Japoniae & Koreae (I~XXXIII) by T. Nakai
II(2005) : Notulae ad Plantas Japoniae & Koreae (XXXIV~XLVIII) by T. Nakai
III(2006) : Notulae ad Plantas Asiae Orientalis (I~XXXV) by T. Nakai
IV(2008) : A Contribution to the Knowledge of the Flora of Japan by T. Makino
V(2009) : Observations on the Flora of Japan (vol. XV~XIX) by T. Makino
VI(2010) : Observations on the Flora of Japan (vol. XX~XXVIII) by T. Makino
(특간) : Compositae Japonicae (Prima~Sexta) by S. Kitamura

위의 자료들은 한국과 일본 식물연구의 개척자인 동경대학의 나까이와 마끼노 교수가 일본식물학회지(Botanical Magazine Tokyo)와 식물연구잡지(The Journal of Japanese Botany)에 연재한 논문들을 수합한 것과 경도대학의 기타무라 교수가 아시아의 국화과 식물의 연구논문을 경도대학 기요(紀要)에 연재한 것을 모은 것이다(특간).

타임머신을 타고 新羅의 千年古都를 가다

나의 경주나들이는 55년 전 성균관대학교 4회 졸업생의 졸업여행을 인솔하고 다녀온 뒤에 처음이니 참으로 오래간만의 발걸음이다. 이번 여행은 내자의 80회 기념으로 딸과 아들이 주선하여 전 가족이 같이 움직이는 효도관광이어서 더욱 의미가 있다. 원래는 외국여행이 계획되어 있었으나 건강상의 이유로 미루어져 온 것이다.

이번 여행은 조밀하게 짜진 2박 3일의 일정(2015. 10. 16~19)에 따라 16일 아침 08시 13분 ITX특급열차로 서울 용산으로 가서 서울역으로 이동하여 10시 30분 부산행 KTX에 몸을 싣고 12시 33분에 신경주역에 도착하여 보문관광단지에 위치한 동국대학교 경주수련원 인근에 자리한 호텔에 짐을 풀었다.

그간 반세기동안 많이 변모하여 경주의 옛 모습은 전혀 보이지 않을 뿐 아니라 경주 전체가 관광단지화 되어 짧은 기간에 다 본다는 것은 불가능하여 시내권과 불국사권에서 대표적인 곳을 보고 보문관광단지에 있는 신라촌 밀레니엄파크와 특별행사로 59일간 열리고 있는 "실크로드 경주 2015" (2015. 8. 21~10. 18일)를 돌아보는 것으로 일정을 압축 조정하였다.

첫날 오후일정은 시내권에 있는 신라 29대 태종 무열왕의 딸로 원효대사의 아내이고 설총의 어머니인 요석공주가 살던 요석궁 터에 자리한 경주 교동 최씨고택(중요민속자료 제27호)에서 시작하였다. 이 古宅은 월성을 끼고 흐르는 남천 옆 양지바른 곳에 자리한 99칸의 집으로 1700년경에 지어진 것이며 경주 최씨는 흉년이 들면 굶주리는 이웃을 위하여 곳간을 열어 구휼을 하여 많은 칭송을 받았던 名富로 12대 동안 만석지기의 재산을 지켜왔다고 한다.

고택 옆에 있는 음식점 요석궁 후원에 있는 수백년생으로 추정되는 누운 소나무군(3그루)은 키는 5m정도로 나직하나 가지들이 樹藝학적으로 묘하게 우산과 같이 펼쳐져서 참으로 아름답다. 이것은 앞으로 정밀 조사하여 천연기념물로 지정할 가치가 있을 것으로 생각된다.

누운 소나무군

다음으로 첨성대와 월성 사이에 있는 경주 최씨의 시조 알지가 태어났다는 전설이 있는 유서 깊은 곳인 경주 鷄林(사적 19호)으로 옮겼다. 이곳에는 울창한 느티나무와 왕버들의 숲으로 2000년 전 신라초기부터 이어져 온 곳으로 속이 썩어 치료한 거목들이 이를 잘 말해주고 있었다. 이곳이야말로 신라 천년고도의 내움이 물씬 서려있는 곳이어서 나에게는 깊은 감명을 주었다.

느티나무의 고목 : 필자부부

벌판에 우뚝 서있는 신라 선덕여왕 때 세워진 東洋最古의 천문관측대인 첨성대(국보 제31호)와 경주에서 가장 규모가 큰 고본군(황남리의 고분군, 사적 제40호)인 30기의 고분들은 예나 변함없이 웅장한 모습으로 55년 전의 나를 반가이 맞이해주는 듯해서 몹시 반가웠다. 그리고 신라시대의 귀빈을 접대하는 장소로 활용되었던 신라苑池(원지)를 대표하는 유적인 안압지(사적 제18호)의 야경은 참으로 장관이었다. 특히 주변의 수목들이 물속으로 드리워진 자태란 아주 아름다웠다.

둘째 날의 오전일정은 09시 30분부터 "경주 실크로드 2015"를 관람하기로 하였다. 경상북도의 야심작인 이 행사는 천년고도 경주가 간직한 풍부한 문화유산을 바탕으로 세계각국문화를 융합해 인류문화를 새롭게 꽃피운 대한민국 대표문화 브랜드로 59일간 열려지고 있으며 내일로 종료되는 한시적인 행사이다. 우리는 시간관계로 흥미로울 것으로 생각되는 몇가지만을 골라 관람하기로 하였다.

우리의 첫 걸음은 행사장 중앙에 세워져 있는 경주타워였다. 이는 신라 3보중의 하나인 황룡사 9층목탑을 음각화한 높이 82m의 경주 세계문화 엑스포의 상징적인 건축물이다. 맨위층은 전망대이고 그 아래층은 석굴암 HMD 트레블 체험장이다. 이는 석굴암의 디지털화로 문화와 첨단기술을 접목한 ICT융합체험으로 석굴암(국보 24호)을 생생하게 느껴볼 수 있다. 즉 버투스 3D 가상체험을 통해 지금은 들어갈 수 없는 석굴암 내부를 거닐어 소상히 관람하며 천국을 다녀오는 것으로 아찔한 장면들이 많이 전개되었다.

다음으로 비단길 황금길 1관이다. 내용은 새로운 패러다임, 새로운 실크로드, 황금의 나라 신라를 출발하여 실크로드 3대 루트인 초원길, 사막길, 바닷길을 체험할 수 있는 전시 문화를 통한 실크로드의 미래의 비전과 꿈을 제시하는 다양한 전시들이 펼쳐진다. 그리고 그 뒤로 새마을운동관과 비단길 황금길 2관으로 이어졌다.

11시부터는 플라잉 화랑원정대를 관람하였다. 이는 마샬아츠, 체조, 비보잉, 치어리딩, 서커스, 페르시아 벨리댄스, 무용이 접목된 익스트림 퍼포먼스로 신라시대 도깨비와 화랑이 시간의 문을 통해 과거와 현재를 넘나들며 실크로드를 여행하는 에피소드를 코믹하게 연출하여 감탄과 탄성을 자아내는 것으로 흥미로웠다. 등장되는 남녀 배우들은 거의 모두가 고도로 훈련된 체조선수 출신들인 듯 하나하나의 동작이 참으로 유연했다.

끝으로 문화센터에서 실크로드 리얼리즘전을 관람하는 것으로 오전중의 일정을 끝내고 점심후 숙소로 돌아와 사우나로 잠시 휴식을 취하고 오후에는 토함산 서남쪽에 자리한 부처님의 영원한 궁전으로 1995년에 유네스코 지정 세계문화유산으로 등재된 佛國寺(사적 502호)를 들려보기로 했다.

불국사는 1973년에 대대적인 보수가 되었다고 하나 본존불인 석가모니불이 모셔져 있는 대웅전 뜰의 東西에 놓여 있는 불국사 다보탑(국보 제20호)과 불국사 삼층석탑(석가탑, 국보 21호) 중 후자는 수리중으로 커다란 유리집 안에 분해되어 있어 많이 취락해 보였다. 나는 불전에 들러 온 가족의 건강을 기원하는 기도를 드리고 보살전, 삼신각, 극락전 등등을 딸의 손을 잡고 두루 돌며 옛 신라의 정기를 음미하고 일주문을 통해 빠져나왔다.

오늘의 휘나레로 경주의 동해안을 드라이브 하던 중, 숙소에서 사우나 하면서 남탕 탈의장(6호)의 신발자리에 보청기를 빼놓고 그대로 나온 것이 생각나, 호텔에 전화하여 부탁하는 촌극이 벌어졌다. 해변의 은아 회타운이라는 음식점에서 남도의 특이한 식생활의 면모를 보는 것으로 일과를 매듭지었다.

사흘째의 오전 관광은 10시부터 시작하는 국제적인 종합휴양 관광단지인 보문관광단지에 자리한 신라촌 밀레니엄파크를 보기로 했다. 이곳은 보문호를 중심으로 851만m^2(242만평)의 부지에 조성되었다. 이곳은 천년왕국 신라의 문화와 최첨단 초대형 야외서사극(화랑 미시랑의 영웅 서사극)이 공연되는 역사문화체험파크로서 신라의 민속촌, 다양한 야외공연 및 馬上武藝, 다양한 문예체험공방들이 마련되어 있는 상설관광시설이다.

매표소에 입장하면 넓은 광장 정면에 신라의 정교한 대형조각과 그 옆으로 도열한 12간지를 대표하는 동물머리를 한 인형들이 눈을 끈다. 가람폭포를 지나 신라로 이어지는 숲길을 걸어 들어가면 활쏘기 체험장, 공포 체험장, 토기 체험장, 신라의 옛 마을 등등이 차례차례로 이어져 옛 신라의 모습들이 재현되어 나타난다.

11시부터 보문호 주변에 마련된 야외공연장에서 수상액션공연인 천궤의 비밀이 공연되므로 그곳으로 이동했다. 공연장 입구에는 실물의 4~5배 크기로 제작된 대형 에밀레종(봉덕사의 종)이 웅장한 모습을 드러내고 관람석 앞 호수의 건너편에는 신라시대의 궁전이 있고 호수에는 대소의 전함들이 떠 있다. 공연내용은 신라와 당나라의 전쟁에서 용맹한 화랑들이 水陸에서 당나라 군사를 무찔러 승전하여 왕에게 바친다는 것이다.

함양집에서 맛있는 점심을 하고 숙소로 와서 1시간 동안 휴식을 한 뒤 경주에서 유명한 황남빵을 사들고 16시 10분 KTX에 몸을 실음으로써 타임머신 여행을 끝냈다. 이번 여행은 딸과 아들의 짜임새 있는 여행계획과 극진한 보살핌에 힘입어 좋은 추억을 만들었다.

참고문헌

정영호(1958), 19세기한국식물연구의 회고, 서울대문리학보 6:99~108.

정영호 등(1986), 한국식물분류학사개설, 아카데미서적 pp. 404.

정태현(1956~1957), 한국식물도감 상·하, 신지사 pp. 507+1025.

정태현(1965), 한국동식물도감 제5권(식물편), 문교부 pp. 1824.

정태현(1970), 한국동식물도감 제5권(식물보유편), 문교부 pp. 232.

정태현 등(1933), 조선식물향명집, 조선박물연구회 pp. 169.

정태현·이우철(1962), 의성산 개나리에 대하여, 한국식물학회지 5:81~82.

정태현·이우철(1965), 한국삼림식물대 및 적지적수론, 성균관대논문집 10:329~435.

최두문(1980), 한국동식물도감 제24권 식물편(선태류), 문교부 pp. 790.

H. Hayashi·정태현(1936), 조선야생약용식물, 임업시험장보고 22:1~288.

H. Hayashi·정태현(1939), 만선실용임업편람, 조선총독부 임업시험장 pp. 368.

H. Hayashi·정태현(1942), 조선야생식용식물, 임업시험장보고 33:1~239.

H. Hara(1942), 이학박사 T. Nakai교수약력, 일본식물학회지 57:137~139.

H. Hara(1953), Takenoshin Nakai 1882~1952, Bot. Mag. Tokyo 66:1~4.

T. Ishidoya·정태현(1923), 조선삼림수목감요, 조선총독부 임업시험장 pp. 129+60.

T. Ishidoya·도봉섭(1932), 경성부근식물소지, 조선박물학잡지 14:1~48.

이우철(1954), 제주도 식물 채집기, 성균, 성균관대학교 학예부 5:127~134.

이우철(1957), 도봉산식물조사연구, 성균생물 1:55~89.

이우철(1982), 정태현박사의 신종 및 미기록 식물에 대한 고찰, 한국식물분류학회지 12:79~91.

이우철(1994), 하은 정태현박사 전기, 하은생물학상 25주년, 하은생물학상 이사회 p. 55~100.

이우철(1996), 한국식물명고, 아카데미서적 pp. 2383.

이우철(1996), 원색한국기준식물도감, 아카데미서적 pp. 624.

이우철(2008), 한국식물의 고향, 일조각 pp. 263.

이우철 등(1982), 한국해안식물의 생태학적 연구 -동해안의 사구식물군락의 종조성과 현존량에 관하여 -, 강원대논문집 16:113~124.

이우철 등(1991), 북한강 원류수역의 생태학적 연구 1. 진동리 계곡 일대의 식생, 강원대논문집 과학기술연구 30:27~57.

이우철·백원기(1988), 강원지역 수초의 연구, 한국식물분류학회지 18:191~199.

이우철·백원기(1989), 대암산 습원(용늪)의 식물상, 강원대논문집 과학기술연구 28:46~67.

이우철·이기의(1980), 개느삼에 관한 연구, 김창환교수 회갑기념논문집, p. 313~324.

이우철·임양재(1978), 한반도 관속식물의 분포에 관한 연구, 한국식물분류학회지 8(부록):1~33.

이우철·임양재(2002), 식물지리, 강원대학교 출판부 pp. 412.

이우철·길봉섭(1991), 미선나무(*Abeliophyllum distichum* Nakai)의 자생지조사, 한국식물분류학회지 21:1~8

이우철·이철환(1989), 한국산 소나무림의 식물사회학적 연구, 한국생태학회지 12:257~284.

中井박사공적기념사업회(1943), 中井교수저작논문 및 신식물명총목록 pp. 256.

T. Nakai(1909), Flora Koreana, Pars prima, Journ. Coll. Sci. Univ. Tokyo 26:1~304.

T. Nakai(1911), Flora Koreana, Pars secunda, Journ. Coll. Sci. Univ. Tokyo 31:1~573.

T. Nakai(1914), 제주도 및 완도식물 조사보고서, 조선총독부 pp. 149.

T. Nakai(1914), 조선식물상, 성미당, pp. 431.

T. Nakai(1915), 지리산식물조사보고서, 조선총독부 pp. 98.

T. Nakai(1915~1939), 조선삼림식물편 1~22집, 조선총독부 임업시험장.

T. Nakai(1916), 노봉의 식물조사서, 조선총독부 pp. 39.

T. Nakai(1917), Notulae ad Plantas Japoniae et Koreae XIV, Bot. Mag. Tokyo 31:79~112.

T. Nakai(1918), 금강산식물조서서, 조선총독부 pp. 204.

T. Nakai(1918), 백두산식물조사서, 조선총독부 pp. 77.

T. Nakai(1919), 울릉도식물조사서, 조선총독부 pp. 87.

T. Nakai(1932), 광릉실험림의 일반, 조선총독부 임업시험장 pp. 171.

T. Nakai(1935), 동아식물, 암파서점 pp.283.

T. Nakai(1952), A Synoptical Sketch of Korean Flora, Nat. Sci. Mus. Tokyo 31~1~152.

J. Ohwi(1935), *Megaleranthis*, Genus Novum Ranunculacearum, Acta Phytotax. & Geobot. 4:130~140.

오수영(1976), Emile J. Taquet에 관한 일고, 생물과 자연 6:97~99.

W. J. Palibin(1898, 1900, 1901), Conspetus florae Koreae I~III, Act. Hort. Petrop. 17:1~123, 18:147~198, 19:149~198.

Y. Takenaka(1962), 벚나무의 연구(제1보):왕벚나무의 기원, 일본식물학회지 75:278~287.

부록 1 停年退任 뒤의 業績(2001~2014)과 履歷書

業 績

〈著書〉

야책을 메고 50년 -죽파 이우철교수 정년퇴임기념- 이우철교수 정년퇴임기념집 출판위원회 (2001)
식물지리, 강원대학교 출판부(2002)(공저)
한국식물명의 유래, 일조각(2005)
한국식물의 고향, 일조각(2008)
한반도 관속식물 원기재문 I, 국립수목원(2008)
우리나라 습지생태계 관속식물의 유형 분류, 수생태복원사업단(2012)(공저)
강원도 백두대간 식물도감, 대구학원사(2014)(공저)
(총 15책)

〈디스켓〉

한반도 관속식물의 기준표본, 강원대학교 생물학과 식물분류학교실(2010)
한국산 관속식물의 사진기준표본, 아시아식물연구소 국립수목원(2012)

〈發表論文〉

이우철(2001), 백운산(강원도)의 식물상과 식생, 한국생물상연구지 6:37~73(공연)
이우철(2002), 함백산(강원도)의 식물상과 식생, 한국생물상연구지 7:83~108(공연)
이우철(2002), 자병취의 생육지 특성, 한국생태학회지, 25(2):75~82(공연)
이우철(2003), 대암산 · 대우산 천연보호구역의 식물상, 문화재청 대암산 · 대우산 천연보호구역 학술조사보고서 99~149(공연)
이우철(2003), 가리산(1,050m)지역의 식물상, 강대 농업과학연구소 논문집 14:1~23(공연)
이우철(2004), RAPD, ISSR과 PCR-RFLP를 이용한 한국산 제비꽃속(*Viola*)의 종간유연관 계, 한국식물분류학회지 34(1):43~61(공연)
이우철(2004), 설악산 황철봉의 식물상, 환경연구논문집 1: 27~46(공연)

이우철(2005), ITS염기서열에 의한 한국산 제비꽃속(*Viola*)의 계통유연관계, 한국식물분류학회지 35(1):7~23(공연)

이우철(2006), 태백제비꽃과 근연분류군의 분류학적연구, 한국식물분류학회지 36:163~187 (공연)

이우철(2007), 염색체 DNA의 matK와 atp B-rbcL 염기서열분석에 의한 제비꽃속(*Viola*)의 계통유연관계, 한국식물분류학회지 37:1~15(공연)

이우철(2007), *Saussurea grandicepitula* W. Lee et H. I, Im(Comositae), a New Species from the Taebaek Mauntains, Korea, Korean Jour. Pl. Taxo. 37(4):387~393(공연)

이우철(2008), 춘천남서부지역의 식물상과 식생, 한국환경생태학회지 22(4):356~395(공연)

이우철(2008), 춘천동북부지역의 식물상과 식생, 한국자연보호학회지 2(2):104~131(공연)

이우철(2009), 춘천지역(강원 · 춘천)의 식물상과 식생, 한국자원식물학회지 22(5):412~424 (공연)

이우철(2009), 개느삼의 분포와 자생지 환경특성, 한국식물분류학회지 39(4):254~263(공연)

이우철(2009), 제비꽃속의 미기록 변종:털낚시제비꽃, 한국식물분류학회지 39(4):299~303 (공연)

이우철(2009), 대암산 큰용늪의 초본식물상에 관한 고찰, 기초과학연구, 강원대학(기초과학연구소) 20:205~227(공연)

(총 142편)

〈受賞〉

2006년도 한국식물분류학회지 우수논문상, 한국식물분류학회

2008년도 한국식물분류학회지 우수논문상, 한국식물분류학회

履歷書

성명 이우철(李愚喆)

생년월일 1936년 6월 2일

주소 가원도 춘천시 석사동 893 현진에버빌1차 109동 805호

직업 강원대학교 명예교수 전화번호 (033) 253-5555 H.P 010-9058-3888

주요 학력 및 경력

1957 성균관대학교 생물학과 졸업(이학사)

1961 성균관대학교 대학원 졸업(이학석사)
1961 성균관대학교 강사
1967 국립과학관 연구부 연구사
1975 강원대학교 교수
1979 동국대학교 대학원 졸업(이학박사)
1980 강원대학교 자연과학대학 학생과장
1980 하은생물학상 이사회 이사
1981 강원대학교 자연과학대학 교무과장
1983 하은생물학상(제15회) 수상
1984 일본 동경대학 객원교수
1985 일본 경도대학 객원교수
1989 한국식물분류학회 회장
1992 강원대학교 자연사박물관 관장
1993 강원대학교 자연과학대학 학장
1993 강원도립공원 위원회 위원
1996 한국자연보전협회 부회장
1997 한국자연보전협회 강원도지부장
1997 강원도 문화재위원회 위원
1999 환경부 중앙환경보전 자문위원회 위원
2001 강원대학교 명예교수
2001 녹조근정훈장 수여
2009 하은생물학상 이사장
2012 광릉국립수목원 명예의 전당에 헌정

부록 2 교정표(校正表)

필자가 『韓國植物名考』(1996, 아카데미서적)와 『原色韓國基準植物圖鑑』(1996, 아카데미서적)은 제3자교정을 거치지 못한 관계로 다소의 오타를 바로잡지 못했다. 그 뒤 증보개정판을 낼 예정으로 준비를 했으나 오늘까지 실행에 옮기지 못했다. 그간 식물명(국명)의 증보는 필자의『한국 식물명의 유래』(2005, 일조각)를 통해서 하였으며, 위의 저술에 기초자료가 된 필자의『韓國産 管束植物의 寫眞基準標本의 디스켓』(2012, 아시아식물분포연구회)의 공개를 위한 정리작업에서 일부 발생한 교정을 합쳐서 교정표를 작성하여 게재하오니 독자여러분의 많은 활용을 당부 드립니다. 단 교정의 편의를 위하여 바꾸어진 부분에 언더라인을 하였으니 참고바랍니다.

I 원색한국기준식물도감

기재문(그림과 같이 교정) : 페이지-번호-행수-현재-교정

1-4-2-chavatum-c<u>l</u>avatum

7-38-2-Dioranopteris-Di<u>c</u>ranopteris;

21-121-13-(Slide;1071-슬라이드는 산족제비고사리의 오용

23-138-2-retrosopaleaceum- retroso<u>-</u>paleaceum

24-140-2-tsussimens-tsussimens<u>e</u>

39-232-3-davurica-davuric<u>us</u>

45-266-1-긴잎매자버들-<u>긴매자잎</u>버들, 긴잎매자버들

49-291-13-(Slide:1206)-(Slide:1<u>186</u>)

49-292-14-(Slide:1186)-(Slide:1<u>206</u>)

52-310-2-mayri-mayri<u>i</u>

61-362-12-(Slide:1353)-(Slide:1353<u>, 1354</u>), 도판의 사진은 개머루(s 2966)가 중복사용

78-466-1-며느리밀씻개-며느리<u>밑</u>씻개

84-503-2-var. hallaisanensis-var. hallaisanens<u>e</u>

85-507-2-var. asiatica-var. asiatic<u>us</u>

93-553-1-덩굴별꽃-<u>민큰별꽃</u>, 덩굴별꽃

94-561-1-나도댑싸리-나도댑<u>사</u>리

96-571-2-stauntoni-stauntoni<u>i</u>

96-575-2-komarovi-komarovi<u>i</u>

100-597-2-Schizandra-Schisandra

100-598-2-Schizandra-Schisandra

103-615-3-austro-koraiense -austro-koreense

116-692-2-japonica-japonicus

131-784-14-(skude:)-(Slide:10746), 도판의 사진은 점현호색(s10745)이 잘못사용

133-793-2-turtschanovii-turtschaninovii

133-798-2-vernale-vernalis

140-837-2-cheilanthoides-cheiranthoides, =뒤에도 같이 교정

143-857-2-japonica-japonicus

146-871-2-var. zokuriensis-var. zokuriense, 3행도 같이 교정

165-987-1-눈양지꽃-누운양지꽃, 눈양지꽃

179-1071-2-var. glabularis-var. globularis, 3행도 같이 교정

190-1137-2-soya-soja

191-1144-2-Lthyrus-Lathyrus

193-1156-2-junceum-juncea

196-1174-2-anertii-arnertii

200-1195-1-네잎갈퀴(네잎갈퀴덩굴)-네잎갈퀴덩굴(네잎갈퀴)

202-1210-2-cornicutata-corniculata

212-1269-14-Slide:2791, 10029-Slide:2791, s10029는 가중나무이므로 삭제

224-1341-3-Havenia-Hovenia

224-1343-3-frangulioides-franguloides

225-1348-2-shozyoensis-shozoensis

225-1350-1-짝자레나무-짝자래나무

226-1353-2-juzuba-jujuba

239-1432-1-민둥T제비꽃-민둥뫼제비꽃

240-1436-15-Slide:10141-Slide:6901, 도판의 사진은 여뀌잎제비꽃(s3320)이 잘못사용

249-1492-3-chiisanensis-chiisanense

250-1497-3-seoulensis-seoulense

252-1512-2-czernevia-czernaevia

256-1536-2-Coriandrium-Coriandrum

260-1556-2-praetericum-praeteritum

269-1613-2-(Hornsted)-(Tnunb.)

273-1634-2-var. faurie-var. fauriae

276-1655-2-saxatilis Nakai-saxatilis (Nak.) Nakai
293-1757-2-davurica-dahurica
303-1813-14-Slide:-Slide:174-도판의 사진은 향유가 아니고 for. leucantha(흰향유)임
311-1864-2-quinaecostatus-quinauecostatus, =뒤도 같이 교정
315-1980-1-(현삼과)-(열당과)
323-1938-3-linariifolium-linariaefolium
332-1989-2-ruprechtianan-ruprechtiana
336-2014-3-sieboldianan-sieboldiana
349-2089-1-실쑥-시베리아쑥, 실쑥
350-2096-2-var. uchiyamal-var. uchiyamae
361-2163-2-chinensis-chinense
380-2277-16-(Slide:885)-(Slide:) 도판의 사진은 민국화수리취임, 해당 슬라이드는 없음
380-2280-2-hallaisanensis-hallaisanense
392-2348-2-Disporum ovale Ohwi-Streptopus ovale (Ohwi) Wang et Y. C. Tang
396-2372-2-davuricum-dauricum, 3행도 같이 교정
403-2418-2-var. japonica-var. japonicum
404-2419-2-(Maxim.) Hara-(Miq.) Hara et Mizushima
404-2422-2-verscola-versicola
418-2507-2-A. C. Riviere-Riviere
421-2525-2-langsdorfii-langsdorffii, 3행도 같이 교정
427-2560-2-(Hack.) Kuntze-(Hack.) O. Kuntze
427-2561-2 (Debaux) Kuntze-(Debaux) O. Kuntze
435-2607-2-Beauv-Roem. et Schult.
436-2612-14-(Slide:10348)-도판의 사진은 s10348이 아니고 참나래새(s3918)가 오용
446-2671-14-(Slide:4162)-(Slide:4164), 도판의 사진은 천남성이 아닌 둥근잎천남성
446-2673-16-(Slide:4184)-(Slide:4183)
448-2685-2-Buchanan-Hamilton -Hamilton
449-2693-2-arnelli-arnellii
452-2709-2-curta Gooden-cruta Gooden.
452-2712-2-dispalta-dispalata
457-2741-14-(Slide:8685)-(Slide:6085)
459-2751-2-Lev. et Van.-Lev.

II **한국식물명고** : 페이지-(번호)-행수-현재-교정

단 ( )안에 숫자가 없는 것은 앞 페이지의 연속인 경우이고, 같은 페이지의 같은 번호가 중복될 때는 요주의, 현재의 위치에 Slide:인 경우는 앞에 지시된 행수의 다음에 삽입바람.

3-(7)-1-Maximowicz, Bull.-Maximowicz in Bull.

4-(9)-4-만년석송(鄭, 1956)-만년석송(鄭, 1949)

6-(3)-1-2:199(1877)-2:199(1879)

8-( )-1-Isoetaeae-Isoetaceae

8-(1)-1-A. Brawn-A. Braun

9-(1)-1-1060(1753)-1061(1753)

9-(2)-1-1063(1753)-1062(1753)

10-(4)-5-개쇠뜨기(政, 1937)-개쇠뜨기(鄭, 1937)

10-(5)-3-물쇠뜨기(鄭, 1937)-물쇠뜨기(鄭, 1949)

11-(6)-1-2:398(1800)-2:398(1798)

11-(6)-14-e-b

13-(4)-9-Slide:-Slide:1981

13-(5)-8-산고사리삼(政, 1949)-산고사리삼(鄭, 1949)

15-(2)-10-Slide:8694-Slide:

22-( )-1-누운괴불이끼(鄭, 1937)-누운괴불이끼(李, 1969), 누은괴불이끼(鄭, 1937)

24-(3)-1-1:59(1932)-1:159(1932)

25-(1)-1-(Gmel.)-(S. G. Gmel.)

26-( )-3-부싯깃고사리(鄭, 1937)-부싯깃고사리(李, 1980), 부시깃고사리(鄭, 1937)

26-(3)-1-Milde, Bot.-Milde in Bot.

27-( )-1-브싯깃꼬리고사리(鄭, 1949)-부싯깃꼬리고사리, 부시낏꼬리고사리(鄭, 1949)

27-(2)-12-for. fauriei Hieron. Tagawa-for. fauriei (Hieron.) Tagawa

30-(3)-1-(Thunb.) Presl-(Thunb.) C. Presl

34-(3)-1-388(1827)-388(1829)

36-(1)-2-Hayata in Ic.-Hayata, Icon.

39-(6)-1-(Moore)-(T. Moore)

40-(1)-1-acutipinulum-acutipinnulum

43-(8)-9-Slide:1036-Slide:1038

44-(10)-1-in Rep. Sp. Nov.-in Fedde, Rep.

45-(12)-1-22:160(1948)-22:162(1948)

47-(16)-22-Slide:1031, 1032-1031, 1032, 1030, 1018, 8780

48-(20)-1-Hayata in Ic.-Hatata, Icon.

51-(26)-1-Christ-H. Christ

51-(26)-8-뱀고사리(鄭, 1937)-뱀고사리(鄭, 1949), 배암고사리(鄭, 1937)
55-(1)-1-Presl-C. Presl
55-(1)-24-Slide:9304-Slide:
55-(2)-1-Pr.-C. Presl
57-(2)-1-A. Br.-A. Braun
64-(8)-1-(Eaton)-(D. C. Eaton)
69-( )-12-참곰비늘고사리, 1949)-참곰비늘고사리(鄭, 1949)
77-(2)-1-(van Hall)-(H. C. Hall)
77-(1)-1-Gen. Fil.-Mem. Foug.
78-(4)-1-Ferns Brit.-Ferns Brift.
79-(5)-1-Kurata-Sa. Kurata
79-(6)-Pr.-Presl
79-(6)-11-나도히초미(鄭, 1937)-나도히초미(鄭, 1949)
80-(8)-1-(G., Kunze)-(G. Kunze)
81-(9)-1-Polystihum tsussimense-Polystichum tsus-simense
82-(2)-1-(Eat.)-(D. C. Eaton)
83-(3)-1-(Christ)-(H. Christ)
84-(5)-16-Jap. 300(1975)-Jap. Fil. 300(1975)
86-(8)-1-(Sallisb.)-(Salisb.)
86-(9)-1-(Christ)-(H. Christ)
87-(10)-5-Kyoto(B)-Kyoto(ser. B)
88-(1)-1-Richards. in Franklin, Narr. J. app.36-Richard. in franklin, Narr. Journey App.:26
89-(3)-1-livensis-ilvensis
90-(5)-11-Slide:9910-Slide:8810
91-(9)-1-saitosana-saitoana
93-(3)-1-in Tr.-in Trav.
94-(4)-1-prolongtum-prolongatum
94-(5)-1-Ic. Pl.-Icon. Pl.
94-(6)-1-on the Yantsze-Yant-tsze
95-( )-5-Christensen, Ind. Flile.-C. Christensen, Ind. Fil.
96-(8)-1-Forst.-G. Forst.
98-(13)-1-Eat. ex Hook.,-D. C. Eaton. ex Hook. in
100-(2)-1-(Christ)-(H. Christ)
102-(1)-1-Pr., Epin Bot. 263(1849)-C. Presl, Epin. Bot. 263(1851)
105-(3)-1-Christ-H. Christ
106-(1)-1-Bial. 4:-Biol. 4:

106-(1)-1-Christ-H. Christ

107-(2)-11-Slide:-Slide:1131, 1132

107-(3)-12-Slide:1131, 1132, 8858, 9343-Slide:8858, 9343

110-(1)-1-Palihin,-Palibin,

118-(3)-1-2:22(1842)-2:22, t. 112(1870)

119-(4)-1-t. 116(1842)-t. 116(1870)

119-(5)-1-et Zuc., Fl. Jap. 2:27, 115(1892)-et Zucc., Fl. Jap. 2:27, t. 115(1870)

119-(6)-1-in Ind. Sem. Hort. Petr. 1858:23(1858)-in Bull. Soc. Nat. Moscou 32:211, t. 1(1859)

121-(1)-1-Carr. in Traite Conif. 186(1855)-Carr., Traite Gen. Conif. ed.1:186(1855)

122-(1)-2-(1941)-(1939)

123-(1)-1-2:3(1842)-2:3 t. 101 & 102(1870)

125-(1)-27-in Ewes et Henry,-in Elwes,

126-(3)-1-Fl. Jap. Fam. Nat. 2:57 t. 127(1842)-Fl. Jap. 2:56 t. 125(1870)

130-( )-1-var. maki Endl., Syn. Conif. 216(1847)-var. maki Sieb. et Zucc., Fl. Jap. 2:71, t. 134(1870)

133-(2)-5-호도나무-호도나무(鄭, 1937)

136-(3)-14-Nakai in Fl. Sylv. Kor. 18:191(1930)-Nakai, Fl. Sylv. Kor. 18:197(1930)

137-(5)-1-Guinier in For.-Guinier, For.

137-(5)-5-E_5-R_5

138-(8)-11-18:201(1930)-18:207(1930)

139-(10)-1-in Ann. Lugd. Bot.-in Ann. Mus. Bot. Lugd. Bat.

139-(12)-3-은사시나무(李, 1955)-은사시나무(李, 1947)

141-(6)-1-linnaeus-L.

141-(6)-14-Slide:-Slide:1180

141-(6)-15-Kitagawa, neo-Lineam. -Kitagawa, Neo-Lineam.

142-( )-12-Slide:1180-Slide:

142-(7)-1-ser. 33-ser. 13

145-(16)-2-18:101-18:107

147-(22)-3-18:89-18:90

148-(25)-1-Lakschevitz-Lakschewitz

149-(27)-1-33:44(1919)-33:43(1919)

153-(1)-1-26:145(1913)-27:145(1913)

153-(1)-2-떡오리나무(鄭, 197)-떡오리나무(鄭, 1937)

153-(2)-1-2:229(1846)-2:229(1842)

154-(3)-17-m Pl Wils.-in Pl. Wils.

159-( )-22-웅기개박달(1966)-웅기개박달(李, 1966)

162-(8)-4-백두산자작나무(鄭, 1939), 백두산자잭이(鄭, 1942)-백두산자작나무(鄭, 1937), 백두산 자잭이(鄭, 1957)
163-(10)-1-Mus. Acad.-Mus. Bot. Acad.
164-(1)-1-Blume, Mus.-Blume in Mus.
165-( )-20-var. obtusisguama-var. obtusisquama
165-(3)-10-For. 92(1932)-For. 92(1939)
166-(4)-1-turczainovii-turczaninowii
167-(2)-8-D_{11} e-D_4 e
170-( )-22-for. oc-gun-gam -for. oo-gun-bam
172-(1)-1-12:542(1887)-12:542(1886)
172-(1)-15-개붉가시나무(李, 1947)-개북가시나무(李, 1947)
173-(4)-15-in Act. phytotax. 26(1-2)-in Acta Phytotax. Geobot. 26(1-2)
174-( )-13-Slide:-Slide:1316
174-(5)-9-Slide:1316-Slide:
177-(12)-1-in Bell.-in Bull.
179-(14)-1-Arts. Sci.-Arts. & Sci.
180-(16)-18-Col. Ill.-Coll. Ill.
183-(6)-12-for. angustibolia-for. angustifolia
185-(1)-14-느릅나무(鄭, 1942)-느릅나무(鄭, 1937)
187-(4)-1-Jacguin-Jacquin
188-*(1)-1-Sieb. in Verh.-Sieb., Verh.
193-(1)-2-호프-호프(李, 1969)
194-(2)-11-for. dissecta Nakai-for. dissecta (Nak.) Nakai
195-(3)-1-Soc. 26:456(1894)-Soc. Bot. 26:456(1894)
197-(3)-10-Slide:1464-Slide:1404
198-(7)-1-1:440(1875)-1:440(1879) nom. nud.
201-(1)-1-densiflorum ---1:439(1873) -densiflora ---1:439(1875), nom. nud.
201-(2)-1-umellata-umbellata
202-(1)-3-나도물통이(鄭, 1937)-나도물통이(鄭, 1949)
203-(1)-1-23:89(1909)-23:86(1909)
204-(5)-5-물통이(鄭, 1937), 물퉁이(中)-물통이(鄭, 1949), 물퉁이(鄭, 1937)
206-( )-5-Fr. Sylv. Kor. 21:123(1936)-Fl. Sylv. Kor. 21:144(1936), in nota
208-(1)-1-1029(1753)-1023(1753)
211-( )-4-Slide:1520, 1958-Slide:1520, 9558
216-(3)-1-dumetorum-dumetora
218-(1)-19-Slide:1474, 9560-Slide:9560

219-(4)-10-꽃여뀌(鄭, 1937)-꽃여뀌(鄭, 1949)

221-( )-5-이삭여뀌(鄭, 1937)-이삭여뀌(鄭, 1956), 이삭역귀(鄭, 1937)

225-(16)-1-maackinan-maackiana

227-(20)-13-털여뀌(鄭, 1937)-털여귀(鄭, 1956), 털역귀(鄭, 1937)

227-(21)-8-며느리배꼽(鄭, 1937)-며느리배꼽(李, 1980), 며누리배꼽(鄭, 1937)

229-(24)-11-며느리밑씻개(鄭, 1937)-며느리밑씻개(李, 1980), 며누리밑 개(鄭, 1937)

231-(28)-1-Gross-H. Gross

234-(34)-16-장대여뀌(鄭, 1937)-장대여뀌(鄭, 1949), 장대역귀(鄭, 1937)

235-(1)-1-aviulare-avicularе

236-(2)-1-Alloni-Allioni

240-(3)-1-335(1753)-336(1753)

242-(10)-1-2:471(1876)-2:471(1879)

244-(2)-1-van Hotte-van Houtte

246-(1)-1-Mag. pl.-Mag. Pl.

247-( )-4-선옹초(鄭, 1949)-선옹초(鄭, 1956), 선웅초(鄭, 1949)

256-(1)-11-for. albiflor-for. albiflora

264-( )-1-Slide:1654, 1655, 6276-Slide:1654, 1655, 6280

264-(7)-12-Slide:1657, 2680-Slide:1657, 6276

265-(1)-1-japonia-japonica

267-(4)-1-Sliene-Silene

268-(7)-6-층층장구채(鄭, 1937)-층층장구채(鄭, 1949), 층층이장구채(鄭, 1937)

268-(8)-4-흰장구채(鄭, 1937)-흰장구채(鄭, 1949), 힌장구채(鄭, 1937)

268-(8)-8-Slide:1668, 1669, 1670-Slide:1668, 1670

271-(5)-5-덩굴별꽃(鄭, 1970)-민큰별꽃(신층), 덩굴별꽃(鄭, 1970)

272-( )-5-긴잎병꽃-긴잎별꽃

273-(9)-4-單性-單生

275-(1)-1-Sp. Pl. ed. 1:222(1753)-Sp. Pl.:222(1753)

277-(4)-9-Slide:6299-Slide:1570, 6299

278-(9)-1-Soc. Ups.-Soc. Sci. Ups.

279-(3)-1-Moquin-Miquel

283-(3)-2-칠면초(鄭, 1937), 해홍나물(鄭, 1965)-해홍나물(鄭, 1965), 칠면초(鄭, 1937)

283-(4)-6-해홍나물(鄭, 1937), 남은재나물(朴, 1949), 갯나문재(鄭, 1965)-갯나문재(鄭, 1965), 해홍나물(鄭, 1937), 남은재나물(朴, 1949)

286-(1)-2-개맨드라미(鄭, 1937)-개맨드라미(鄭, 1949), 개맨드래미(鄭, 1937)

289-( )-3-Slide:9630, 9631-Slide:9630, 9631, 9634

289-(3)-11-Slide:9633, 9634-Slide:9633

290-(5)-1-Linn. Soe.-Linn. Soc.

291-(2)-2-33(1915)-33(1915), ut Schizandra

295-(3)-9-Slide:-Slide:1959, 1960

298-(1)-8-흰새덕이(鄭, 1937)-흰새덕이(鄭, 1942), 힌새덕이(鄭, 1937)

299-(1)-1-albo-violaceu -albo-violaceum

301-(5)-1-DC., Syst.-DC., Reg. Veg. Syst.

303-(9)-3-흰진범(鄭, 1937)-흰진범(鄭, 1949), 힌진범(鄭, 1937)

305-(14)-1-27:128(1913)-27:128(1913) et 28:64(1914)

306-(16)-2-:146(1934)-:135(1934)

309-( )-8-Slide:3627, 9649-Slide:3627, 9649, 6332

309-(1)-10-Slide:1707, 1708, 6331-1707, 1708, 6332

309-(2)-10-Slide:1710, 1710^{+}-1710, 1710^{+}, 6333

311-(7)-1-Maxim. in-Maxim. in Bull. Acad. St. Pet. 17:275(1872); in

313-( )-4-Slide:1716, 1717, 1718, 6334, 6333-Slide:1716, 1717, 1718, 6334

318-(1)-1-Syst. 1:149(1818)-Syst. Nat. 1:149(1818)

320-(7)-21-요강나물(鄭, 1949)-요강나물(鄭, 1942), 용강나물(鄭, 1949)

321-(8)-9-조희풀(鄭, 1937)-조희풀(鄭, 1942), 조의풀(鄭, 1937)

323-( )-18-응달종덩굴(鄭, 1942)-응달종덩굴(安, 1982), 음달종덩굴(鄭, 1942)

325-(13)-15-자주종덩굴(鄭, 1937)-자주종덩굴(鄭, 1949), 자지종덩굴(鄭, 1937)

325-(15)-1-pierottii ---- 3:1(1868) -pierotii ---- 3:1(1867)

331-(2)-3-새끼노루귀(朴, 1949)-새끼노루귀(李, 1969), 색기노루귀(朴, 1949)

331-(3)-1-in Veg. Dagelt. 19. 35(1919)-in Rep. Veg. Dagelt. Isl. 35(1919)

332-(1)-1-Bercht. et Opiz.,-Spreng.,

333-(3)-13-노랑할미꽃(李, 1967)-노랑할미꽃(永, 1967)

335-( )-9-ll. cc.-l. c.

336-(3)-1-Bunge in-Bunge, Enum. Pl. Chin. Bor. Coll. 3(1831); in

340-( )-15-Slide:1859, 9667, 9668-Slide:1859, 9667

342-(16)-6-Slide:-Slide:6339

345-(6)-10-Slide:-Slide:1899, 1900, 6389

347-(10)-1-2:264(1876)-2:264(1879)

348-(14)-3-자주꿩의다리(鄭, 1937)-자주꿩의다리(鄭, 1949), 자지꿩의다리(鄭, 1937)

349-(1)-1-17:8(1928)-42:8(1928)

349-(1)-7-Slide:-Slide:1926

350-(1)-19-21:71(1936)-21:77(1936)

351-(2)-9-21:72(1936)-21:78(1936)

352-(1)-1-21:64(1936)-21:69(1936)

354-(1)-1-11-Slide:9679-Slide:9679, 1929
356-( )-7-in Journ. Bot.-in Journ. Jap. Bot.
356-(1)-2-(866)-(1866)
357-(1)-2-가시연꽃(鄭, 1939)-가시연꽃(鄭, 1937)
364-(1)-1-Bunge in-Bunge, Enum. Pl. Chin. Bor. Coll. 58(1831); in
364-(2)-4-등칡(鄭, 1937)-등칡(鄭, 1949), 등칙(鄭, 1937)
367-(3)-1-29:(1846)-29:(1859); in Bull. Acad. St. Pet. 31:12(1886)
368-(1)-1-Planchon ex Muquel-Planchon ex Miquel
372-( )-10-Eruya-Eury
373-(1)-1-Bial. 6:201(1867)-Biol. 6:201(1867)
375-(1)-18-물레나물(鄭, 1937)-물레나물(鄭, 1949), 물네나물(鄭, 1937)
378-( )-9-Slide:6408+-Slide:6408
378-(6)-1-2:229(1876)-2:229(1879)
380-(1)-1-231(1753)-281(1753)
382-(1)-10-地下莖이 없고-地上莖이 없고
384-(7)-6-Slide;-Slide:10746
386-(11)-7-Slide:10692-Slide:10692, 10745
388-(16)-1-Besser in Flora-Besser, Flora
393-(5)-1-*(5)-*(4)
398-(10)-18-Slide:9737, 9738-Slide:2028, 2029, 2030, 9737, 9738
402-(1)-13-Slide:9740, 9741-Slide:6434, 9740, 9741
403-(1)-1-27:324(1912)-26:324(1912)
405-(5)-16-Slide:2049, 2095, 2050, 9744-2049, 2050, 9744
406-(6)-8-Slide:2051, 2052, 6439, 10594, 10595-Slide:2052, 6439, 10594, 10595
406-(6)-14-Slide:-Slide:2051
407-(9)-1-Bunge in-Bunge, Enum. Pl. Chin. Bor. Coll. 5(1831); in
407-(9)-8-Slide:2058, 2059-Slide:2058
410-(1)-1-Webb ex Prantl-Prantl ex Webb
411-(1)-2-Pohl & Bush,-Pohl & Busch,
414-(3)-1-rudeale-ruderale
416-(1)-3-무우(鄭, 1937)-무우(李, 1969), 무(鄭, 1937)
417-(2)-16-Slide:2088, 2089, 2090, 6452, 9755-Slide:2090은 삭제
420-( )-7-Slide:3701, 6455, 9757-Slide:3701, 6039, 6040, 6455, 9757
424-(2)-1-A. Berger in Pfl.-A. Berger, Pfl.
425-(5)-1-A. Berger in Pfl.-A. Berger, Pfl.
425-(5)-4-좀바위솔(鄭, 1937)-좀바위솔(鄭, 1949)

426-(1)-10-Slide:9767, 9768-Slide:2107, 2108, 9767, 9768
428-( )-7-바위돌꽃(鄭, 1937)-바위돌꽃(鄭, 1949)
430-(4)-2-(1865);-(1866); Prol. Fl. Jap. 87(1867);
431-(7)-1-lepidodium-lepidopodum
433-(13)-1-Bunge in-Bunge, Enum. Pl. Chin. Bor. Coll. 30(1831); in
434-(16)-12-자주꿩의비름(鄭, 1937)-자주꿩의비름(鄭, 1049), 자지꿩의비름(鄭, 1937)
435-(19)-1-viriparum-viviparum
439-(2)-5-흰괭이눈(鄭, 1937)-흰괭이눈(鄭, 1956), 힌괭이눈(鄭, 1937)
439-(2)-10-Slide:-Slide:2145
441-(8)-2-1:148(1874) nom. nud.; 2:358(1877)-1:148(1875) nom. nud.; 2:358(1879)
443-(1)-1-1:19(1835)-1:19, t. 6(1835)
444-(5)-1-Bunge in-Bunge, Enum. Pl. Chin. Bor. Coll. 31(1831); in
445-( )-11-Woody pl. Kor.-Woody Pl. Kor.
446-( )-7-Slide:-Slide:6033
446-(7)-19-Slide:2153, 2167, 2168, 2169-Slide:2153, 2166, 2167, 2168, 2169
448-(3)-1-54(1840)-54(1835)
451-(2)-1-262(1753)-273(1753)
452-(3)-9-Slide:2192, 2193-Slide:2192, 2193, 2194
455-( )-6-9:238(1874)-9:238(1873)
455-(4)-10-Slide:10662, 10700-Slide:6493, 6494, 10662, 10700
456-(8)-1-mandshuricum-manshuricum
457-(9)-1-22:787(1903)-22:443(1903)
460-(2)-21-Slide:2219, 2220, 2221, 9801-Slide:2219, 2220, 2221, 2222, 9801
461-(5)-1-manchuriensis-manshuriensis
461-(5)-4-흰바위취(鄭, 1937)-흰바위취(鄭, 1949), 힌바위취(鄭, 1937)
463-(1)-2-(1837)-(1835)
468-(2)-15-Slide:9808-Slide:2262, 9808
470-(1)-1-komarovi-komarovii
471-( )-3-Slide:2268, 2269, 6514, 10664-Slide:2268, 2269, 6023, 6514, 10664
474-(1)-5-비파나무(朴, 1949)-비파나무(李, 1966), 피파나무(朴, 1949)
475-(1)-1-Nakai in-Nakai in Fedde, Rep. 13:274(1914); in
475-(1)-3-지리터리풀(朴, 1949)-지리터리풀(李, 1969), 지이터리풀(朴, 1949)
477-(2)-3-흰땃딸기(鄭, 1937)-흰땃딸기(鄭, 1956), 힌땃딸기(鄭, 1937)
479-( )-15-Slide:-Slide:2304
483-(1)-7-Slide:2331, 2332, 2333, 6528-Slide:2331, 2333, 6528
483-(1)-6-산수국나무(鄭, 1937)-산국수나무(鄭, 1937)

484-(3)-1-C. K. Schneider, Handb.-C. K. Schneider, Ill. Handb.
484-(3)-4-중선수국나무(李, 1969)-중산국수나무(李, 1969)
485-(2)-1-Potoent. 80,-Potent. 80,
485-(3)-1-467(1753)-497(1753)
486-(4)-8-포지에서도-폭지에서도
487-(7)-1-2:337(1876)-2:337(1879)
487-(7)-18-Dagel et 36(1919)-Dagelet 36(1919) nom. nud.
488-(8)-1-Bor. 25(1831)-Bor. Coll. 25(1831)
490-(12)-27-물양지꽃에 비해-물싸리에 비해
494-(23)-1-yokusaina-yokusaiana
497-(3)-2-(1865);-(1866); Prol. Fl. Jap. 24(1867);
498-(5)-8-Slide:2389, 9842-Slide:2389^{+}, 9842
501-( )-13-Slide:2423, 2424, 2437, 2438-Slide:2423, 2424, 2437, 2438, 6552, 6553
505-( )-5-흰귀룽나무(鄭, 1937)-흰귀룽나무(鄭, 1942), 힌귀룽나무(鄭, 1937)
505-( )-10-l., 379(1979)-l. c., 379(1979)
505-( )-17-흰털귀룽나무(鄭, 1937)-흰털귀룽나무(鄭, 1942), 힌털귀룽나무(鄭, 1937)
509-(24)-6-Slide:-Slide:2431, 2432, 2433
511-( )-13-만첩개벗(李, 1966)-만첩개벚(李, 1966)
511-( )-17-(Nakai) W. Lee, comb. nov.-Hara in Bot. Mag. Tokyo 49:210(1935)
511-( )-20-수양벗나무(鄭, 1942)-수양벗나무(鄭, 1949)
512-(28)-14-Slide:2440, 9855- Slide:2439, 2440, 9855
513-(2)-1-459(1753)-479(1753)
514-( )-20-배나무(朴, 1949)-배나무(鄭, 1937)
515-( )-33-Slide:-Slide:2445
517-( )-23-Slide:2467, 2471, 6557, 9863, 9864-Slide:2467, 2468, 2471, 6557, 9863, 9864
518-(2)-1-Jacquine, Obs.-Jacquine in Obs.
518-(2)-3-월계화(鄭. 1937)-월계화(鄭, 1949), 월계화(鄭, 1937)
520-(5)-3-흰인가목(鄭, 1937)-흰인가목(鄭, 1942), 힌인가목(鄭, 1937)
521-( )-13-7:27(1918)-7:29(1918)
522-( )-13-485(1942)-485(1944)
524-( )-23-Slide:2474----5759 -Slide:2474----5759, 2498, 5758
525-( )-13-Slide:2496, 2495, 5776, 6562-Slide:2496, 2495, 5776, 5777, 6562
525-(13)-10-Slide:-Slide:5774, 5775
525-(1)-1-708(1753)-494(1753)
526-(3)-12-Slide;-Slide:6030
527-(6)-1-Bunge in-Bunge, Enum. Pl. Chin. Bor. Coll. 24(1831); in

528-(7)-1-Repert. Sp. Nov. Reg. Veg. 11:33-Rep. 11:33
529-(9)-1-hongnoensis in-hongnoensis Nakai in
529-(9)-2-7:65, t. 25(1918)-7:67, t. 25(1918)
532-(14)-1-1187(1753)-1197(1753)
536-(2)-7-Slide:-Slide:2524, 2524+
537-(4)-8-Slide:9895-Slide:2525, 2526, 9895
537-(5)-7-var. riishiriesis-var. riishiriensis
537-(50-19-Slide:2522, 2525, 2526, 9896-Slide:2522, 9896
538-(6)-15-흰오이풀(朴, 1949 & 1974)-흰오이풀(朴, 1974), 힌오이풀(朴, 1949)
539-( )-6-너도양지꽃에 비해-나도양지꽃에 비해
542-(2)-3-당마가목(鄭, 1936)-당마가목(鄭, 1937)
542-(2)-17-흰털마가목(鄭, 1937)-흰털마가목(鄭, 1942), 힌털마가목(鄭, 1937)
543-( )-23-Nakai in Bot. Mag. Tokyo 32:105(1918)-(Nak.) Nakai, Veg. Dagelet Isl. 20(1919)
542-( )-24-var. rufo-ferruginea auct. -var. rufo-ferruginea Nakai in Bot. Mag. Tokyo 32:105(1918)
544-(1)-23-Slide:2552----9904 Slide:-2552, 2553, ----9904
548-(10)-1-2:331(1876)-2:331(1879)
549-( )-12-Slide:2553, 2554, 10722-Slide:2554, 10722
553-(1)-22-팥매기자운(鄭, 1956)-팥애기자운(鄭, 1956)
555-(1)-13-var. alpina-var. alpinus
556-(2)-4-자주황기(鄭, 1937)-자주황기(鄭, 1949), 자지황기(鄭, 1937)
562-( )-5-Slide:9926, 9927, 9928, 10549, 10550-Slide:9926, 9927, 10549, 10550
562-(1)-1-Bunge in-Bunge, Enum. Pl. Chin. Bor. Coll. 21(1831); in
563-(1)-1-(L.) Link.,-(L.) Link,
564-(2)-7-잔디갈구리(李, 1969)-잔디갈구리(李, 1980)
564-(3)-10-흰큰도둑놈의갈구리(李, 1966)-흰큰도둑놈의갈구리
565-(4)-25-(in adonta)-(in adnota)
566-( )-20-도둑놈의갈구리(鄭,1937)-도둑놈의갈구리(鄭,1949), 도독놈의갈구리(鄭, 1937)
568-( )-8-Slide:-Slide:2597, 6594
573-(1)-9-둥근매듭풀(鄭, 1937)-둥근매듭풀(鄭, 1949), 동근매듭풀(鄭, 1937)
580-( )-9-Slide:2627-Slide:2627, 5689, 5690
581-( )-22-Slide:2628, ---- 5781-Slide:2628, ---- 5781, 6019, 6611
583-( )-8-var. tomentella Nakai-var. tomentella (Nak.) Nakai
583-( )-12-털조록싸리(鄭, 1937), 털나무싸리(安, 1982)-털조록싸리(朴, 1949), 털나무싸리(鄭, 1939)
583-( )-17-var. tricolor Nakai-var. tricolor (Nak.) Nakai

589-(3)-1-minoma-minima

592-(1)-1-arnertii-anertii

596-( )-1-아까시나무(鄭, 1942)-아까시나무(李, 1966), 아가시나무(鄭, 1942)

597-(2)-1-1:68(1867)-1:68(1767)

597-(1)-1-lupinoidesz-lupinoides

598-(2)-1-767(1753)-768(1753)

601-( )-8-Slide:2678, 2679, 5689, 5711-Slide:2678, 2679, 5698, 5711

601-(4)-19-Slide:2677, 6021, 6638, 9981-Slide:2677, 6638, 9981

603-( )-17-in shed Herb, Tokyo Univ.-in Bot. Mag. Tokyo 25:55(1911)

604-(10)-1-16:63(1902)-16:81(1902)

604-(10)-8-네잎갈퀴(鄭, 1937), 네잎갈퀴덩굴(李, 1969)-네잎갈퀴덩굴(李, 1969), 네잎갈퀴(鄭, 1949), 네잎갈키(鄭, 1937)

605-(12)-2-구주갈퀴덩굴(李, 1980)-구주갈퀴덩굴(鄭, 1970)

607-(15)-24-Slide:2693, ---- 6641-Slide:2693, ---- 5718, 6641

607-(15)-28-흰꽃나비나물(朴, 1949)-흰꽃나비나물(安, 1982), 힌꽃나비나물(朴, 1949)

608-( )-14-Slide:5719-Slide:2697, 5719, 6640

609-( )-17-Slide:2700, ---- 6645-Slide:2700, ---- 6021, 6645

610-(18)-2-벳지(李, 1969)-벳지(李, 1980), 찌(李, 1969)

618-( )-11-흰털쥐손이(朴, 1949)-흰털쥐손이(李, 1969), 힌털쥐손이(朴, 1949)

619-(5)-1-2:306(1877)-2:306(1879)

620-(7)-1-49:582(1935)-49:350(1935)

626-(1)-1-Miquel, Ann. Mus. Lugd.-Miquel in Ann. Mus. Bot. Lugd.

627-(1)-10-Slide:-Slide:2820

628-(3)-14-흰대극(鄭, 1937)-흰대극(鄭, 1949), 힌대극(鄭, 1937)

630-(8)-1-Bunge in-Bunge, Enum. Pl. Chin. Bor. Coll. 59(1831); in

632-( )-29-Slide: -Slide:2819

634-(1)-8-예덕나무(鄭, 1949)-예덕나무(鄭, 1937)

638-(2)-1-Miq., Ann.-Miq. in Ann.

638-(3)-1-Osbeck., Reise-Osbeck, Reise

640-( )-3-Slide:2765-Slide:2762, 2763, 2764

640-( )-8-Slide:-Slide:2765

646-(1)-11-Slide:2787, 2788-Slide:2787, 2788, 10029

648-( )-5-Slide:2791, 10029-Slide:2791

649-( )-14-흰애기풀(朴, 1949)-흰애기풀(安, 1982), 힌애기풀(朴, 1949)

652-(5)-1-tricocarpa Miquel, Ann. Mus. Lugd. Bat. 2:84(1865)-trichocarpa Miquel in Ann. Mus. Bot. Lugd. Bat. 2:84(1866)

653-(6)-17-Slide:2828, 2841, 10036-Slide:2841, 10036

654-(2)-1-Miquel, Ann. Mus. Lugd. -Bat. 2:881865) -Miquel in Ann. Mus. Bot. Lugd. Bat. 2:88(1866)

657-(7)-1-1956(1753)-1095(1753)

660-( )-13-l.c. (913)-l. c. (1913) nom. nud.

660-( )-26-var. languinosum-var. lanuguinosum

662-( )-1-Slide:10047, 10048-Slide:10047, 10047+,10048

662-(17)-1-Bunge in-Bunge, Enum. Pl. Chin. Bor. Coll.10(1831); in

663-(18)-1-12:432(1859)-12:432(1886)

664-(1)-2-풍선덩굴(朴,1949), 풍경덩굴(安,1982)-풍선덩굴(李,1980),풍경덩굴(朴, 1949)

666-(2)-2-1867); Palibin-1868); Palibin

667-(3)-3-산물봉선(鄭, 1939)-산물봉선(鄭, 1937)

668-(4)-3-털물봉선(李, 1966)-털물봉선(李, 1969)

668-(4)-4-特産-日本

669-(6)-2-(1865)-(1866); Prol. Fl. Jap. 8(1867)

669-(6)-9-2:149(1969)-20:149(1969)

669-(6)-22-흰물봉선(朴, 1949)-흰물봉선(鄭, 1949), 힌물봉선(朴, 1949)

671-(4)-1-Miquel, Ann. Mus. Lugd.-Miquel in Ann. Mus. Bot. Lugd.

672-(6)-1-Thunb., fl. Jap.-Thunb., Fl. Jap.

676-( )-5-횟잎나무(鄭, 1937)-회잎나무(鄭, 1937), 횟잎나무(鄭, 1942)

677-(5)-1-Handel-Maggetti, -Handel-Mattetti,

679-(10)-1-Miquel, Ann. Mus. Lugd.-Bat. 2:86(1865) -Miquel in Ann. Mus. Bot. Lugd. Bat. 2:86(1866)

682-(15)-1-trapococca-trapococcus

683-( )-1-말오줌때(鄭, 1937)-말오줌때(李, 1966), 말오좀때(鄭, 1942)

684-( )-22-Slide:2829, 2830-Slide: 2829, 2830, 2831

685-(2)-2-(1854)-(1845)

688-(4)-1-Bunge in-Bunge, Enum. Pl. Chin. Bor. Coll. 14(18310); in

688-(5)-1-shozyoensis-shozoensis

688-(5)-3-연밥갈매나무(鄭, 1942)-연밥갈매나무(鄭, 1949)

695-(2)-1-Planchon in Vigne-Planchon, Vigne

695-(2)-5-머루(李, 1966)-머루(鄭, 1937)

696-(3)-1-Bor. 12(1833)-Bor. Coll. 12(1831)

697-( )-2-청가마귀머루(鄭, 1942)-청가마귀머루(鄭, 1949), 청가마귀멀구(鄭, 1942)

697-(5)-1-293(1753)-202(1753)

697-(5)-12-담팥수과-담팔수과

697-(5)-13-담팔수속-담팔수속
698-( )-17-담팔수(鄭, 1942)-담팔수(鄭, 1942)
699-(3)-14-마황송-황마속
699-(1)-1-Bunge in-Bunge, Enum. Pl. Chin. Bor. Coll. 9(1831); in
701-( )-1-grosserrata----76(1952), nom. nud. -grosserrata (Nak.)----76(1952)
701-( )-9-for. polyantha----12:39(1922) -for. polyantha (Engler)----12:41(1922)
702-(5)-2-15:124(1957)-15:124(1857)
703-(6)-2-12:48t. 13-12:50 t. 13
703-(8)-1-Nakai, in----25:15(1921) -Nakai in----35:15(1921)
703-(8)-2-50 t.-52 t.
703-(9)-1-12:40 t. 8(1922)-12:42 t. 8(1922)
706-(1)-1-93(1841)-93(1835)
708-(1)-6-아욱(鄭, 1949), 아옥(鄭, 1937)-아욱(鄭, 1937), 아옥(朴, 1949)
710-(2)-1-Miquel, Ann. Mus. Lugd.-Bat. 2 -Miquel in Ann. Mus. Bot. Lugd. Bat. 3
714-(2)-1-in Nova Act. Reg. Soc.-in Nova Acta Soc.
715-(5)-1-nikai ----Kor. 17:t. -nikaii ----Kor. 19:t.
715-(5)-8-Slide:3440, 10129, 10130-Slide:10129, 10130
716-( )-17-왕보리수나무(李, 1966)-왕보리수나무(鄭, 1942)
716-( )-22-Slide:3442, 6737-Slide:3442, 3443, 6737
718-( )-10-졸방제비꽃(1937)-졸방제비꽃(鄭, 1949), 졸방오랑캐(정, 1937)
718-(2)-1-Palibin, Consp. Fl. Kor.1:31,-Palibin in Acta Hort. Petr. 17:31,
720-(5)-1-17:127(1902)-16:127(1902)
721-(6)-22-Slide:3086, ----6827-Slide:3086, ----3094, 3095, 6776, 6827
724-( )-11-3:202(1953)-3:202(1953), nom. nud.
725-( )-3-Slide:3142, ----3148-Slide:3142, ----3148, 3166, 3167, 6816
726-(17)-1-Miquel, Ann. Mus. Lugd.-Bat. -Miquel in Ann. Mus. Bot. Lugd. Bat.
727-(20)-1-mandshruica-mandshurica
731-(27)-1-Hemsley ex Forbes ex Hemsley in-Hemsley in
733-(32)-1-1:43(1973)-1:43(1875)
733-(32)-2-290(1877)-290(1879)
734-( )-5-Slide:3319, 3320, 6900, 6901-Slide:3319, 3320, 6900, 10141
736-(36)-1-Gray. Bot.-Gray, Bot.
737-(38)-8-Slide:3348, 10141-Slide:3348, 6901
738-(1)-1-Bot. 28(1831)-Bot. Coll. 28(1831)
742-(2)-2-오이(鄭, 1937), 외(朴, 1949)-오이(鄭, 1949), 외(鄭, 1937)
746-(1)-1-Bunge in-Bunge, Enum. Pl. Chin. Bor. Coll. 29(1831); in

746-(1)-3-하늘타리(鄭, 1937)-하늘타리(李, 1969), 하눌타리(鄭, 1937)

746-(1)-14-노랑하늘타리(鄭, 1937)-노랑하늘타리(李, 1969), 노랑하눌타리(鄭, 1937)

747-(1)-16-흰배롱나무(朴, 1949)-흰배롱나무(李, 1966), 힌배롱나무(朴, 1949)

753-( )-9-for. polosula-for. pilosula

755-( )-18-Slide:3462, 3474, 6950, 3463-Slide:3462, 3474, 6950

755-(2)-15-Slide:3464, ----3467-Slide:3464, ----3467, 6952

756-( )-19-Slide:3475-Slide:3475, 3463

758-( )-11-Slide:3478, 3479, 6002, 6960, 6954-Slide:3478, 3479, 6960, 6954

758-(9)-2-2:370(1877)-2:370(1879)

760-(1)-1-Miquel, Ann. Mus. Lugd.-Bat. 2:95(1865) -Miquel in Ann. Mus. Bot. Lugd. Bat. 2:95(1866)

761-(1)-1-Jacg.,-Jacq.,

766-(3)-1-in Curtis,-in Curtis

768-(6)-1-50(1839)-50(1835)

768-(7)-1-6:99-5:99

768-(1)-2-지리산오갈피나무(鄭, 1942), 지리산오갈피(朴, 1949)-지리산오갈피나무, 지리산오갈피(鄭, 1942)

769-(3)-1-16:25(1927)-16:27(1927)

770-(5)-1-16:24(1927)-16:26(1927)

770-(7)-1-sieboldianus-sieboldianum

773-(1)-10-Slide:3511, 3512, 6001, 6976, 6977--Slide:3511, 3512, 6976, 6977

773-(1)-1-Sieb. et Zucc.-(Miq.) Bean

774-(1)-1-16:34-16:36

775-( )-14-for. maximowiczi-for. maximowiczii

777-(2)-1-263(1753)-265(1753)

783-(1)-1-Hofmann,-Hoffmann,

793-(1)-15-Slide:3574, ----3606, 7021, 10181-Slide:3574, ----10181

794-(1)-1-Miquel, Ann. Mus. Lugd.-Miquel in Ann. Mus. Bot. Lugd.

801-(1)-1-florenti-florentii

801-(2)-15-Slide:3595, 3596, 3597, 6991-Slide:3595, 6991

802-(4)-14-Slide:3603, 3604, 10195-Slide:3603, 10195

802-(5)-1-sieboldi-sieboldii

804-(4)-18-Slide:3613, ----10197-Slide:3613, ----10197, 3614, 3615, 3616, 7031, 10200

805-( )-21-Slide:3640, 10200-Slide:3640

807-(1)-1-Bunge in-Bunge, Enum. Pl. Chin. Bor. Coll. 32(1831); in

813-(1)-1-in Abh. Akad. -in Abh. Mat.-Phys. Baier. Akad.

820-( )-10-Slide:4, 7058, 8870-Slide:4, 4+, 7058, 8870
822-( )-15-흰가솔송(朴, 1949)-흰가솔송(李, 1966), 힌가솔송(朴, 1949)
824-(4)-18-Slide:-Slide:27
825-(7)-1-Nat. Mosc.-Nat. Moscou
826-( )-6-19:375(1942)-19:375(1943)
827-( )-4-Slide:-Slide:19, 20
827-(10)-6-Slide:-Slide:25, 26
831-(3)-1-Mus. Lugd.-Mus. Bot. Lugd.
831-(4)-1-Schmalhausen, Tr.-Schmalhausen in Tr.
832-(3)-1-Miquel, Ann. Mus. Lugd.-Bat. 2:161(1865) -Miquel in Ann. Mus. Bot. Lugd. Bat. 2:161(1866)
836-(2)-1-(Hornsted)-(Thunb.)
839-(5)-1-15:239-15:237
840-(1)-18-Slide:49, 7096, 8903, 8904-Slide:49, 7096, 8903
841-(1)-2-1867)-1868)
841-(2)-1-Bunge in-Bunge, Enum. Pl. Chin. Bor. Coll. 53(1831); in
841-(3)-1-in De Candolle,-in DC.,
842-(5)-6-진퍼리까치수염(鄭, 1937)-진퍼리까치수염(鄭, 1949)
843-(7)-1-Miquel, Ann. Mus. Lugd.-Miquel in Ann. Mus. Bot. Lugd.
843-(9)-1-Bunge in-Bunge, Enum. Pl. Chin. Bor. Coll. 53(1831); in
845_(1)-1-Miquel, Ann. Mus. Lugd.-Miquel in Ann. Mus. Bot. Lugd.
845-(1)-14-Slide:60-Slide:60, 48, 7105, 8904
846-(2)-12-ut faurieae-ut β faurieae
849-( )-4-Slide:66, 8921, 8922-Slide:66, 66+, 8921, 8922
851-(2)-1-Sryrax-Styrax
851-(3)-10-Slide:72, 73, 7109, 10558, 10559-Slide:72, 73, 7109+, 10558, 10559
853-( )-13-Slide:69, 7109, 8928, 8929 -Slide:69, 8928, 8929
853-(3)-1-24(1835)-24(1837)
856-(1)-1-Labil.,-Labill,.
857-(2)-10-Slide:8935-Slide:80, 8935
857-(3)-1-saxatilis----10:21(1921)-saxatilis (Nak.)----10:23(1921)
860-( )-12-Slide:86, ---- -Slide:85, 86, ----
860-(7)-1-Blume, Mus.-Blume in Ann. Mus.
863-( )-6-1:313(1850), p.p.-1:313(1850)
865-(8)-4-var. latiolium-var. latifolium
865-(9)-2-10:36,-10:38

868-(2)-2-(1907)-(1905)

869-( )-6-var. kamibayshii-kamibayashii

870-(6)-1-wolfi-wolfii

874-(5)-1-Bunge, Suppl. Fl. Alt. 21(1836)-Bunge in Mem. Acad. Sci. St. Pet. 2:543 (1835)

875-(6)-1-5:527(1814)-5:520(1812)

878-(1)-1-Bentham & Hooker-Bentham & Hooker fil.

879-(2)-2-(1882)-(1881)

879-(2)-8-Slide:5985, 5986, 7150-Slide:5985, 7150

879-(4)-9-자주쓴풀(鄭, 1937)-자주쓴풀(鄭, 1949), 자지쓴풀(鄭, 1937), 쓴풀(鄭, 1949)

882-(1)-1-13:26(1937)-13:26(1937), ut coreanum

886-( )-2-Slide:125, 7157-Slide:124, 125, 7157

886-(1)-1-Syst. ed. 10:944-Syst. Nat. ed. 10:944(1759)

887-(3)-1-Bunge in-Bunge, Enum. Pl. Chin. Bor. Coll. 45(1831); in

890-(9)-15-Slide:130, 131, 7161, 8996-Slide:130, 131, 7161

892-(1)-1-Miquel, Ann. Mus. Lugd.--(1865)-Miquel in Ann.Mus. Bot. Lugd.--(1866)

894-(4)-1-9:268(1874)-9:268(1873)

896-( )-17-Slide:338-Slide:337, 338

896-( )-28-Slide:337, 7172, 7173-Slide:7172, 7173

897-(2)-1-dahuricum-davuricum

897-(2)-5-큰잎갈퀴(鄭, 1949)-큰잎갈퀴(李, 1969), 큰잎갈키(鄭, 1949)

897-(3)-1-17:74(1904)-17:74(1903)

898-(4)-13-Slide:-Slide:332

898-(5)-1-Veget. 3: Mant.-Veget. Mant. 3:

899-(6)-1-Act. Phytotax.-Acta Phytotax.

900-(10)-1-9:263(1874)-9:263(1873)

903-( )-3-brevipedunculatun Regel, Tent. Fl. Uss-brevipedunculatum Regel, Tent. Fl. Ussur.

903-(16)-1-in Act. Hort. Petr.-in Acta Hort. Petrop.

906-(1)-1- 51-2:935,-51(2):935, t. 23

907-(1)-12-낚시돌꽃(鄭, 1949)-낚시돌꽃, 낙시돌풀(鄭, 1949)

910-(1)-1-13:788(1937)-13:782(1937)

910-(2)-1-Maack in Regel,-Maack ex Regel,

910-(2)-8-Slide:7190, 9013-Slide:7189, 9013

914-(1)-1-in Bell.-in Bull.

915-(3)-2-:132(1854)-:130(1854)

924-(1)-2-:147(1839)-:146(1839)

930-( )-16-참꽃마리(鄭, 1949)-참꽃마리(李, 1980)

931-(2)-1-60(1874)-60(1784)
938-( )-11-Slide:10582-Slide:10582, 10582+
939-(2)-1-Bunge in-Bunge, Enum. Pl. Chin. Bor. Coll. 51(1831); in
942-(2)-1-Gen. 514(1891)-Gen. Pl. 2:15(1891)
944-( )-2-흰용머리(李, 1966)-흰용머리(李, 1969)
946-( )-6-Silde:174-Slide:
946-( )-13-Slide:-Slide:174
946-(3)-17-Slide:175, 7231, 7233-Slide:172, 175, 176, 7231, 7233
947-(1)-1-Monast. 178(1932-36)-Monast. Mestphal.:178(1932-36)
949-( )-20-Kudo, Mem.-Kudo in Mem.
951-(1)-1-Nat. Mosc.-Nat. Moscou
951-(1)-2-in De Candolle,-in DC.,
951-(1)-4-쉽싸리(1937)-쉽씨리(鄭, 1949), 쉽싸리(鄭, 1937)
952-(2)-10-애기쉽싸리(鄭, 1937)-애기쉽싸리(鄭, 1949), 애기쉽싸리(鄭, 1937)
952-(3)-11-Kitagawa-Kitamura
952-(3)-17-개쉽싸리(鄭, 1937)-개쉽싸리(鄭, 1956), 개쉽싸리(鄭, 1937)
954-(1)-16-박하(鄭, 1973)-박하(鄭, 1937)
955-(1)-1-Acad. St.-Acad. Sci. St.
956-( )-10-Jap. 780(1965)-Jap. Engl. ed:789(1965)
956-(3)-1-Acad. St.-Acad. Sci. St.
960-(3)-8-Slide:193, 7253-Slide:192, 193, 7252, 7253
961-( )-6-흰오리방풀(朴, 1949)-흰오리방풀(李, 1969), 힌오리방풀(朴, 1949)
961-(20-2-(1836)-(1832)
962-( )-6-26:302(1912)-26:302(1912), nom. nud.
964-( )-19-흰꿀풀(朴, 1949)-흰꿀풀(李, 1969), 힌꿀풀(朴, 1949)
964-(1)-3-참배암차즈기(鄭, 1949)-참배암차즈기(鄭, 1956), 참뱀차조기(鄭, 1949)
964-(1)-7-Slide:199, 9089-Slide:199, 7260, 9089
965-( )-9-둥근잎배암차즈기(鄭, 1937)-둥근잎배암차즈기, 동근잎배암차즈기(鄭, 1937)
965-(3)-1-Bunge in-Bunge, Enum. Pl. Chin. Bor. Coll. 50(1831); in
968-(3)-1-217(1859)-219(1859)
968-(4)-20-Ohwi, Fl.-Ohwi in Bull. Nat. Sci. Mus. Tokyo 33:84(1953); Fl.
969-( )-5-Slide:-Slide:200-1, 7277, 7279
971-(1)-1-2:112(1865)-2:112(1866)
973-(3)-1-827(1826)-827(1825)
977-(1-1-5(1768)-5(1768), non Bunge(1831)
979-(1)-4-var. francheti-var. franchetii

981-(1)-1-184(1753)-187(1753)
981-(2)-1-14:58(1923)-14:58(1923), nom. nud.
982-(4)-10-Slide:-Slide:7293, 7294
986-(1)-1-adenocaulum-adenocaula
988-(2)-9-Slide:226, 9123-Slide:226, 227, 7298, 9123
988-(4)-1-Euphr. 87-Euphrasia 87
989-(5)-2-21:166(1963)-19:166(1963)
989-(1)-2-(1865)-(1866)
989-(1)-1-Mus. Lugd.-Bat. 3:203(1867); -Mus. Bot. Lugd. Bat. 3:205(1867)
992-(1)-2-(1865)-(1866)
993-(1)-1-Austr. Pl.-Austral Pl.
994-(1)-1-26:162(1902)-16:162(1902)
996-( )-13-2:460(1877)-2:460(1879)
999-(2)-1-China bor. 49(1831)-Chin. Bor. Coll. 49(1831)
1006-(2)-1-Miquel, Ann. Mus. --(1865) -Miquel in Ann. Mus. Bot. --(1866)
1007-( )-4-Slide:283, 9150, 9151-Slide:283, 9150
1007-( )-10-Slide:284-Slide:284, 9151
1020-(1)-8-Slide:311, 5965-Slide:5965
1021-(1)-1-Miquel, Ann. Mus.----(1865) -Miquel in Ann. Mus. Bot. ----(1866)
1023-(1)-1-(Chamisso & Schlechtendal) B. Fedtschenko-(Cham. et Schlecht.) B. Fedtsch.
1027-(4)-8-Slide:5697, 7362-Slide:7362
1032-(1)-10-Lee & Paik-W. Lee & W. Paik
1034-(5)-10-Slide:-Slide:391, 7382, 7383
1040-(8)-1-247(1753)-173(1753)
1041-(11)-2-11:74-11:76
1042-(13)-6-흰괴불나무(鄭, 1937)-흰괴불나무(鄭, 1942), 힌괴불나무(鄭, 1937)
1042-(14)-2-ut vesicapra-ut vesicarpa
1042-(15)-1-2:386(1877)-2:386(1879)
1042-(1)-2-11:25,-11:27
1044-( )-17-말오줌때(鄭, 1937), 말오즘나무(朴, 1939)-말오줌나무(朴, 1949), 말오줌때(鄭, 1937)
1045-(2)-1-23:350(1888)-23:350(1887)
1047-(6)-2-11:43,-11:45,
1050-(9)-1-Miquel, Ann.-Miquel in Ann,
1050-(9)-22-덧잎가막살나무(鄭, 1966)-덧잎가막살나무(李, 1966)
1052-(3)-12-Slide:462, 463, 7428-Slide:463, 7428
1052-(3)-20-Slide:-Slide:462

1054-( )-9-Slide:474, 7435-Slide:474, 7437
1055-(4)-7-뚝갈(鄭, 1937), 뚜깔(朴, 1949)-뚝갈(李, 1969), 뚜깔(鄭, 1937)
1055-(2)-6-넓은잎쥐오줌풀(鄭, 1937)-넓은잎쥐오줌풀(李 1969), 넓은잎쥐오줌(鄭, 1937)
1056-(3)-28-광능쥐오줌풀(鄭, 1969)-광능쥐오줌풀(李, 1969)
1057-(1)-1-Grunning-Gruning
1058-( )-7-comb. nud.-comb. nov.
1059-(2)-1-2:423(1877)-2:423(1879)
1060-( )-12-Slide:496, 7445, 7446, 7447, 7448-Slide:496
1061-(7)-11-Slide:9214-Slide:9214, 9214+
1061-(8)-1-1:279(1875)-1:279(1877)
1061-(8)-2-2:423(1877)-2:423(1879)
1062-(10)-1-Hort. Petr.-Hort. Petrop.
1064-( )-15-Slide:506, 507, 508-Slide:506, 507, 508, 7447, 7448
1064-(14)-1-47:674(1943)-45:107(1943)
1065-(15)-1-Miquel,-Miquel in
1065-(16)-1-tashiroi Makino-tashiroi (Makino et Nakai) Makino
1065-(16)-5-섬잔대(鄭, 1937)-섬잔대(鄭, 2949)
1065-(16)-10-Slide:510, 7437-Slide:510, 7435
1066-( )-19-Slide:511, 7460, 5954, 10712-Slide:511, 7460, 10712
1066-( )-20-l.c.(1941)-l. c. (1941), in nota
1066-( )-28-l.c.(1941)-l. c. (1941), in nota
1068-(2)-1-1:587(1783)-1:586(1785)
1068-(2)-18-for. takeshimana-for. takesimana
1070-(4)-2-26:6(1886)-26:6(1889)
1074-( )-7-102(1952)-102(1952), nom. nov.
1075-(2)-20-in Act.-in Acta
1076-( )-9-ssp. rhodo-ptarmica -var. rhodo-ptarmica
1078-(1)-1-artemisiifolia--(1753) -artemisiaefolia--(1753), ut. artemisiifolia
1080-(2)-1-Bot. 12-Bot. Brit. & For. 12
1081-(1)-1-Pl. ----(1758) -Pl. (Fruct.) ----(1791)
1089-( )-5-Kitamura, Comp. Jap. 2:386(1940)-Kitamura in Mem. Coli. Sci. Kyoto Univ. ser. B. 15:386(1840)
1089-(15)-1-in Ann. Bor.-in Ann. Mus. Bot.
1091-(18)-5-in NUov.-in Nuov.
1091-(18)-14-Slide:570, 7581-Slide:570, 7501
1093-(23)-1-6:123-6:125

1096-( )-7-Slide;-Slide:578

1096-(28)-7-실쑥(鄭, 1949), 시베리아쑥(朴, 1949)-시베리아쑥(朴, 194), 실쑥(鄭, 1949)

1097-(30)-1-Mosc. 3:79-Moscou 3:79

1097-(31)-1-in Act. Hort. Petr.-in Acta Hort. Petrop.

1100-(4)-1-Fr. Schmidt,-F. Schmidt,

1101-(6)-1-Fl. Uss. 81-Fl. Ussur.:81

1102-( )-10-Slide:607, 9392-Slide:9392

1102-( )-11-Nakai in-Nakai, Veg. Quelpaert 87(1914), nom. nud.; in

1102-( )-16-Slide:-Slide:607

1102-(10)-1-spathylifolius-spathulifolius

1105-(1)-7-도깨비바늘(鄭, 1937)-도깨비바늘(鄭, 1949), 도깨비바눌(鄭, 1937)

1106-(3)-7-가는잎가막사리(朴, 1949), 가는잎가막살(朴, 1974)-가는잎가막사리, 가는잎가막살(朴, 1949)

1110-(2)-2-Mansh. 64(1979)-Mansh. 640(1979)

1112-( )-1-Slide:617, 7535, 622, 7536, 9401-Slide:617, 7535, 7536, 9401

1112-(3)-3-병품쌈(鄭, 1949)-병풍쌈(鄭, 1949)

1113-( )-21-Slide:622^{+}, 7539-Slide:622^{+}, 626, 7539

1117-(5)-2-(1877)-(1879)

1117-(6)-1-Miquel, Ann. Mus. Lugd.-Miquel in Ann. Mus. Bot. Lugd.

1119-(1)-1-Ascherson, Ind.-Ascherson in Ind.

1120-(2)-1-cineraiifolium-cinerarifolium

1121-(4)-1-Pl. 877(1753)-Pl. 887(1753)

1122-( )-22-in Suigen Gakuho-in Suigengakuho

1124-(9)-7-Slide:-Slide:7553

1124-(10)-1-43(1831), cum tab.-43(1831)

1127-( )-3-Slide:638, 642, 643, 644, 645, 646, 7556-Slide:638, 642, 643, 646, 7556

1127-( )-19-in T. Lee, l.c. 190(1969)-in Rep. Inst. Sci. Res. Manch. 6:128(1942)

1127-( )-32-Slide:9418-Slide:645, 9418

1128-(1)-13-腺狀披針形-線狀披針形

1130-( )-15-var. spinosissimum Kitamura--var. spinosissimum (Kitam.) Kitamura

1131-(5)-8-Slide:7567, 9421, 9422-Slide:9421, 9442

1132-( )-7-Sakata; Nakai-Sakata in J. Kor. Nat. Hist. Soc. no. 20:20(1934); Nakai

1133-( )-6-흰고려엉겅퀴(李, 1966)-흰고려엉겅퀴(李, 1969)

1133-(11)-9-흰잎엉겅퀴(鄭, 1937)-흰잎엉겅퀴(鄭, 1949), 힌잎엉겅퀴(鄭, 1937)

1135-(1)-2-코스모스(朴, 1494)-코스모스(朴, 1949)

1147-(1)-1-Car., Ic. et Descr. Pl. 3:41(1795)-Cav., Icon. et Descr. Pl. 3:41(1796)

1150-(1)-2-해바라기(鄭,1937), 해바래기(安,1982)-해바라기(鄭,1949), 해바래기(鄭,1937)
1153-(2)-1-3:172(1943)-3:172(1934)
1161-( )-1-벋음씀바귀(鄭, 1937)-벋음씀바귀(鄭, 1949), 벋은씀바귀(鄭, 1937)
1162-(7)-10-Slide:7162, 9437, 9438-Slide:7162, 9437, 9443
1163-(2)-1-De Candolle-DC.
1166-(3)-1-759(1753)-795(1753)
1167-(4)-1-in Mel. Biol. 9:357-in Bull. Acad. Sci. St.-Pet. 19:528
1168-( )-2-Slide:704, 7618, 9443-Slide:704, 7618, 9438
1170-(3)-1-Miquel, Ann. Mus. Lugd.-Miquel in Ann. Mus. Bot. Lugd.
1175-(2)-23-Slide:783, 7671-Slide:7671
1175-(1)-1-Maxim. in Award-Maxim., Award
1183-(11)-1-De Candolle in Ann. Mus. Paris 16:203-DC. in Ann. Mus Hist. Nat. (Paris) 16:203, t. 13
1184-(15)-1-Herder, Pl. Radd. 3-3:14(1869)-Herder in Bull. Soc. Nat. Moscou 41 (2):14(1869)
1185-( )-5-Slide:826-Slide:825, 826
1187-(23)-1-Fischer ex-Fischer in Colls. Herb. Pedemont. 3:234(1834); ex
1188-( )-15-Slide:831, 832, 7702-Slide:831, 832, 933, 7702
1189-(27)-7-Slide:840, 841, 7709-Slide:840, 841
1189-(28)-1-tanake-tanakae
1190-( )-4-Nakai in shed. Tokyo Univ.-Nakai in Bot. Mag. Tokyo 29:203(1915)
1190-( )-17-Slide:821, 7693-Slide:821, 822, 7693
1190-( )-24-Slide:822-Slide:
1191-(32)-1-168(1859)-167(1859)
1191-(1)-1-Bunge in-Bunge, Enum. Pl. Chin. Bor. Coll. 40(1831); in
1193-(2)-1-Mosc. 20:18-Moscou 20(3):18
1195-(6)-1-Man. d'Herbor. 241(1811)-Man. Herbor. Suisse 241(1811)
1196-(7)-1-18:421(1900)-18:421(1901)
1197-(10)-1-Lugd.-Bot. -Lugd. Bat.
1204-(2)-1-De Candolle,-DC.,
1206-( )-8-Slide:882, 7742-Slide:882, 7742, 7743
1206-(2)-1-Acad. St.-Acad. Sic. St.
1207-( )-18-Slide:7743, 9468, 10620, 10716-Slide:9468, 10620, 10716
1208-(3)-11-Slide:885, 7746-Slide:
1209-(1)-1-845(1753)-844(1753)
1209-(1)-12-쑥국화(鄭, 1949)-쑥국화(朴, 1949), 쑥구화(鄭, 1949)
1210-(1)-9-흰민들레(鄭, 1937)-흰민들레(鄭, 1949), 힌민들레(鄭, 1937)

1211-(4)-6-털민들레(鄭, 1949)-털민들레(李, 1969)
1212-(7)-13-민들레(聯, 1937)-민들레(鄭, 1937)
1213-(2)-1-Soc. 23:434-Soc. Bot. 23:434
1214-( )-4-갯금불초(朴, 1949)-갯금불초(朴, 1974)
1214-(1)-2-큰도꼬마리(李 · 鄭, 1976)-큰도꼬마리(李 · 任, 1978)
1214-(1)-3-도끄마리에 비해-도꼬마리에 비해
1215-(2)-15-이고들빼기(鄭, 1937)-이고들빼기(鄭, 1949), 니고들빼기(鄭, 1937)
1218-(1)-1-elegans Jacg.,-elegans Jacq.,
1219-(2)-1-343(1753)-342(1753)
1225-(2)-1-339(1753)-338(1753)
1228-( )-8-Slide:3675, 7781-Slide:3675, 7781, 7782
1230-(13)-5-다가래에 비해-대가래에 비해
1231-(1)-1-Reichenbach in Mossl.-Reichenbach, Mossl.
1233-(2)-1-963(1753)-968(1753)
1234-(2)-1-968(1753)-1015(1753)
1240-( )-8-Slide:10229-Slide:4260, 4261, 4296, 7816, 10229
1240-(12)-12-Slide:-Slide:7825
1241-( )-23-in Journ. Pl.-in Journ. Kor. Pl.
1244-(1)-11-Slide:10231-Slide:4328, 4329, 4941, 4942, 7843, 10231
1246-(6)-16-Slide:----4354, 4354, 4354^{+},7848-Slide:----4354, 4354^{+},7848
1247-( )-9-slide:10232, 10233-slide:3462, 7850, 7851, 10232, 10233
1248-(1)-1-Chintonia-Clintonia
1250-( )-10-Slide:4412, 4413---- Slide:4318, 4319, 4412, 4413----
1251-( )-2-얼레지(鄭, 1937)-얼레지(鄭, 1949), 얼네지(鄭, 1937)
1251-( )-8-in S. Ryu in S. Ryu, Taebak. Pl. 14(1900)-in S. Ryu, Taebak. Pl. 14(1900), nom. nud.
1251-(1)-10-Slide:10640, 10686, 10235-Slide:4466, 10640, 10686, 10235
1251-(2)-1-Miquel, Ann.-Miquel in Ann.
1251-(2)-9-Slide:-Slide:4462, 4463, 4464, 7890
1252-(1)-1-Pascher in Lotos-Pascher, Lotos
1252-(1)-8-Slide:4474, 10236-Slide:4468, 4474, 7893, 10236
1252-(1)-1-in Bult. Sci.-in Bull. Sci.
1255-(5)-1-Bot. 4:113(1929)-Bot. 6:(113)(1929)
1256-(2)-11-Slide:4637-Slide:4637, 4638, 7917
1257-(4)-10-Slide:4590, 4591, 7924,--- -Slide:4591, 7924, 7928,---
1257-(4)-13-흰비비추(鄭, 1937)-흰비비추(鄭, 1949), 힌비비추(鄭, 1937)

1257-(5)-1-longisima-longissima
1258-( )-4-산옥잠화(鄭泳喆, 1949)-산옥잠화(鄭, 1937)
1258-( )-8-Slide:-Slide:4583, 4584, 7913, 7914
1258-(7)-9-var. japorica-var. japonica
1260-(1)-12-Slide:-Slide:4646
1261-( )-6-Slide:-Slide:4682, 4683, 7948
1261-(3)-1-41(1838)-41(1835)
1261-(4)-1-20:461(1901)-18:461(1901)
1262-( )-18-하늘나리(鄭, 1937)-하늘나리(鄭, 1949), 하눌나리(鄭, 1937)
1262-( )-24-4657, 4658, 4684, ---- -4657, 4658, 4684, 4685, ----
1262-(6)-1-dauricum-davuricum
1263-(7)-9-Slide:6493, 7954, 19689-Slide:6493, 19689
1264-(10)-10-Slide:-Slide:4667, 7955
1264-(12)-1-Fischer in Fort.-Fischer, Hort.
1265-( )-14-Slide:-Slide:4691
1265-(13)-9-Slide:4703-Slide:4703, 7954
1269-( )-6-맥문아재비(鄭, 1937), 맥문아재비(鄭, 1949)
1274-( )-35-Slide:-Slide:4794
1277-( )-12-흰무릇(李, 1966)-흰무릇(李, 1969)
1277-(2)-3-*Kunth* Enum.-Kunth, Enum.
1280-( )-27-Slide:-Slide:4873
1282-(1)-13-var. fusea-var. fusca
1283_( )-3-검은꽃창포(李, 1969)-검은꽃장포(李, 1969)
1283-( )-9-var. kondio-var. kondoi
1283-( )-27-Slide:4946, 4947-Slide:4946, 4947, 4959, 4960, 8040
1284-(1)-1-Miquel, Ann. Bot.-Miquel in Ann. Mus. Bot.
1284-(1)-5-뻐꾹나리(鄭, 1937)-뻐꾹나리(鄭, 1949), 백국나리(鄭, 1937)
1284-(1)-11-Slide:4965, 8045, 10253-Slide:4965, 4995, 8045, 10253
1285-(2)-2-(1884)-(1883)
1286-(1)-1-Sci. Manch.-Sci. Res. Manch.
1286-(1)-8-Slide:5016, 5045, 8065-Slide:5016, 5045, 8065, 8065+
1287-(4)-20-var. japoncum-var. japonicum
1288-( )-2-Slide:5027, 5028---- -Slide:5028----
1288-( )-3-(Maxim.) Hara l.c.-(Miq.) Hara l. c. et Mizushima
1290-(1)-2-유카(1989),-유카(尹, 1989)
1290-(1)-6-Slide:-Slide:8073

1294-(2)-4-나도사프란(鄭, 1937)-나도스프란(鄭, 1949)
1295-(2)-1-1035(1753)-1033(1753)
1296-(7)-1-2:48(1876)-2:48(1879), sine descr.
1297-(8)-1-3:112(1889)-13:(112)(1899), nom. nud., cum descr. japan
1299-( )-9-Slide:5508, 10274-Slide:5580, 10274
1302-(8)-4-노랑무늬붓꽃(李, 1974)-노앙무늬붓꽃(永, 1974)
1306-(1)-1-2:98(1876)-2:98 et 534(1879)
1309-(11)-1-2:98(1876)-2:98(1879)
1313-(4)-1-Samuelsson-G. Samuelsson
1315-(1)-2-닭의장풀(鄭, 1937)-닭의장풀(鄭, 1949), 닭의밑 개(鄭, 1937)
1316-( )-8-Nakai, Fl.--Nakai in Bot. Mag. Tlkyo 23:19(1909); Fl.
1316-(1)-1-Gen. 1:13(1781)-Gen. Pl. 1:13(1781)
1320-(7)-1-Miquel, Ann.-Miquel in Ann.
1320-(9)-2-흰개수염(鄭, 1937)-흰개수염(鄭, 1949), 힌개수염(鄭, 1937)
1322-( )-28-Slide:2728, 8146-Slide:3728, 8146
1324-( )-6-11:179(1842)-11:179(1942)
1325-(3)-1-Sperengel-Sprengel
1328-( )-4-뚝새풀(鄭, 1937)-뚝새풀(李, 1980), 둑새풀(鄭, 1937)
1331-(1)-1-(Carr.) A. & C. Riviere-(Carr.) Riviere
1331-(1)-1-Fak. Terkult. Kjusu-Fac. Terkult. Kyusu
1334-(1)-7-바랭이새(鄭, 1949)-바랭이새(李, 1969), 바랑이새(鄭, 1949)
1340-( )-11-Slide:3760, 8167-Slide:3760, 8761, 8167
1343-(1)-6-나도바랭이(鄭, 1949), 나도바랑이(中)-나도바랭이(李, 1969), 나도바랑이(鄭, 1949)
1344-(1)-9-나도딸기꽝이(鄭, 1949)-나도딸기꽝이(鄭, 1956), 나도딸기괭이(鄭, 1949)
1349-(2)-9-Slide:8183, 10316-Slide:8183, 10316, 10316+
1350-(2)-1-Ind. Bat.-Ind. Bot.
1351-(1)-1-Fund. Agrot.-Fund. Agrost.
1353-(1)-29-Slide:3792, 3793, 8188, 10320-Slide:3792, 8188
1353-(1)-29-Slide:3793, 10320-물피 var. *echinata* Honda의 스라이드임
1355-(1)-1-7(1930)-17(1930)
1356-(4)-1-85(1753)-83(1753)
1360-(1)-1-(Hack.) Kuntze-(Hack.) O. Kuntze
1361-( )-16-Slide:3805, 8202-Slide:3806, 8202
1363-( )-4-var. chiisnensis-var. chiisanensis
1363-( )-13-두메김의털에 비해 까락이 길고-두메김의털에 비해
1363-( )-30-var. duriuschula-var. duriuscula

1367-(5)-1-45:381(1931)-45:281(1931)
1375-(1)-1-6:48(1892);-6:(48)(1892) nom. nud.;
1378-(1)-16-조릿대풀(鄭, 1949)-조릿대풀(李, 1966), 조리대풀(鄭, 1949)
1382-(2)-1-Stapp in-Stapf in
1384-(4)-22-알루억새(李永魯, 1966)-알룩억새(永, 1966), 알록억새(永, 1996)
1387-(1)-6-가지주름조개풀(鄭, 1942)-가지주름조개풀(鄭, 1949)
1387-(2)-1-(Ard.) Beauv.,-(Ard.) Roem. et Schult.,
1388-(1)-1-stiva-sativa
1391-( )-14-청스크령(鄭, 1949)-청수크령(鄭, 1949)
1396-(3)-1-nigro-nigra
1398-( )-1-Makino-Honda
1398-(2)-26-Slide:3885-Slide:3885, 3886
1402-(13)-1-Syst. ed.-Syst. ed. 10,
1404-(16)-1-Chin Bor.-Chin. Bor. Coll.
1408-(1)-13-71(1934) et Fl. Sylv. Kor. 20:20-71(1932) et Fl. Sylv. Kor. 20:22
1415-(3)-1-51(1821)-51(1812)
1420-(1)-1-Honda,-Honda ex Nakai,
1423-(2)-1-longe-aristatus -longe-aristata
1425-(1)-1-86(1753)-85(1753)
1427-(2)-1-2:178(1879)-2:187(1879)
1429-(2)-1-Soland. in Ait.-Soland., Ait.
1430-(1)-19-Slide:8313, 4184, 4182, 10369-Slide:8313, 4162, 4163, 10369
1431-( )-6-Slide:4162, 4163, 4164, 4165, 8309-Slide:4164, 4165, 8309
1432-( )-6-Slide:4184, 10367, 10368-Slide:4183, 10367, 10368
1433-(7)-1-Blume, Rumphia-Blume in Rumphia
1436-(1)-3-애기앉은부채(朴, 1949)-애기앉은부채(李, 1969), 애기인진부채(朴, 1949)
1436-(1)-8-Slide:4186, 8317, 10372, 10373-Slide:8317, 10372, 10373
1436-(2)-1-Miquel, Ann.-Miquel in Ann.
1437-(2)-3-노랑꽃갈라(李, 1969)-노랑꽃칼라(李, 1969)
1439-(2)-7-Slide:3666, 8319-Slide:2684+, 3666, 8319
1439-(3)-1-Buchanan-Hamilton -Hamilton
1440-(1)-1-272(1753)-271(1753)
1440-(2)-1-972(1753)-971(1753)
1442-( )-12-꽃하늘지기(鄭, 1937), 실하늘직이(鄭, 1937)-꽃하늘지기(鄭, 1956), 실하눌 직이(鄭, 1937)
1444-(5)-1-Hort. Petorp.-Hort. Petrop.

1445-(8)-1-blephariacapra-blephariacarpa
1446-( )-28-Emum. Pl.-Enum. Pl.
1447-(11)-2-흰꼬리사초(朴, 1949)-흰꼬리사초(李, 1969), 힌꼬리사초(朴, 1949)
1449-(15)-1-12:569(1888)-12:569(1886);in Bull. Acad. St. Pet. 31:119(1886)
1450-(18)-7-Slide:-Slide:6097, 8481
1451-(22)-17-Slide:3962, 3966, 8484-Slide:3962, 8484
1451-(22)-17-Slide:3966은 흰사초 *Carex doniana* Spreng., Syst. Veg. ed. 16, 3:825 (1826)임
1452-(24)-5-도깨비사초(鄭, 1937), 독개비사초(朴, 1949)-도깨비사초(鄭, 1949), 독개비사초 (鄭, 1937)
1455-(31)-3-12:107(1943)-12:108(1943)
1456-(33)-9-녹빛실청사초에 비해-녹빛실사초에 비해
1458-(38)-6-나도별사초(鄭, 1949)-나도별사초(李, 1969), 나도벌사초(鄭, 1949)
1460-( )-7-애기바늘사초(朴, 1949)-애기바늘사초(李, 1966), 애기바눌사초(朴, 1949)
1460-(46)-1-Bunge in-Bunge, Enum. Pl. Chin. Bor. Coll. 69(1831); in
1461-(47)-1-Bunge in-Bunge, Enum. Pl. Chin. Bor. Coll. 69(1831); in
1466-(63)-6-(日本, 中國)에 비해-장군대사초에 비해
1473-(79)-1-Bot. Centralb.-Bot. Centralbl.
1474-(82)-4-흰이삭사초(朴, 1949)-흰이삭사초(李, 1969), 힌이삭사초(朴, 1949)
1476-(88)-1-molliculata-mollicula
1476-(90)-1-2:141(1876)-2:141(1879)
1480-(99)-8-산바늘사초(朴, 1949)-산바늘사초(李, 1969), 산바눌사초(朴, 1949)
1481-( )-15-l.c.(1857)-l. c.(1859)
1482-(103)-13-비늘사초(朴, 1949)-비늘사초(李, 1980)
1483-(107)-1-27:111(1924)-27:111(1929)
1484-(109)-1-pseduo-sinensis -pseudo-sinensis
1484-(110)-1-pseuo-curaica -psudo-curaica
1486-(115)-8-왕삿갓사초(朴, 1949)-왕삿갓사초(鄭, 1949), 왕삭갓사초(朴, 1949)
1487-( )-6-Slide:8433-Slide:8433, 6097, 8434
1491-(124)-9-참뚝사초(鄭, 1949), 참둑사초(中)-참뚝사초(鄭, 1956), 참둑사초(鄭, 1949)
1493-(130)-4-6:260(1931) -6:261(1931)
1499-(146)-1-Meinshausen-Komarov
1501-(3)-9-방동사니아재비(鄭, 1949), 방동산이아재배(中)-방동사니아재비(李, 1980), 방동 산이아재비(鄭, 1949)
1504-(10)-5-우산대방동사니에 비해-우산방동사니에 비해
1504-(11)-6-참방동사니(李, 1981)-참방동사니(李, 1980)

1505-(13)-1-2:102(1876)-2:102(1879)
1507-(18)-7-방동사니대가리(李, 1981)-방동사니대가리(李, 1969)
1509-(3)-15-바늘골(鄭, 1937)-바늘골(鄭, 1949), 바눌골(鄭, 1937)
1519-(10)-1-2:145(1865)-2:145(1866)
1520-(12)-5-털하늘지기(李, 1980)-털하늘지기, 털잎하늘지기(李, 1980)
1523-(1)-4-흰고양이수염(朴, 1949)-흰고양이수염(李, 1969), 힌고양이수염(朴, 1949)
1525-(5)-7-좀고양이수염(이, 1969)-좀고양이수염
1526-(2)-1-12:555(1887)-12:555(1886); in Bull. Acad. St. Pet.31:109(1886)
1527-(40-7-올챙이고랭이(鄭, 1949)-올챙이고랭이(李, 1969), 올챙고랭이(鄭, 1949)
1530-(13)-1-tabernaemontani-tabernaemontanus
1531-(150-1-Man. 1:29(1767)-Man. Pl. 1:29(1767)
1531-(16)-1-in Wigth,-in Wight,
1532-(17)-11-T. Koyama ex Chwi,-T. Koyama ex Ohwi,
1533-(3)-1-Enum. 2:354(1837)-Enum. Pl. 2:354(1837)
1536-( )-2-나도풍란(鄭, 1937)-나도풍란(鄭, 1949)
1537-(2)-1-12:545(1887)-12:545(1886); in Bull. Acad. St. Pet. 31:102(1886)
1538-( )-2-Slide:5606, 10431, 10432-Slide:10431, 10432
1538-(3)-1-Acad. Petersb. 18:68(1873)-Acad. St. Pet. 17:68(1872)
1542-(2)-2-한란(李, 1969)-한란(부종휴, 1964)
1543-(3)-8-대홍란(鄭, 1970)-대홍란(安, 1963)
1544-(3)-1-japinicum-japonicum
1546-(4)-13-Slide:5635, ----10443 -Slide:5635, ----10443, 10443+
1547-(1)-9-for. viriids-for. viridis
1548-(3)-2-(1983)-(1913)
1552-(3)-9-Slide:5650, 5651, 8605, 6095-Slide:5650, 5651, 8605, 6059
1552-(3)-10-for. integrilova-for. integriloba
1554-(10-1-Miquel, Ann.-Miquel in Ann.
1555-(4)-1-2:22(1876)-2:22(1879)
1555-(4)-4-나나니난초(鄭, 1937)-나나니난초(鄭, 1949), 나난이난초(鄭, 1937)
1556-( )-3-나리난초(정, 1973)-나리난초(정, 1937)
1562-(4)-19-애기제비란(李, 1969)-애기제비란, 애기제비난(李, 1969)
1563-(1)-1-Reichenbach Fil.-Reichenbach fil.
1564-(1)-1-et 15:12-et 16:12
1565-(1)-1-Bluem-Blume

죽파낙수
竹波落穗

초판 1쇄 인쇄일 2016년 1월 10일
초판 1쇄 발행일 2016년 1월 20일

저　　자 | 이 우 철
편 집 자 | 주 성 필
발 행 자 | 주 희 완
발 행 처 | 아카데미서적

서울특별시 강남구 논현동 117-2
TEL 516-3131 FAX 542-9254
Email aca97@hanmail.net
http://www.academybook.co.kr
Academy Publishing Co. 2016, Printed in Korea.
정가 18,000원
ISBN 978-89-7616-515-2(93480)
파본은 교환해 드립니다.